多模态智慧网络资源调度机制研究

尚凤军　著

科　学　出　版　社

北　京

内 容 简 介

　　多模态智慧网络是未来网络体系结构的发展方向，本书共分 16 章，首先概述多模态智慧网络资源调度机制，介绍网络架构、路由资源调度、负载资源调度、通信资源恢复、接纳控制资源调度、计算资源卸载调度，然后介绍任务资源可信卸载调度、任务迁移资源调度、数据流资源调度、异常检测资源调度、路径资源调度，最后介绍网络同步技术、跨域可信通信资源调度、故障检测技术、网络快速通信资源恢复。

　　本书可作为高等学校计算机，特别是智慧网络相关技术课程的教学参考书，也可供网络开发人员和广大计算机网络爱好者自学使用。

图书在版编目（CIP）数据

多模态智慧网络资源调度机制研究 / 尚凤军著. -- 北京：科学出版社，2025. 3. -- ISBN 978-7-03-080430-3

Ⅰ. TP393

中国国家版本馆 CIP 数据核字第 2024W2T617 号

责任编辑：叶苏苏　霍明亮 / 责任校对：彭　映
责任印制：罗　科 / 封面设计：义和文创

科 学 出 版 社 出版
北京东黄城根北街 16 号
邮政编码：100717
http://www.sciencep.com
四川青于蓝文化传播有限责任公司 印刷
科学出版社发行　各地新华书店经销

*

2025 年 3 月第　一　版　　开本：787×1092　1/16
2025 年 3 月第一次印刷　　印张：13 1/2
字数：320 000

定价：169.00 元
（如有印装质量问题，我社负责调换）

前　言

互联网已经成为当今社会的基础设施，随着网络规模的不断扩大和应用的不断丰富，传统网络架构很难适应多样化的应用，多模态智慧网络能够有效解决现有问题。多模态智慧网络由三部分组成：多模态寻址与路由技术、网络智慧化管理、内生安全。多样化的应用需要多元化、专业化、智慧化的网络，必须发展颠覆性创新技术，实现网络全维可定义，使网络世界获得可与现实世界匹配的多模态融合活力。基于多模态智慧网络可以定义应用层、传输层、网络层、链路层，可以应用软件定义计算、软件定义转发、软件定义互联等先进计算技术。在软件定义转发方面，斯坦福大学提出了P4，华为技术有限公司提出了协议无感知转发（POF）。

网络寻址与路由技术方面，以互联网协议（IP）地址为中心的寻址模式已经成熟，正由IPv4向IPv6发展；以标识分离为中心的寻址模式已经在专用网上得到应用；以服务内容为中心的寻址模式已经在网络服务提供商的服务中有所体现；以空间坐标为中心的寻址模式已经在生活中普遍存在。然而在网络中，恰恰没有这些丰富的寻址模式，而软件定义网络/网络功能虚拟化、软件定义网络、同步数字体系、软件定义互联等都可以提供多模态智慧网络技术的支持。

人类正在步入智慧时代，号称智能革命。机器学习发展很快，人工智能发展得如火如荼，这些技术如果用于网络控制，将会给网络带来智慧。然而，当前网络世界既没有现实世界的多样化，也不具备可与之相媲美的智慧程度。网络智慧化是引入人工智能技术，建立"感知-决策-执行"一体的网络智慧化管理、传输与控制，实现智能感知、自主决策、自动执行。人工智能与网络融合的根本目的是构建智能闭环，实现网络资源与上层服务的实时适配和拟合。领域专用架构和软硬件协同计算语言、神经网络等能为此提供强有力的技术支持。

多模态智慧网络内生安全的发展，增强了网络安全技术的能力，促进了其进步。现有网络针对服务性设计，有可靠性，但没有内生安全和抗攻击能力。因此，急需加强技术体系架构创新，促进（安全）技术研发由外挂式向内生性转变。2018年国际计算机体系结构会议（ISCA），在体系架构安全性问题（熔断漏洞、幽灵漏洞）的专题讨论中指出："现有系统设计主题思想主要面向性能，缺乏安全性分析和设计，没有建立安全性指标的量化体系，加之微体系结构设计对软件开发者不开放，导致系统构建时存在一些错误的安全性假设，也无法做到性能与安全性的联合优化与管理。"

本书作者经过近10年对软件定义网络的学习和研究，积累了一定的成果，为本书的撰写奠定了扎实的基础。作者首先从软件定义网络工作原理出发，通过吸收国内外大学和研究所的研究成果，对软件定义网络技术进行研究并开发基于软件定义网络的应用案例，提出自己的看法和思路。随着不断地积累，通过对软件定义网络理论研究和技术实践经验的总结，形成本书的内容。本书以网络强国战略思想为指导，内容契合国家未来15 年中长期科技发展战略部署和国家重点基础研究发展计划纲要等主题。

本书由尚凤军撰写，黄颖、雷建军、何利等多次参与本书的技术讨论，提供多模态智慧网络相关资料。参与本书资料整理的人员有王颖、付强、李燕、龚文娟、毛琳、何德祥、王一涵、钟浩博、郭嘉、胡尚平、邹亮亮、晨星、毛从雷、孙凤印、魏峰超等。在本书撰写过程中，作者引用与参考了他人和网上的相关文献材料，在此一并表示感谢。本书的出版得到了重庆邮电大学出版基金项目、重庆市自然科学基金项目（编号：CSTB2022NSCQ-MSX1130）和重庆市高等教育教学改革研究重大项目（编号：241020）的资助，并获得华为技术有限公司的支持。

由于水平有限，书中不足之处在所难免，欢迎广大读者和同行批评指正。软件定义网络正处在飞速发展的阶段，我们愿在听取大家意见和建议的基础上，不断地修改和完善书中有关内容，为推动软件定义网络应用领域的发展与进步尽微薄之力。

为充分地展现本书的特色，帮助读者理解本书的意图与内涵，提高对本书的使用效率，欢迎读者将图书使用过程中的问题与各种探讨、建议反馈给我们，本书作者将竭诚为您服务。我们的联系方式是 E-mail：shangfj@cqupt.edu.cn。

作　者

2024 年 10 月

目　　录

第1章 概　　述

1.1　研　究　意　义

多模态智慧网络以网络结构全维可定义为基础,是一种网络各层功能多模态呈现的网络架构,支持路由寻址、交换模式、互连方式、网元形态、传输协议等的全维度定义和多模态呈现,支持互联网的演进式发展,从根本上满足网络智慧化、多元化、个性化、高鲁棒、高效能的业务需求。

现有的互联网是一种刚性架构,已经无法再继续以打补丁的方式来满足垂直行业的定制化需求,现有网络基础架构及由此构建的技术体系在智慧化、多元化、个性化、高鲁棒、高效能等方面面临一系列重大挑战,制约了其在更广更深层次上支撑经济社会的发展。

面向专业化、个性化服务承载需求,基于全维可定义的网络结构进行网络各层功能的多模态呈现。各种网络模态间的互联互通、协同组合、无缝切换,可提高网络服务的多元化能力和对于用户个性化需求的适应能力。

在此,多模态体现为寻址路由、交换模式、互连方式、网元形态、传输协议等网络要素的多种模态,其中,寻址路由体现为基于互联网协议(internet protocol,IP)、内容、身份、地理空间等标识的多种寻址路由模态,交换模式体现为分组交换、新型电路交换等模态,互连方式体现为光纤、同轴线等有线链路或 Wi-Fi、长期演进(long term evolution,LTE)技术等无线链路模态,网元形态体现为骨干级、汇聚级、接入级等的各种功能、性能、外形等不同的各种节点模态,传输协议体现为面向各种业务、场景、功能等需求的网络协议。

全方位覆盖能力包含全方位空间覆盖能力和全方位场景覆盖能力。全方位空间覆盖能力以多样化通信手段为基础,使网络互联范围延伸到自海底至深空的宽广空间范围,形成覆盖陆、海、空、天等的超广域互联网络;全方位场景覆盖能力能够适应不同应用场景的需求,实现地域性高密度大容量覆盖、混合接入速率覆盖等,强化网络的服务场景适应能力。

针对工业控制、远程医疗、智能家居等新兴产业的发展需求,通过全方位解构网络功能要素,包括网元设备、协议控制、承载方式和网络接口等全要素的开放和结构定义,可以显著地增强网络对上层业务需求的适应性。灵活组合各种网络元素,最终能够实现对具有高可靠性、低时延、全息信息传输、大容量和巨连接等全业务承载的能力。

网络功能的不断丰富化、多样化为网络管理和网络运维带来巨大挑战。引入网络智慧化管理控制机制,一方面可以减少网络对人工管理的依赖,实现自动化的功能定义及资源规划，提高网络运维效率；另一方面，网络智慧化也可以基于人工智能（artificial intelligence，AI）等技术发现网络的最优化资源配置和运维策略，突破传统算法局限性，提高网络资源利用率和服务效率。

网络的内生安全性能够以内生防御的网络构造机制应对网络中软硬件设计过程中不可避免的安全漏洞及后门等安全威胁，从网络构造层面将传统网络的附加式安全模块替代为网络内生性安全能力，实现"高可信、高可用、高可靠"三位一体的网络安全服务。

AI 作为计算机科学的重要分支是国内外科学研究的热门领域之一。许多国家纷纷出台鼓励 AI 发展的有关政策，将 AI 作为国家重要的发展战略，众多高校、研究机构和企业都加大了对 AI 研究的投入力度。最近，我国在《新一代人工智能发展规划》中明确提出将群体智能作为重点研究方向，即通过多个智能体联合行动，通过相互协作来完成大多中心化方法不能处理的任务。深度强化学习（deep reinforcement learning，DRL）作为 AI 领域中的重要技术，其通过智能体与环境进行交互并学习从状态到行为的映射，以不断试错的方式获得最大化奖励并完成具体目标。DRL 模型结合了深度学习（deep learning，DL）的感知能力和强化学习（reinforcement learning，RL）的决策能力，其中，单智能体 DRL 在多个领域的成功应用推动了多智能体深度强化学习（multi-agent deep reinforcement learning，MADRL）的发展。MADRL 已成为实现群体智能的重要技术之一。MADRL 系统中智能体可各自按照目标和任务进行自主决策，也可以通过协作赋予整个系统更强大的功能，从而完成更复杂的任务，MADRL 具有广阔的发展前景及巨大的应用价值。

多智能体系统面临状态维度呈指数级增长、环境非稳态和节点状态部分可观测等问题，这使得 MADRL 在面对大规模复杂场景时的适应度方面遇到了明显的瓶颈。为了解决上述问题，MADRL 模型需要构建高效的特征提取、信息融合和多粒度的奖励函数模块来提升智能体的知识水平和决策能力，解决传统 MADRL 模型无法适应智能体变化场景、难以在实际中得到有效应用的问题。建立具有多粒度、多头自注意力、多通道的 MADRL 模型有许多好处：智能体可以获取其他智能体的观测信息和意图，从而动态地调整自身策略，获得更高的系统奖励；解决在部分可观测环境中智能体只能观测到自身的局部状态信息等问题，提高系统的决策水平；实现智能体对其他智能体策略变化情况的感知，从而解决多智能体场景中的非稳态问题。在多智能体场景下构建新型的 DRL 模型可以更准确合理地建立和刻画智能体之间的关系，从而更高效地实现智能体之间的联系，同时，可提升智能体间协作性能并解决 MADRL 中的一些问题。

MADRL 具有较强的通用性，被认为是迈向通用人工智能（artificial general intelligence，AGI）的重要途径。利用多智能体一致性的组织、表示、通信等特点，通过定义不同类别的智能体，构成智慧网络的不同智能成员（包括终端智能体、边缘计算智能体和云计算智能体），实现智慧网络管理。然而，在设备需求异构、数量丰富、拓扑易变背景下，如何实现多设备间的协同、模型优化和多任务学习是 MADRL 面临的主要挑战。目前，MADRL 与人类学习的水平还有较大的差距，因为人类只需要相对较少的经验就能有较合理的表现，而 MADRL 模型通常需要大量的训练数据进行学习，并且人类可以灵活地适应不断变化的任务条件，而 MADRL 通常专用于特定的任务领域。这就造成了 MADRL 智能体在遇到新任务时，需要大量样本与环境进行交互，样本复杂度高，训练时间很长，算法难以收敛。为了弥补 MADRL 等 DRL 技术无法快速适应的弊端，元学习孕育而生。近些年来，虽然有大量研究者开始研究整合 DRL 和元学习，但少有针对基于边缘计算的 MADRL 和元学习的智能体快速适应算法及智能体持续学习算法的研究，而该算法的研究不仅有助于推动 MADRL 向 AGI 的方向发展，同时也能满足多任务网络场景的需求。

MADRL 在理论、应用等方面都有不错的进展，但在智慧网络通信资源分配应用中还是面临着许多挑战，尚处于起步阶段。网络的智能化已成为必然的趋势和当前众多领域的研究应用热点。相关部委、研究机构和各类企业对智慧网络的发展布局力度逐步加大，并积极致力于推进相关技术领域的研发、标准制定和商业化进程。然而，在资源受限的网络节点运行 DRL 模型面临着极大的挑战，制约了 MADRL 的落地和规模化应用。基于边缘计算的智慧网络架构能够兼顾传统网络的泛在感知和处理特性，也能解决加入 AI 之后对存储与算力的要求。边缘计算（edge computing，EC）技术的加入为本地计算资源不足的问题提供了新的机遇。此外，云边端融合计算可为资源受限场景提供新的高效计算模式。将 MADRL 的中心化训练分布式执行（centralized training with decentralized execution，CTDE）的训练框架与云边端融合的高效计算模式进行整合，通过云边端融合的 MADRL 模型分割计算框架可以将 MADRL 模型功能合理切分，分别部署在云-边-端上，三者协同有助于模型的进一步优化和更好地完成智慧网络高效资源分配的决策任务。

综上所述，关于 MADRL 相关技术的研究已成为学术界和产业界的重点研究方向。然而，对于针对资源受限场景下 MADRL 模型及关键技术的研究，现有算法没有充分地考虑到终端算力受限的场景下 MADRL 模型的部署问题，以及模型的可扩展和可迁移性。因此，本书旨在结合边缘计算、多头自注意力机制和元 DRL 算法，来设计适应于资源受限场景下的 MADRL 模型及架构，在减少通信开销的情况下，让智能体获取其他智能体的观测信息和意图，从而动态地调整自身策略，获得更高的系统奖励；针对 MADRL 中的非稳态问题，设计基于自注意力机制的信息融合协助智能体对其他智能体策略变化情况的感知；针对多任务场景，进一步拓展原有算法的应用领域，克服原有算法的缺点，本书研究成果对未来智能物联网（internet of things，IoT）、多智能体仿真、无人驾驶、智能游戏、智能机器人领域有实际的意义。

1.2　应　用　前　景

目前，MADRL 技术有着广泛的应用，如足球机器人、游戏 AI、自动驾驶等。随着 DRL 在语音识别、文本翻译和目标检测等领域的发展，多智能体强化学习同这些领域技术逐步融合，取得了许多成果，并在多个应用场景实现了落地。

智慧网络领域：随着 AI 技术的不断突破，如自然语言理解，一方面，需要通过联网实现在线语言处理，另一方面，也会简化未来人机交互。这会对产业有很大的影响，未来的智慧网络一定会是和人工智能的紧密结合。目前 AI 已经在多个行业展现出巨大的发展潜力，而智慧网络作为未来网络的重要发展方向，AI 和智慧网络的结合必然会对这个行业产生颠覆性的改变。

游戏领域：MADRL 在游戏领域取得了令人兴奋的成绩。Google Deep Mind 团队开发的 Alpha Go 系列围棋程序击败了人类顶级围棋选手，提出的深度 Q 网络（deep Q-network，DQN）算法在多种 Atari 游戏中成功地超越人类专业玩家。OpenAI 研发的游戏机器人能够在比围棋更复杂的游戏 Dota2 中击败人类专业玩家。由此可见，将 MADRL 应用于多种复杂游戏环境中，能够提升 DRL 算法的通用性和智能体的决策能力。

推荐系统：推荐系统是工业界最推崇的机器学习技术之一，好的推荐系统可以带来大量的流量和营收。推荐系统是一个历史悠久而又热门的研究领域。近年来，基于 DRL 技术的推荐系统在尝试挖掘用户的新兴趣爱好方面取得了进展，不仅能被动地迎合用户喜好，而且完全可以主动地创造用户的兴趣点。

物联网是实现行业数字化转型的重要手段，并将催生新的产业生态和商业模式。目前，物联网正经历着从互联向智能，从智能向自主的演进。AI 技术在其中发挥着越来越大的作用。AI 让物联网拥有了"大脑"，使"物联"提升为"智联"，而物联网则给予 AI 更广阔的研究"沃土"，促使 AI 走向"应用智能"。然而，基于物联网的行业应用有各种各样的业务要求，如传输时延、传输带宽、数据安全、数据聚合、数据处理、数据分析和智能决策等，其中，对实时性、高带宽和安全性等有着非常高要求的应用都迫切需要尽可能地在靠近网络的边缘侧提供集中的智能管理控制功能。

AI 促进智慧网络发展，而资源管理调度是智慧网络的关键技术。基于 MADRL 的资源管理调度可满足智慧网络多样化、差异化的通信需求，实现合理部署通信基础设施及设计多网接入机制，是提高网络单元信息交互实时性和可靠性的重要保障。此外，MADRL 在智慧网络、无人驾驶、交通运输调度、电力系统优化、分布式传感网络及金融和社会学等领域还有大量的应用研究。MADRL 技术的发展及应用有助于构建具有自组织、自学习、自适应、可迁移、持续学习能力的多智能体系统，具有非常重要的研究意义和广泛的应用前景。

1.3　国内外研究现状及评价

1.3.1　国内外研究现状及发展趋势

DRL 在增强智能体能力方面有着巨大的潜能，同时也为多智能体协作提出了新的挑战与机遇。如何在不同的环境状态下，使得多个 DRL 智能体能够进行快速、有效的相互协作，完成更加复杂的任务，已成为机器学习领域及 AI 领域一个炙手可热的研究课题。当前，国内外研究学者已经关注到了多智能体之间协作的重要性，由于其具有低成本、高可靠、快部署等优势，MADRL 协作算法已应用于目标追踪、路径规划、编队控制、分布式问题求解等领域。

1. DRL 算法

DRL 是 AI 领域的一个新的研究热点。DRL 以一种通用的形式将 DL 的感知能力与强化学习（RL）的决策能力结合起来，通过端到端学习实现了从输入到输出的直接控制。根据 RL 的策略学习方法将 RL 分为基于值函数的 RL 算法、基于直接策略搜索的 RL 算法和演员评论家（actor-critic，AC）算法。基于值函数的 RL 算法是指模型学习值函数，智能体根据值函数贪婪选择动作；基于直接策略搜索的 RL 算法是指将策略参数化，学习实现目标的最优参数；而基于 AC 的 RL 算法是结合值函数和直接策略搜索的一种学习方法。

离散动作空间 RL/DRL 算法：Watkins 和 Dayan[1]提出的 Q-learning 是一种无模型的学习方法，其用 Q 表格记录每一个状态-行为值，作为行为准则，在行动中根据环境的反馈更新行为准则。尽管 Q-learning 算法可以实现在事先不需要了解环境的情况下为智能体找到最佳策略，但是该算法是离线算法，即只有在所有 Q 值收敛后才能获得最佳策略；为此，衍生了一种可替代的在线学习算法，即 SARSA[2]算法，该算法允许智能体以在线方式获得最佳策略。SARSA 算法使用五元组 $Q(s,a,r,s',a')$ 来更新 Q 值，它允许智能体在每个时间步实时选择最佳动作，而不必等到算法收敛。DQL 算法实现了一个深度 Q 网络[3]，使用 DNN 来代替 Q 表格得到近似最优的 $Q^*(s,a)$。由于观察序列之间的相关性，在使用非线性函数逼近器时，通过 RL 算法获得的回报可能不稳定甚至发散，因此，DQN[4]使用经验回放和固定的目标神经网络机制来打破数据之间的相关性，提高了强化学习的采样效率和学习的稳定性，但是 DQN 存在过估计问题。为此，Double DQN 使用两个网络分别进行动作的选择和动作的评估。同时，为了提升 DQN 的学习速度，又有学者提出了优先级采样，为经验池中的每一条经验提供了采样的优先级，使其更快地收敛。此后，Dueling DQN[5]中，Q 值被分解成基于状态的值和动作优势的值进行学习。

连续/离散动作空间 DRL 算法：上述方法仅适用于处理离散空间任务问题，为了处理动作空间是连续的任务，学者又提出了基于 AC 框架的策略梯度[6]方法。基于策略梯度的 DRL 算法能够有效地弥补基于价值函数的 DRL 算法在解决连续动作、受限状态和随机策略等问题上的局限性。A2C（advantage actor-critic）[7]在 critic 网络处使用了优势函数，A3C（asynchronous advantage actor-critic）采用了异步的训练方式来打破数据之间的耦合。然而，策略梯度方法存在的一个重要的问题就是更新步长问题。为此，TRPO（trust region policy optimization）[8]通过 KL 散度限制旧策略的更新幅度进行更新，而 PPO[9]直接限制更新的幅度而不用计算 KL 散度。基于 actor-critic 框架的深度确定性策略梯度（deep deterministic policy gradient，DDPG）算法将 DL 神经网络融合进 DPG 的策略学习方法，结合 DQN 和 AC 算法优势，提高了采样效率，并能够处理连续的动作空间。

2. MADRL 算法

MADRL 将 DRL 算法应用于多智能体系统中，与单智能体 RL 不同，在 MADRL 中每个智能体不能只根据其本身与环境的交互进行决策，同时也应该考虑其他智能体在当前环境中所处的状态，其训练难度和计算复杂度都要远高于单智能体 DRL。由于现实世界中的很多问题都可以建模成多智能体问题，在单智能体强化学习算法不断取得突破的同时，MADRL 也逐渐成为研究的热门领域。

Mishra 等[10]将独立 Q-learning 算法应用到多智能体环境中，该算法假设其他智能体为环境的一部分，智能体通过调整自身策略从而提升自身收益，然而在很多场景中该算法无法实现智能体的有效协作，也存在难以收敛等问题。Foerster 等[11]在此基础上进行了改进，以缓解多智能体环境中的非稳态问题。针对早期多智能体场景中集中式训练和集中式执行框架学习复杂度极高的问题，MADDPG 算法[12]则使用了集中式训练、分散式执行的框架，有效地减少了学习的复杂度，该框架已广泛地应用于多智能体协作的场景中。COMA[13]通过反事实机制缓解了信用分配问题，让智能体知道选取的动作在当前奖励中的贡献度，能更好地评估每个智能体的动作对环境的作用效果。

基于价值函数分解的方法允许每个智能体学习单独的价值函数，以便可以将个体的价值函数用于构建联合价值函数。值分解网络（value decomposition network，VDN）[14]和单调值函数分解[15]将联合价值函数转换为易于分解的价值函数，但是这两种算法都存在一定的约束。Yang 等[16]将多头注意力机制应用于构建联合价值函数，并给出了详细的理论性证明。QPLEX（DuPLEX dueling multi-agent Q-learning）[17]通过双决斗网络体系的结构对联合价值函数进行分解，这种双决斗结构将个体全局最大值（individual-global-max，IGM）原理转换为易于实现的对优势函数的约束，从而实现高效的价值函数学习。然而，这些算法没有考虑到智能体之间的通信，而通信是一种有效地促进智能体之间协作的方式。

在多智能体强化学习中，关于通信机制的相关研究，近几年也有很多突破性的进展。在 RIAL（reinforced inter-agent learning）中，每个智能体将上一时刻的信息传递给其他智能体，与 RIAL 相比，DIAL 添加了一个反馈模块，该模块允许将梯度信息回传以调整传递的信息[18]。CommNet[19]使用所有智能体隐藏层的均值进行智能体之间的通信。BicNet[20]采用了一种双向递归神经网络进行通信。在上述算法中，智能体只能与其固定邻居进行通信。IC3Net[21]进一步扩展了 CommNet，采用门控机制来控制是否在智能体之间传递消息，实现了更加灵活的消息通信机制。SchedNe[22]采用了一种针对有限通信信道带宽的解决方案，让智能体可以根据观测值学习权重，以确定是否应在通信中使用其信息。

注意力机制可用于收集信息帮助智能体进行协同决策。ATOC（attention communication for multi-agent cooperation）[23]是一种注意力通信模型，以了解何时需要通信及如何集成共享信息。MAAC（multi-agent actor-attention-critic）[24]将评论家的观测值和动作值的注意力编码反馈给评论家网络来传递信息。TarMAC[25]执行多轮信息交互，并且使用注意力机制来决定向谁发送消息。G2ANet[26]先使用硬注意力机制来选择要进行信息交换的智能体，后使用软注意力机制来选择在所选智能体之间交换的信息。VBC（variance based control）[27]通过限制智能体之间传输的信息的方差可以有效地消除无用的信息并保留有用的信息。但是，上述方法均没有考虑传输损耗，限制了它们的实际应用。IEEE TMC（transactions on mobile computing）[28]允许智能体在潜在的有损网络环境中以最小的通信开销进行传输。然而，基于通信的 MADRL 方法仍然面临着传递的某些信息可能对智能体的合作没有帮助，甚至起到负面作用的问题。

3. 元强化学习

元强化学习方法是通过更新模型参数的方式，使智能体在新任务上实现良好的泛化性能。OpenAI 在 2017 年提出了一组方法，该组方法通过元训练使智能体在新任务上实现快速微调初始化参数，该组方法包括：①Finn 等[29]提出了与模型无关的元学习方法，该方法主要对模型的参数进行了显式训练，其主要思想为在元训练阶段对一组或几组任务训练模型，使训练后的模型仅使用少量的示例或实验就可以快速地适应新任务。②Nichol等[30]提出了 Reptile 算法，该算法通过重复采样任务对其进行训练，并将初始化参数朝该任务的训练权重偏移。③Houthooft 等[31]提出了进化策略梯度（evolved policy gradient，EPG）方法，其主要思想为逐步形成一种可微的损失函数，使智能体通过优化其策略可以最大程度地减少这种损失，获得较高的奖励。该损失是通过智能体经验的时序卷积参数化得来的。因为这种损失在考虑智能体历史经验方面的能力上具有很高的灵活性，所以可以实现快速的适应。④Rakelly 等[32]提出了一种异策元强化学习方法，可以分离任务推断和控制，对隐任务变量执行在线概率滤波，目的是从少量经验中推断出如何解决新任务，这种概率滤波可以进行后验采样，进行结构化且有效的探索。

Bechtle 等[33]提出了一种学习框架，该框架能够学习任何参数化损失函数，只需要其输出相对于参数可微即可，该框架可以推广到不同的任务和模型架构中。其主要思想是通过反向传播机制学习一个能够自适应高维特征的损失函数，该损失函数创建的损失态势可以进行梯度下降的有效优化，通过整合额外信息的方式，帮助智能体在元训练时塑造损失态势，这里的额外信息可以采用各种形式，如探索性信号或 DRL 任务的专家演示。这样，元损失可以找到更有效的方法来优化原始任务损失。Fakoor 等[34]提出了元 Q 学习（meta-Q-learning，MQL）方法，该方法可以访问表示过去轨迹的上下文变量，元 Q 学习可以与最新的深度元强化学习方法相媲美，在训练任务中最大化多任务目标的平均奖励是对 DRL 策略进行元训练的有效方法，此外，循环利用来自元训练重放缓冲区的历史任务，更新离线策略，以不断调整适应新任务的策略。MQL 方法借鉴了倾向估计中的想法，从而扩大了用于适应新任务的可用数据量。

1.3.2　国内外研究现状评价

可以看出，从强化学习发展到 DRL，国内外学者针对各种应用场景下的多智能体强化学习模型优化的问题提出了许多的解决方案。但是，目前关于 MADRL 的研究仍面临以下四个挑战。

（1）多智能体环境的部分可观测性和维数灾难问题导致模型复杂度高、难以收敛。在大多数环境中，智能体只能感知到自身的局部环境，缺乏对全局环境的足够认识，导致某些行为策略不够精准，需要消耗更多的资源才能完成任务。智能体数量的增加使得MADRL 模型的复杂度会呈指数型上升趋势。智能体之间进行有效的沟通交流非常重要，可使每个智能体形成一个对全局环境的基本感知，在保障算法性能提升的同时，降低模型的复杂度。但是，目前的多智能体沟通机制还不够高效，不足以从复杂的环境中获取直接、有效、精准的信息，需要进一步地改进和设计。

（2）多任务场景下 DRL 模型快速迁移问题。目前，DRL 被认为是迈向 AGI 的重要途径。然而，DRL 与人类学习的水平还有较大的差距，人类只需要相对较少的经验就能有较合理的表现，而 DRL 通常需要大量的训练数据进行学习。此外，人类可以灵活地适应不断变化的任务条件，而 DRL 通常专用于一个有限的任务领域。这就造成了 DRL

在遇到新任务时，需要大量样本与环境进行交互，样本复杂度高，训练时间很长，算法难以收敛。目前，虽然基于元 DRL 算法在一定程度上实现了在新任务上的快速适应，但在多智能体、多任务场景下，如何实现智能体在新任务上的快速适应仍需进一步探索和研究。

（3）传统的智慧网络通信资源分配决策技术在面对大规模复杂场景时的适应度方面遇到了明显的瓶颈。基于 DRL 的无模型驾驶决策技术在复杂环境的适应性、泛化能力及鲁棒性方面展现出了极大的优势，但其无模型的特点，又在安全可靠性等方面存疑。传统智慧网络数据通信业务基于云计算为中心的网络架构，存在数据安全、资源消耗、业务需求多样性等问题。在网络节点上部署分布式的 DRL 模型形成多智能体系统可有效解决上述问题，然而网络节点的行为策略相互影响，造成环境的非稳态性，这使得训练 MADRL 模型需要更高的存储、计算和能量资源，制约了 MADRL 模型在算力受限的智慧网络领域的落地和规模化应用。边缘计算为本地计算资源不足的问题提供了新的机遇。然而，如何将 MADRL 与边缘计算有机结合来助力智慧网络的发展是当前面临的主要挑战之一。

（4）多任务智慧网络中缺乏智能的高效资源分配算法。智慧网络应用需求的分类不同和通信环境的复杂性、节点移动特点的差异性，使不同节点需要不同级别的通信支持来满足各自的差异化需求。因此，需要对无线通信技术进行相应的设计和调整，实现面向服务质量（quality of service，QoS）的无线通信资源分配，这将有利于提高交通安全和通信效率。信道分配和路由问题是智慧网络通信技术领域中十分重要的研究课题，尽管当前存在很多基于 DRL 的无线资源分配和路由算法的研究，但考虑到常见的低成本节点能量，计算能力及通信能力都非常受限，且网络业务趋于异构化，这些基于 DRL 的信道分配算法和路由算法仍存在一些亟须解决的问题，如多个 DRL 智能体之间的协作、部分可观测 DRL 模型在资源受限终端上部署的可行性，智能体在多任务场景下的快速适应等问题。因此，针对多任务智慧网络场景，设计高效的资源分配算法和提供高效的数据传输成为当前研究的新目标。

针对以上问题和挑战，虽然部分学者提出了一些相应的解决方案，但是还有许多问题尚未解决。基于此，本书提出的多粒度、多头自注意力、多通道协作元 DRL 建模机制及其在智慧网络高效资源调度中的应用研究能够有效地解决上述问题。同时，本书提出的方法进一步考虑了智慧网络终端设备算力、存储资源等不足，以及传统端-云计算的数据安全、通信消耗和业务异构性等问题，通过结合新兴 AI 技术和云边端融合的新型计算架构来实现在智慧网络场景下部署和运行 MADRL 模型，助力网络智能化的发展。

1.4　多模态智慧网络模型

针对智慧网络模型，本书构建基于云边端融合计算模式的多源智慧复杂网络模型，如图 1.1 所示。该模型能够为基础网络拓扑、协议、软硬件、接口等提供多维度可定义功能，为多模态化应用的多元化和个性化业务提供精细化、可定义的网络组件和服务，支撑未来网络向智慧化、高鲁棒、灵活性、多样性发展。整合云计算、边缘计算、软件定义、AI 等算法，构建具有智慧化、多元化、个性化、高效能的多模态智慧网络，为智慧网络提供新服务、新智慧和新功能，结合云边端协同的算力服务能力，形成一种"中心-区域-边缘"的实时计算体系，提供分布式资源灵活调度、全域数据高速互联及智能应用渗透边缘能力，通过智能高效的资源调度，满足多模态化应用和多样化业务需求，降低对终端硬件的要求，助力 AI 赋能智慧网络的发展与落地。

图 1.1　基于云边端融合计算模式的多源智慧复杂网络模型

移动边缘计算（mobile edge computing，MEC）；路侧单元（road side unit，RSU）；车载单元（on board unit，OBU）；软件定义网络（software defined network，SDN）

该模型针对智慧复杂网络中多智能体、多任务场景，将云边端协同计算模式和具有终身学习能力的 DRL 模型深度融合，并利用边缘服务器和云服务器的强算力来弥补移动设备算力不足的缺点，通过云边端协同计算将具有终身学习能力的 DRL 模型的训练和推理过程解耦。

端智能体：每个终端设备根据其特定的任务需求完成数据采集和数据传输任务。在端智能体上仅部署 DRL 模型中的决策模型，该决策模型的网络参数由相应的边智能体进行训练和更新。

边智能体：边智能体根据端智能体的业务和应用需求，采用基于最大熵和多头自注意力机制来优化特定的子模型，并将该子模型的 actor 网络参数发送给特定的端智能体。此外，当边智能体上没有针对该业务或应用的子模型时，边智能体基于最新的元模型和该新任务的经验信息进行模型微调来生成新的子模型，并将新生成的子模型信息发送给云服务器或云智能体。

云智能体：云智能体基于全面视觉（全局子模型信息），采用门控循环单元（gated recurrent unit，GRU）优化器以增量方式逐渐优化元模型，通过建立一个不断更新的子模型知识库，并从中获取先前的知识和数据来学习与积累一般性、全局性的显性知识，使其能够快速适应新的相关任务。

多维可定义的多模态智慧网络模型基于结构决定功能、结构决定性能、结构决定效能、结构决定安全的理论依据，结合软硬件协同处理、资源灵活调度策略，根据业务需求实现对智慧网络中的网络覆盖、网络服务和智慧资源的协同管理与灵活调度，可助力智慧网络的演进式发展，从根本上满足网络智慧化、多元化、多模态化、高效能的业务需求。

将"多维可定义"贯穿智慧网络的物理层、链路层、网络层、应用层，实现在功能、性能、效能、安全等方面的按需定义，为智慧网络提供开放可扩展、可增量部署和异构融合的能力，使网络具备多维资源的柔性组织和适配能力，实现从已知协议到需求驱动的网络形态和服务能力，满足新型网络不断演进的业务需求。

面向智慧网络的多模态应用场景和专业化、个性化服务承载需求，研究人员设计多模态的网络功能模块，即路由选择、交换模式、网元能力和信道接入协议等网络要素的多种模态。

通信、缓存和计算协同资源赋能智慧网络为资源受限终端设备提供强大的数据处理能力，为终端节点提供轻量化、分布式的智能资源调度方案，在极大地提升网络资源利用率和服务效率的同时，降低对终端设备计算和存储能力的要求。

多维可定义多模态智慧网络模型，以网络资源管理控制、网络智慧化、网络结构多维可定义等技术为支撑，通过智慧网络资源智能调度、多维可定义的数据灵活转发、多类型资源协同调度等关键技术，能够从网络资源优化层面解决智慧网络面临的关键科学问题，可为智慧网络资源的全局动态优化和技术创新突破提供新的思路。

1.5　本书研究内容

MADRL 已成为 AI 领域一个热门的研究方向，应用于智慧网络、智能家居、智慧城市、无人驾驶、智慧工业控制等。由于多智能体环境的复杂性和动态性，MADRL 算法本身在面对环境部分可观、动态变化及维数灾难时，智能体间的协作不够充分或过于繁杂，不足以释放出 MADRL 模型的潜能。智慧网络多智能体包括终端智能体、边缘计算智能体和云计算智能体，作为万物互联时代的重要一环，由于网络的移动特性和网络应用需求的时变性，网络应用的处理存在着更突出的难度。本书利用多智能体一致性的组织、表示、通信等特点，定义不同类别的智能体，构成智慧网络的不同智能成员，针对智慧网络异构业务场景特点，研究智慧网络体系架构和提出 MADRL 算法在智慧网络通信资源分配中的应用，实现网络智能管控，首先针对元深度强化学习进行分析和研究，提出多粒度、多头自注意力、多通道协作元深度强化学习建模机制，设计基于边缘计算的智慧网络体系架构，进一步针对资源受限智慧网络中信道分配和路由优化问题，设计与优化 DRL 模型部署和训练策略，构建基于异步经验采集和集中式模型训练框架，深度融合云边端智能计算模式，使智慧网络能够快速地适应网络中的新任务，本书主要研究内容体系如图 1.2 所示。

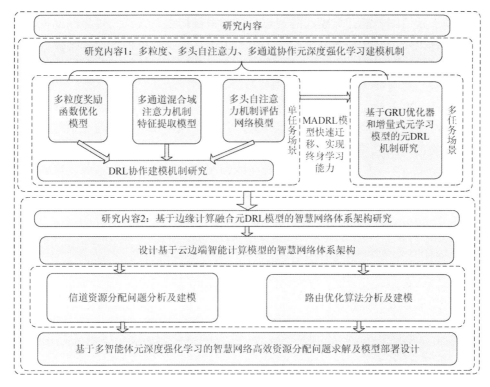

图 1.2 研究内容体系

（1）多粒度、多头自注意力、多通道协作元 DRL 建模机制研究。本书设计多粒度奖励函数优化模型、基于多头自注意力机制的评估网络和基于卷积神经网络的多通道混合域注意力机制的特征提取模型及 DRL 的协作建模机制，通过融合多智能体的观测和动作信息，允许边缘计算智能体对多个端智能体提供的共享信息进行融合，从而更好地描述智能体间的关系，解决多智能体场景下的非稳态、部分可观测、维度灾难等问题。

（2）基于 GRU 优化器和增量式元学习模型的元 DRL 机制研究。针对多智能体多任务场景下 DRL 模型的快速迁移和持续学习等问题，本书设计基于 GRU 优化器的元 DRL 模型来实现自适应的模型优化，提出增量式元学习模型优化机制实现具有终身学习能力的 MADRL 模型，解决传统梯度下降方法采用人为配置学习率可能导致模型收敛速度慢或难以收敛等问题，进一步提升算法的收敛速度和稳定性。

（3）基于边缘计算融合元 DRL 模型的智慧网络体系架构研究。本书设计基于边缘计算的智慧网络体系架构，解决在资源受限智慧网络中直接部署元 DRL 模型存在算力、存储等资源不足的问题，避免网络节点与云计算服务器进行数据交换的过程中可能存在数据安全和资源消耗等问题，通过引入边缘计算为资源受限网络终端的智能化提供了新的可能。同时，本书针对智慧网络通信资源的信道分配和路由优化问题进行建模与分析。

（4）云边端智能计算的元深度强化学习智慧网络信道资源分配/路由优化算法研究。针对资源受限的智慧网络中信道分配和路由优化问题，在本书提出的元深度强化学习协作模型和基于云边端智能计算模式的智慧网络体系架构上，设计与优化深度强化学习模型部署和训练策略，构建基于异步经验采集和集中式模型训练框架，深度融合云边端智能计算模式，使智慧网络中的端智能体能够快速地适应网络中新任务（不同 QoS 业务的数据传输需求）的同时，提供 DRL 模型终身学习的能力。

综上所述，本书针对多粒度、多头自注意力、多通道协作元深度强化学习建模机制及其在智慧网络高效资源调度中的应用研究，从多个粒度和层面考虑在不同任务场景下 MADRL 模型的设计及智能体之间信息的有效协作。此外，本书进一步考虑智慧网络的应用研究。因此，本书的研究内容是多智能体领域的一个重要研究方向，对未来多智能体强化学习模型及其应用有实际意义。

<h1 style="text-align:center">参 考 文 献</h1>

[1] Watkins C J C H，Dayan P. Q-learning[J]. Machine Learning，1992，8（3）：279-292.

[2] van Seijen H，van Hasselt H，Whiteson S，et al. A theoretical and empirical analysis of expected sarsa[C]//2009 IEEE Symposium on Adaptive Dynamic Programming and Reinforcement Learning，Nashville，2009：177-184.

[3] Anschel O，Baram N，Shimkin N. Deep reinforcement learning with averaged target DQN[EB/OL].（2016-11-07）[2024-05-01]. https://arxiv.org/abs/1611.01929.

[4] Sewak M. Deep Q network（DQN），double DQN，and dueling DQN[M]. Singapore：Springer，2019：95-108.

[5] Qiu H，Liu F. A state representation dueling network for deep reinforcement learning[C]//2020 IEEE 32nd International Conference on Tools with Artificial Intelligence，Baltimore，2020：669-674.

[6] Thomas P S，Brunskill E. Policy gradient methods for reinforcement learning with function approximation and action-dependent baselines[EB/OL].（2017-06-20）[2024-05-01]. https://arxiv.org/abs/1706.06643.

[7] Grondman I，Busoniu L，Lopes G A D，et al. A survey of actor-critic reinforcement learning：Standard and natural policy gradients [J]. IEEE Transactions on Systems，Man，and Cybernetics，Part C（Applications and Reviews），2012，42（6）：1291-1307.

[8] Schulman J，Levine S，Moritz P，et al. Trust region policy optimization [J]. Computer Science，2015，37：1889-1897.

[9] Zhang Z，Luo X，Liu T，et al. Proximal policy optimization with mixed distributed training[C]//2019 IEEE 31st International Conference on Tools with Artificial Intelligence，Portland，2019：1452-1456.

[10] Mishra R K，Vasal D，Vishwanath S. Decentralized multi-agent reinforcement learning with shared actions[C]//2021 55th Annual Conference on Information Sciences and Systems，Baltimore，2021.

[11] Foerster J N，Nardelli N，Farquhar G，et al. Stabilising experience replay for deep multi-agent reinforcement learning[C]//2017 International Conference on Machine Learning，Sydney，2017：1146-1155.

[12] Lowe R，Wu Y，Tamar A，et al. Multi-agent actor-critic for mixed cooperative-competitive environments[C]//Proceedings of the Neural Information Processing Systems，Long Beach，2017：6379-6390.

[13] Foerster J N，Farquhar G，Afouras T，et al. Counterfactual multi-agent policy gradients[C]//Proceedings of the Association for the Advance of Artificial Intelligence，New Orleans，2018：2974-2982.

[14] Sunehag P，Lever G，Gruslys A，et al. Value-decomposition networks for cooperative multi-agent learning based on team reward[C]//International Conference on Autonomous Agents and Multiagent Systems，Stockholm，2018：2085-2087.

[15] Rashid T，Samvelyan M，Schroeder C，et al. Qmix：Monotonic value function factorisation for deep multi-agent reinforcement learning[C]//International Conference on Machine Learning，Stockholm，2018：4295-4304.

[16] Yang Y，Hao J，Liao B，et al. Qatten：A general framework for cooperative multi-agent reinforcement learning[EB/OL].（2020-02-10）[2024-05-01]. https://arxiv.org/abs/2002.03939.

[17] Wang J，Ren Z，Liu T，et al. Qplex：DupLEX dueling multi-agent Q-learning[EB/OL].（2020-08-03）[2024-05-01]. https://

arxiv.org/abs/2008.01062.

[18] Foerster J N，Assael Y M，de Freitas N，et al. Learning to communicate with deep multi-agent reinforcement learning[C]// Proceedings of the 30th International Conference on Neural Information Processing Systems，Barcelona，2016：2145-2153.

[19] Sukhbaatar S，Szlam A，Fergus R. Learning multi-agent communication with back propagation[C]// Proceeding of the 30th International Conference on Neural Information Processing Systems，Barcelona，2016：2252-2260.

[20] Peng P，Wen Y，Yang Y，et al. Multi-agent bidirectionally-coordinated nets：Emergence of human-level coordination in learning to play StarCraft combat games[EB/OL].（2017-03-29）[2024-05-01]. https://arxiv.arg/abs/1703.10069.

[21] Singh A，Jain T，Sukhbaatar S. Learning when to communicate at scale in multi-agent cooperative and competitive tasks[C]// International Conference on Learning Representations，Vancouver，2018.

[22] Kim D，Moon S，Hostallero D，et al. Learning to schedule communication in multi-agent reinforcement learning[C]// International Conference on Learning Representations，Vancouver，2018.

[23] Jiang J，Lu Z. Learning attentional communication for multi-agent cooperation [J]. Advances in Neural Information Processing Systems，2018，31：7254-7264.

[24] Iqbal S，Sha F. Actor-attention-critic for multi-agent reinforcement learning[C]//International Conference on Machine Learning，Long Beach，2019：2961-2970.

[25] Das A，Gervet T，Romoff J，et al. Tarmac：Targeted multi-agent communication[C]//International Conference on Machine Learning，Long Beach，2019：1538-1546.

[26] Liu Y，Wang W，Hu Y，et al. Multi-agent game abstraction via graph attention neural network[C]//Proceedings of the AAAI Conference on Artificial Intelligence，Virtual Event，2020：7211-7218.

[27] Zhang S Q，Zhang Q，Lin J. Efficient communication in multi-agent reinforcement learning via variance based control [J]. Advances in Neural Information Processing Systems，2019，32：3235-3244.

[28] Zhang S Q，Zhang Q，Lin J. Succinct and robust multi-agent communication with temporal message control[J]. Advances in Neural Information Processing Systems，2020，33：17271-17282.

[29] Finn C，Abbeel P，Levines S. Model-agnostic meta-learning for fast adaptation of deep networks [C]//Proceedings of the 34th International Conference on Machine Learning，Sydney，2017：1126-1135.

[30] Nichol A，Achiam J，Schulman J. On first-order meta-learning algorithms [EB/OL].（2018-03-08）[2024-05-01]. https://arxiv.org/abs/1803.02999.

[31] Houthooft R，Richard Y，Bradly C，et al. Evolved policy gradients [C]// Proceedings of the 32nd International Conference on Neural Information Processing Systems，Montreal，2018：5405-5414.

[32] Rakelly K，Zhou A，Quillen D，et al. Efficient off-policy meta-reinforcement learning via probabilistic context variables[EB/OL].（2019-03-19）[2024-05-01]. https://arxiv.org/abs/1903.08254.

[33] Bechtle S，Molchanov A，Chebotar Y，et al. Meta-learning via learned loss [EB/OL].（2019-06-12）[2024-05-01]. https://arxiv.org/abs/1906.05374.

[34] Fakoor R，Chaudhari P，Soatto S，et al. Meta-Q-learning [EB/OL].（2019-09-30）[2024-05-01]. https://arxiv.org/abs/1910.00125.

第2章　多粒度智慧网络架构

2.1　研究背景

软件定义网络（software defined network，SDN）是由斯坦福大学的研究者在提出 OpenFlow 协议之后设计出的新型网络基础架构[1, 2]。在互联网快速发展的过程中，不断扩大的网络规模和不断扩展的网络需求让传统的 TCP/IP 网络结构出现了诸多问题，包括网络管理难度大、灵活性欠缺、转发平面臃肿等。因此，全世界的许多网络研究者开展了关于未来网络的研究。

由于现有的网络设备软硬件结合紧密，体系结构封闭，部署新协议会影响大量互联网服务提供商（internet service provider，ISP）的设备，同时也需要他们的积极参与。但是协议标准需要很长时间的验证和演化，这影响了协议的成熟发展，也阻碍了网络运营商的部署决策。因此目前的互联网很难部署新的协议，网络演进比较缓慢。针对传统网络结构存在的问题，新型网络架构需要将垂直体系解耦，提供集中化的配置、灵活的网络控制、可自定义的网络服务等。

基于新型架构的需求，研究者基于逻辑控制和数据转发分离的思想提出了远程复制协议（remote copy protocol，RCP）[3]、4D[4]架构、SANE[5]和 Ethane[6]等。OpenFlow 协议正是在这样的背景下被提出的，基于 OpenFlow 协议的网络包括控制器和 OpenFlow 交换机，所有 OpenFlow 交换机与控制器相连，仅提供基于流表的转发功能，由控制器通过 OpenFlow 协议对所有交换机进行配置和管理。在 OpenFlow 大放异彩之后，开放网络基金会（Open Network Foundation，ONF）于 2011 年成立，并发布了 SDN 白皮书[7]。众多网络运营商与设备商通过 ONF 共同推动 SDN 技术的发展和 OpenFlow 协议的标准化、商业化。

SDN 将网络的控制功能与转发功能分离，以标准协议完成控制平面和转发平面的交互。转发平面的网络设备仅完成由控制平面指定的转发策略，不再进行网络决策。控制平面通过可编程的网络控制完成灵活的网络配置和集中的网络管理，这使得网络控制与数据转发不再精密耦合，控制器平面与数据平面可以在保证交互协议的前提下分别演进和发展。同时 SDN 将为控制平面提供开放的接口，研究者和开发者可以在控制平面上完成自定义的应用开发，为网络创新提供更多可能性。SDN 使得协议的发展和部署不再完全依赖于设备商，也使得网络能够达到高度可定制化和智能化的网络管理。但是在 SDN 大行其道、OpenFlow 逐步应用时，其安全问题也成为人们关注的焦点。SDN 集中化的控制导致了控制平面的安全隐患，开放的控制接口如果不加管控也容易被攻击者利用。同时在转发平面中，如何保证控制平面的决策正确执行，如何实现新架构的网络安全防护都是 SDN 存在的安全问题。如果 SDN 想要大范围应用，那么大量的网络设备必然需要像传统网络一样划分区域，由很多控制平面分别管理。目前，以边界网关协议（border gateway protocol，BGP）的思路实现分布式 SDN 路由是比较稳妥的方式，需要通过控制平面完成信息交换。而 SDN 缺乏域间控制器通信标准，域间信息的安全性对多域 SDN 的稳定性和可靠性也十分重要。

2.2　研　究　现　状

2.2.1　域内安全

在 SDN 迅速发展的这几年里，研究者已经开展了对于这种新型网络架构的多方面研究。包括整体的体系结构、交换机设计，以及控制平面的实现方式、扩展性等。在安全方面的研究主要包括 SDN 自身架构的安全提升，以及 SDN 在安全方面的应用。

文献[8]提出了 SDN 的几类安全威胁和解决方案，包括使用入侵检测系统来抵御伪造的数据流对交换机和控制器的威胁（包括 DoS 攻击等）；使用文献[9]提出的自主信任管理或者异常设备检测来防止恶意设备的攻击；使用多信任锚认证中心的寡头信任模型或者门限密码体制来解决控制平面的通信安全问题（包括 TSL/SSL 的缺陷可能引发的 DoS、DDoS 攻击等）；使用复制、多样性、恢复机制、保护重要信息及使用文献[10]中提出的基于安全的规则优先级等来保证控制器的安全；还有应用程序安全、缺乏取证和补救机制等问题[11]。

文献[12]提出了两种架构实现 SDN 环境中的安全防护：虚拟化的安全设备（virtualized security appliance，VSA）和软件定义安全（software defined security，SDS）。VSA 的特点是通过传统安全设备的虚拟化来实现 SDN 中的安全嵌入。SDN 被划分为基础设施层（主要包括计算和存储资源，以及负责网络转发的交换和路由设备等）、控制层（主要由 SDN 控制器组成）和服务层（主要包括业务应用和网络安全应用等），在 VSA 模式下，安全设备工作于服务层，由网络控制器根据策略将目标流量调度到相应的安全设备进行处理。SDS 的特点是将安全的控制平面和数据平面进行分离和重构，实现模块化、服务化、可重用。

从研究成果看，SDN 域内安全问题的解决方案主要依托于控制器的改进方面。一些研究者提出的安全应用开发框架提供了一定的安全基础，但是没有针对具体安全问题的改进。整体性安全架构虽然可以针对特定的安全问题，但是大多缺乏全面的安全机制设计。因此，为了提升 SDN 域内安全，需要设计安全功能更加完备、安全服务可自定义的安全控制器架构。

2.2.2　域间互联

近几年，越来越多的研究者开始着手研究 SDN 在大规模部署中存在的问题，包括控制平面中多控制器的协作、控制器管理区域的划分和负载均衡等。在多个 SDN 自治域的情况下，自治域之间的路由问题也尤为受到关注。

在域内控制平面的扩展方面，有分布式、增量式、基于流的网络更新与执行（distributed，

incremental，flow-based network update and enforcement，DIFANE）机制[13]、DevoFlow[14]、HyperFlow[15]、Onix[16]等研究成果。DIFANE 针对控制器在实时流表处理方面的性能瓶颈，使用主被动同时进行的方式向交换机添加流表。在 DIFANE 中，一部分交换机可以具有一定的流表管理权力，称为权威交换机。与权威交换机在同一区域的交换机可以向它请求流表，由于权威交换机的缓存中存储着控制器下发的高优先级流表，所以可以为控制器分担处理压力。DIFANE 的交换机区域划分是根据数据流的地址、协议、端口等信息进行分类的，进而形成流空间。DevoFlow 考虑了控制器与交换机之间的带宽消耗，采用带有特殊标记的流表来通配一类流量，在交换机中为流量细分流表项，并可以为通配流表项设定可能的多个流出端口，根据概率分布转发实现多路径路由。

HyperFlow 和 Onix 从多控制器分布式控制上解决单点控制器无法逾越的性能制约。HyperFlow 将交换机划分给不同的控制器管理，控制器之间共享网络拓扑信息。控制器之间的信息共享采用不定期发布的方式，信息通过不同的信道进行发送。信息的更新以分布式文件系统 WheelFS 的形式实现。不过 HyperFlow 只能实现一些实时性要求不高的非频繁信息共享。Onix 设计了一种基于分布式控制的 SDN 架构，主要采用分布式哈希表技术作为网络信息共享和同步的基础，然后利用可靠的分发机制实现迅速响应的同步控制。

文献[17]提出了一种以 BGP 作为传统网络向 SDN 过渡的方案：BTSDN。该方案沿用传统的 BGP 协议，在 SDN 自治域边界上使用传统的 BGP 边界路由器，而域内运行 IBGP 协议，实现传统边界路由在 SDN 中的部署。文献[18]提出了 RouteFlow：一种 SDN 中的路由架构。RouteFlow 在控制器中将物理交换机转换为虚拟交换机，维护一个虚拟的拓扑，使用开源的路由软件实现路由计算。文献[19]提出了一种软件定义（software-defined，SD）网络中扩展性强、可用性高的 BGP 架构 OFBGP，OFBGP 分为 BGP 协议模块和 BGP 决策模块，其作为控制平面的应用程序对域内和域间的路由进行管理和控制，同时通过备份实现路由故障的快速恢复。

文献[20]对 SDN 的域间互联机制进行了研究，提出了 SDN 中异构网络操作系统（network operating system，NOS）的东西向桥接方案，并对需要交互的信息进行了设计。在该方案中，域间控制器采用点对点的通信方式，除了路由信息的交换，还将网络视图（拓扑）分享给其他自治域，以形成全局的视图。文献[21]提出的分布式多域软件定义网络控制器（distributed multi-domain SDN controller，DISCO）也对控制器的东西向交互机制进行了简单的设计，用来实现多域控制器之间的协作。

在多控制器 SDN 场景下，单域分布式控制方案较为成熟。在域间互联方面，出现了一些域间路由和控制平面通信的研究成果。由于 SDN 的特点，域间互联基本上是通过控制器的东西向通信来实现的，但是控制器之间的通信方式及安全性还没有受到很多的关注。域间安全是 SDN 的大规模部署的关键问题，所以构建域间分布式控制器的安全通信是非常必要的。

2.3　安全问题分析

一方面，在传统的 TCP/IP 网络体系结构中存在的安全威胁仍然会成为 SDN 安全问题的一部分。作为底层的网络架构，必然会受到窃听、伪装、重播、篡改等攻击方式的威胁。另一方面，SDN 在新架构的环境下，会出现新的不同于以往的安全问题。

2.3.1　控制器安全问题

在以 OpenFlow 为实现方式的 SDN 体系中，控制器作为网络的直接管理者，其运行状态关乎整个网络的运行。控制器的数量是有限的，管理设备的集中化导致其成为整个网络的弱点所在，攻击者一旦成功攻击控制器，那么整个网络也就在攻击者的掌控之中了。

在网络遇到拒绝服务攻击时，由于控制器处于上层，攻击往往并不能直接针对控制器。但是根据 OpenFlow 协议，网络中大量的待处理流量需要通过控制器进行处理，这可能导致控制器的负载急剧增大，甚至丧失处理能力。与此同时，交换机的缓存也将被大量待处理的数据包填满，正常数据包无法进入，最终导致网络瘫痪。

如图 2.1 所示，假设主机 1 和主机 3 在攻击者的控制下向网络中连续发送大量未知流量，其上层 OpenFlow 交换机由于无法匹配流表而向控制器发送请求，以得到匹配数据包的流表。控制器有限的处理资源被连续的大量请求耗尽，主机 1 和主机 3 的上层交换机的缓存也被无法处理的数据包占满，最终导致主机 2 及其上层交换机无法进行网络通信。

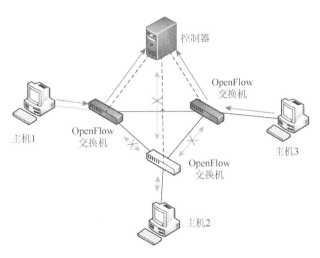

图 2.1　控制器攻击示意图

2.3.2　流表安全问题

在 OpenFlow 中流表是网络功能实现的基本保障。如果说控制器是管理者，那么流表是执行者。因此保障流表的稳定、无误是保障 SDN 安全必不可少的条件。网络运行中添加流表产生的策略不一致问题，或恶意的流表写入都可能导致网络功能的异常甚至瘫痪。

　　在控制器配置网络的过程中，网络设备中可能已经存在许多流表，这些流表是根据之前网络配置策略写入的。但是每次的配置都可能与已有的策略产生冲突，如果不加以协调，那么就可能导致网络配置的混乱。攻击者可以通过北向接口写入恶意的流表来使网络转发功能失效或为恶意攻击开辟通道。同时，当流表下发时，时延问题会导致交换机之间的逻辑不一致，这也会引发一定的问题。

　　如图 2.2 所示，在网络配置之初，网络管理者在 OpenFlow 交换机 A 上配置了流表，过滤主机 1 到主机 3 的流量。假设由于主机 2 的故障，管理者将主机 2 提供的服务迁移到了主机 3 上，同时在交换机 B 上配置流表，将发送到主机 2 的数据包目的地址改为主机 3，那么主机 1 就可以通过向主机 2 发送数据包绕过流量过滤，成功地将数据包发送到主机 3 上。

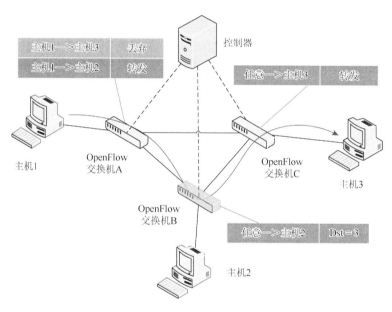

图 2.2　流表绕过示意图

　　作为 SDN 的一大特点，开放的北向接口允许开发者开发运行在控制器上的网络应用，而开放的接口可能被用作攻击，也容易产生其他问题。

　　如果北向接口可以被自由无约束地使用，那么攻击者利用恶意的应用程序会很容易地对控制层进行破坏。即使是正常应用，不同应用对网络的操作也可能导致之前提到的流表安全问题。

　　SDN 基础设施层作为基本通信设备，连接它的南向接口可靠性同样是 SDN 安全性的重要指标。目前南向接口主要是指 OpenFlow 协议，OpenFlow 采用 SSL/TLS 协议作为控制器与交换机的通信安全协议。但 SSL/TLS 协议无法验证交换机是否具有威胁，许多研究者也提出了 SSL/TLS 协议的缺陷。攻击者可以利用协议的弱点，通过控制交换机等方式对控制器发动攻击。

2.4　控制器架构设计

2.3 节对 SDN 架构中存在的一些安全问题进行了分析，针对 2.3 节提出的问题，本节将在控制器防御、流表管理、应用管理等方面设计安全解决方案，并依据方案完成安全控制器架构的设计。

2.4.1　安全方案

1. 控制器防御方案

对于控制器的拒绝服务攻击，通常的攻击方式都是利用 OpenFlow 的 Packet-In 消息以未知流量发动。控制器在接收 Packet-In 消息时，能够得到消息的来源交换机、数据包的头部等信息。以互联网协议（internet protocol，IP）数据包为例，可以将一个 Packet-In 消息定义为 Packet-In =（in_sw, in_port, in_res, src_mac, dst_mac, src_ip, dst_ip, src_port, dst_port）。in_sw、in_port 和 in_res 分别代表发送消息的交换机、消息流入的交换机端口和消息发送原因；src_mac 和 dst_mac 分别表示数据包的源物理地址和目的物理地址；src_ip 与 dst_ip 分别为数据包的源 IP 地址和目的 IP 地址；src_port 与 dst_port 分别为传输层的源端口和目的端口。依据对 Packet-In 消息的定义，采用基于 Packet-In 流量特征的检测或基于机器学习的检测等方法，对恶意的 Packet-In 消息进行识别和过滤，可以防御针对控制器的 DoS 攻击。

在图 2.1 的攻击场景下，若在 Packet-In 消息发送到控制器后先进行入侵检测，那么恶意的消息将被忽略。基本的处理流程如下。

（1）解析 Packet-In 消息，根据消息字段定义为 Packet-In =（in_sw, in_port, in_res, src_mac, dst_mac, src_ip, dst_ip, src_port, dst_port）。

（2）通过控制器的入侵检测功能识别 Packet-In 消息的安全性。

（3）根据识别结果选择丢弃该消息或由控制器处理该消息。

经过入侵检测后，控制器只需要处理正常数据流产生的 Packet-In 消息，处理资源将不会因攻击而被消耗。

2. 流表管理方案

流表安全问题的主要根源是配置的一致性问题，新流表项的写入需要确保与已存在的流表项不产生逻辑冲突。在 SDN 中，流表配置往往涉及大量的交换机，所以对于流表的管理来说，仅仅以交换机为管理单元是无法完成逻辑检测的。因此，需要将全网作为整体，以每条流策略（FlowPolicy）为单元进行管理。流策略主要包含三个部分：源、目的、动作，即 FlowPolicy =（src, dst, action）。在控制器中，将每条流策略进行存储并及时更新，利用冲突检测算法对新策略进行检测，通过检测的策略才将其流表写入交换机，这样就避免了流表逻辑的混乱。

在图 2.2 的流表问题中，如果对所有写入交换机的流表进行管理，在流策略转换为流表之前先进行冲突检测，那么由于交换机 B 的流表修改产生的问题就会在控制器中被提前识别。冲突检测基本过程如下。

（1）将流策略简化，得到 FlowPolicy =（src，dst，action）的形式，以 newPolicy 与 oldPolicy 表示新的策略集合和已经存在的策略集合。

（2）将 newPolicy 中无法和 oldPolicy 匹配的 FlowPolicy 忽略。

（3）将 newPolicy 中与 oldPolicy 动作相同的 FlowPolicy 忽略。

（4）如果 newPolicy 和 oldPolicy 仍然存在交集，那么报告冲突。

当识别到冲突后，网络管理者就可以根据实际情况更改策略，使下发到交换机的流表不会导致已有策略的失效。

3. 应用管理方案

SDN 应用创新的基础就是北向接口的开放性，相当于网络管理权限在一定程度上提供给了应用开发者。对于运行在控制器之上的应用程序，其对网络的操作必须加以限制。首先，应用程序对北向接口的调用权限需要加以管理，使程序所需权限能够被控制器掌握并通知网络管理者。但是单纯的权限管理无法检测程序运行时产生的恶意行为，所以应用程序在运行之前应该进行恶意代码的检测，同时，在必要时在沙箱环境下测试其行为。对于调用敏感权限的应用，可以实时检测其行为，防止网络运行受到破坏。

4. 安全方案扩展

作为网络的集中控制者，控制器自身的可靠性十分重要。如果只有一台控制器，一旦其失去对网络的控制能力，那么网络只能停滞在一个状态。维护冗余的控制器，及时地在主控制器停止工作时接管网络可以提高网络运行的可靠性。因此主控制器应该向冗余控制器备份重要信息并实时同步。

控制器也有必要为数据平面提供一定的安全防护功能。控制器对 Packet-In 消息的检测，除了过滤对自身的攻击，也应该增加对网络主机的攻击检测。同时，准入控制可以作为数据平面的安全管理工具运行在控制器之中，提供更多的网络保护。为了使网络转发策略不违反准入控制策略，在流表管理过程中，也需要相应地增加策略的安全检测。

2.4.2　整体架构

控制层作为 SDN 架构中关键的控制核心，应当满足 SDN 架构的基本要求，但是目前尚未有完备的设计标准，各类 OpenFlow 控制器也层出不穷。本节基于 SDN 安全方案，设计一种 SDN 控制器安全架构，如图 2.3 所示，该架构分为基础控制模块和多粒度安全定制模块。基础控制模块遵循 SDN 架构要求实现基本功能，而多粒度安全定制模块在控制器中实现可自定义的安全功能。

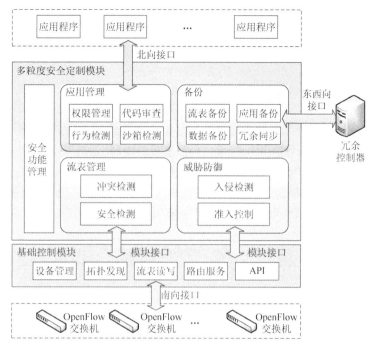

图 2.3　SDN 控制器安全架构

2.4.3　模块设计

威胁防御模块集成入侵检测、准入控制等安全防护功能，入侵检测子模块提供基于控制器主机的防御和基于 SDN 的流量检测。准入控制子模块为网络管理者提供全网的流量规则制定和执行功能。通过南向接口，威胁防御模块对网络中的数据包进行识别，过滤非法流量。当数据包被入侵检测子模块放行后，准入控制子模块进一步根据网络管理者定义的准入规则对数据包进行过滤。

流表管理模块针对 SDN 中的流表安全问题，对流表项进行冲突检测和冲突解决，并对即将写入的流表项可能引发的安全问题进行识别和处理。流表管理模块与路由服务模块和应用管理模块协同工作。当路由服务或应用程序生成流表后，要交由流表管理模块进行检测。如果流表项与现存流表存在冲突，那么自动生成新的安全流表项，同时如果流表项违反了安全策略，也要重新生成或直接拒绝。只有通过流表管理模块的检测，流表才能被下发到交换机中。

备份模块对控制器中的北向应用程序、全网的流表及安全策略等其他重要数据进行备份并不间断更新，便于单点控制器失效后的快速恢复，冗余控制器也通过备份模块与主控制器同步信息，以便在主控制器出现故障时及时地接管网络。

应用管理模块对控制器中的网络应用程序进行安全管理，包括程序代码的自动审查、程序请求接口的权限管理，以及程序运行中的行为检测等。安全功能管理模块管理威胁防御、流表管理、备份和应用管理模块，网络管理者可以通过该模块配置网络防护功能，提供可自定义的安全环境。

2.4.4　运行机制

网络主要安全运行机制为：当 OpenFlow 交换机收到数据包后，将发送消息给控制器，控制器的路由服务负责处理数据包的去向。路由服务在生成该数据包匹配的流表之前，先将包含数据包信息的消息发送到威胁防御模块，由入侵检测模块和准入控制模块先后对数据包安全性进行识别。路由服务收到识别结果消息后生成流表项，生成的流表项交由流表管理模块对流表项进行冲突检测和安全检测，最后路由服务根据处理结果将流表写入交换机。

表 2.1 列出了模块之间交互的消息类型。如图 2.4 所示，模块间的交互方式为：当交换机接收到无流表项匹配的数据包控制器发送 Packet-In 消息；路由服务向威胁

表 2.1　模块之间交互的消息类型

消息类型	消息流向	描述
Packet-Info	路由服务—>威胁防御	携带数据包信息
Packet-Sec	威胁防御—>路由服务	数据包检测结果为允许转发
Packet-Rfs	威胁防御—>路由服务	数据包检测结果为拒绝转发
Flow-Info	路由服务—>流表管理	携带流表信息
Flow-Rslt	流表管理—>路由服务	流表允许下发，结果包含在消息中
Flow-Rfs	流表管理—>路由服务	流表不允许下发

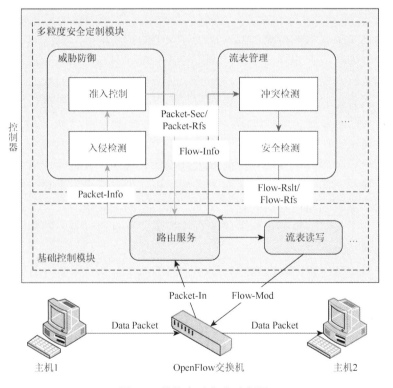

图 2.4　模块交互方式示意图

防御模块发送 Packet-Info 消息请求识别数据包；威胁防御模块向路由服务模块返回识别结果 Packet-Sec 或 Packet-Rfs 消息；路由服务为数据包生成转发流表并向流表管理模块发送包含流表信息的 Flow-Info 消息；流表管理模块向路由服务模块返回处理结果 Flow-Rslt 消息或 Flow-Rfs 消息；路由服务模块如果收到 Flow-Rfs 消息，那么将生成丢弃流表转交给流表读写模块；如果收到 Flow-Rslt 消息，那么将消息中的流表转交流表读写模块；流表读写模块向交换机发送 Flow-Mod 消息，将流表下发到交换机。

2.5　多粒度安全服务

2.5.1　粒计算理论

粒计算理论是 AI 领域的研究热点，但是粒计算的思想可以在很多领域运用。粒计算中的基本思想来源于人类对于问题的考虑方式，即大的问题可以细分为很多小的问题。信息的粒化由 Zadeh[22]在 1979 年提出。粒计算就是以粒度作为计算机对信息的度量，以不同粗细的粒度来解决特定的问题。

粒计算是一种处理问题的方法。就像人们在对待同一个问题时，会从不同的细节和角度去分析，从而可以从整体和部分得出一定的结果。因此，粒计算可以简化庞大的问题，利用小问题的计算降低代价，也可以使问题的根源从不必要的细节中显现。

粒计算主要由粒子、粒层和粒结构组成[23]。粒子是粒计算最基本的元素，粗粒度的粒子由细粒度的粒子组成，粒子在特定问题中的特定属性才使得粒子具有实际价值。粒层就是由同一粒度的粒子组成的集合，不同粒度的粒子可以构成多个粒层，一个粒层往往代表着问题在某一个特定层面的划分。粒结构代表不同粒层之间的关系，它反映着整个问题在不同层面构成的系统描述。

2.5.2　安全服务粒化

SDN 在高度集中的控制下，安全功能也变得可以"软件定义"，许多企业和研究者围绕软件定义安全的概念进行了研究。在本书的 SDN 安全架构中，安全控制器作为安全服务的提供者，为管理者提供安全功能。但是安全服务种类繁多，不同的安全需求需要组合不同的功能，还需要对某些功能的安全等级做出配置。复杂的安全服务会增加管理者的管理难度，也容易产生由安全服务使用不当形成的漏洞。因此，对安全服务进行规划十分必要，本书基于粒计算思想对 SDN 安全服务进行划分。

1. 多粒度服务定义

多粒度的安全服务即由不同粒度构成的安全服务，用可变的粒度实现可变的服务。在不同的安全需求下，多粒度的安全服务应当可以灵活地提供恰当的服务粒度。如果用 S

表示多粒度安全服务，Q 表示安全粒度空间，那么 $S = (Q_1, Q_2, Q_3, \cdots)$，其中，$Q_1$、$Q_2$、$Q_3$ 是不同安全等级的粒层。多粒度的安全服务具备以下特性。

（1）服务的高效组合。多粒度的安全服务利用粒计算的思想，使某个安全等级所需要的安全服务可以快速地得出。针对安全等级的特征，多粒度安全服务可以依次在前一个特征的基础上逐步求解服务的组合。在这个过程中，不必要的服务资源在粒度的变化中被隐藏，因此，服务资源组合的效率被提高。

（2）满足自定义需求。对于不同的用户，安全服务需求千差万别，多粒度的安全服务会针对自己的特定场景制定特定的安全需求。多粒度的安全服务在服务资源粒化后可以实现灵活的组合，为用户生成符合需求的安全服务。

2. 服务粒度划分

为了满足多粒度安全服务的要求，需要将安全服务粒化。在本书的 SDN 安全架构中，所提供的安全服务针对很多不同的安全问题，每一类问题又包含多个细化的安全功能。按照对安全问题的分类，本书将安全服务划分为三个粒层，每个粒层拥有不同粒度的安全功能。

顶部粒层把安全服务划分为两个粗粒度粒子，分别是域内安全服务和域间安全服务。顶层的粒度从 SDN 自治域角度，从域内和域间考虑服务资源的划分。域内安全服务仅考虑在单个自治域内需要满足的安全需求，而域间安全服务主要考虑的是域间控制器通信的安全需求。

中间粒层将安全服务粒度细化，以顶层的粒度为基础，划分出每个粒子的不同安全层面。针对域内安全服务划分为北向安全服务、南向安全服务、数据平面安全服务、容错安全服务。

底部粒层是最细的粒度划分，根据中间粒层进一步形成更细粒度的安全服务。多粒度安全服务最终都是由底部粒层的细粒度粒子构成的，不同的安全需求由不同服务粒子的组合满足。

2.5.3　多粒度安全管理模型

多粒度安全服务不仅依赖于安全服务资源的粒化，用户的安全需求也需要 SDN 控制器完成安全服务的组合。在本书的控制器架构中，安全功能管理模块完成的就是多粒度安全服务生成。对于安全服务生成来说，首先需要解析用户的安全需求，然后依据解析结果才能从不同的粒层组合安全服务。

SDN 管理者通过一定的安全服务描述语言，将安全需求以标准化的形式提供给语义分析器，语义分析器通过分析安全服务描述解析出其包含语义。多粒度安全服务生成器依据语义分析器的结果，以及安全服务资源库的服务的描述，完成服务的匹配和组合，并将生成的服务组合方案交由安全服务部署引擎。安全服务部署引擎向安全服务资源库查找安全服务方案中包含的服务，得到服务后就进行部署。安全服务部署后，部署的结果返回给网络管理者，以方便管理者直观地掌握安全需求的实现情况。

2.6　实验和测试

2.6.1　测试环境

为了验证上述 SDN 安全控制器架构的可行性,本节搭建实验环境,对架构性能进行测试,并使用攻击场景对防护效果进行检验。实验环境基于 Floodlight 控制器及 Open vSwitch,使用 Jpcap 和 Iptables 实现威胁防御模块,并使用 sFlow 及 sFlow-RT 软件对网络流量进行监测。物理主机配置为 Intel Xeon 1.80GHz,16GB 内存。测试主机均为基于 Ubuntu 14.04 系统的虚拟机,配置为 2vCPU 1.80GHz,2GB 内存。实验环境结构如图 2.5 所示。

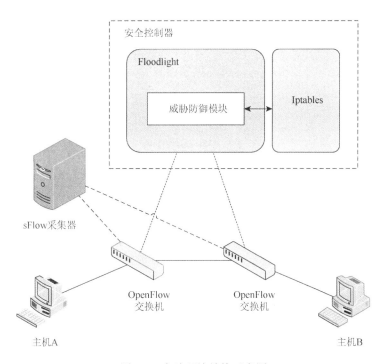

图 2.5　实验环境结构示意图

安全控制器由 Floodlight 控制器和运行 Iptables 的一台主机构成。Floodlight 控制器中添加了自定义的威胁防御功能,而 Iptables 在外部作为控制器的安全应用,它们之间的通信基于 Jpcap。威胁防御模块将交换机发来的数据包发送到运行 Iptables 的主机,该主机开启转发后,经 Iptables 过滤后的数据包被转发回威胁防御模块。威胁防御模块收到的数据包为被允许的数据包,通过使用控制器将数据包下发到数据平面的交换机,使其到达目的主机。

2.6.2　攻击测试

基于 DDoS 攻击场景,在实验环境中使用一台主机 A 向另外一台主机 B 发动 SYN Flood

攻击,攻击工具采用 hping。分别进行 100 数据包/s、500 数据包/s、1000 数据包/s 三次攻击测试。在不开启防御的情况下,与主机 B 相连接的交换机端口在测试期间的 60s 内的进入流量速率统计如图 2.6 所示。随后在攻击期间开启防御,端口进入流量速率统计如图 2.7 所示。

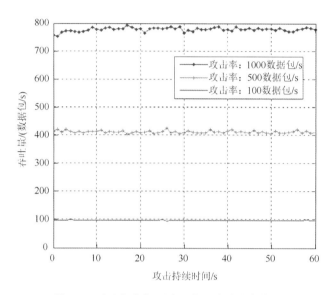

图 2.6　不开启防御下端口进入流量速率统计

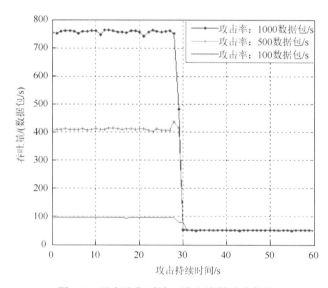

图 2.7　开启防御后端口进入流量速率统计

　　根据攻击测试结果,在不开启防御的情况下,与主机 B 相连的交换机端口流入的流量速率平均值分别为 95.48 数据包/s、411.23 数据包/s、776.79 数据包/s,而在开启防御后流入的流量速率平均为 50.05 数据包/s。当在攻击过程中开启防御,流量的速率迅速在 5s 之内下降,并趋于平稳。攻击测试表明通过安全控制器对 SDN 进行安全防护具有有效性。

2.7 本章小结

本章在 SDN 架构的基础之上，分析了 SDN 中存在的安全问题，并设计了一种 SDN 多粒度安全控制器架构。该架构中的多粒度安全定制模块为 SDN 提供应用安全防御、流表安全防护和网络流量检测等功能。其中各个模块通过安全控制消息交互，协同实现对 SDN 的防护。对于安全功能管理，以粒计算思想将安全服务粒化，并设计了安全管理模型。根据实验测试，该架构在基于流量检测的 SDN 安全防护方面具有很好的效果，同时对于网络性能的影响也较小。

参 考 文 献

[1] McKeown N. Keynote talk：Software-defined networking [C]//Proceedings of IEEE INFOCOM'09，Rio de Janeiro，2009.

[2] Mckeown N，Anderson T，Balakrishnan H，et al. OpenFlow：Enabling innovation in campus networks[J]. ACM SIGCOMM Computer Communication Review，2008，38（2）：69-74.

[3] Caesar M，Caldwell D，Feamster N，et al. Design and implementation of a routing control platform[C]//Conference on Symposium on Networked Systems Design and Implementation，San Francisco，2005：15-28.

[4] Greenberg A，Hjalmtysson G，Maltz D'A，et al. A clean slate 4D approach to network control and management[J]. ACM SIGCOMM Computer Communication Review，2005，35（5）：41-54.

[5] Casado M，Garfinkel T，Akella A，et al. Sane：A protection architecture for enterprise networks[C]//Conference on Usenix Security Symposium，Vancouver，2006：137-151.

[6] Casado M，Freedman M J，Pettit J，et al. Ethane：Taking control of the enterprise [J]. ACM Sigcomm Computer Communication Review，2007，37（4）：1-12.

[7] Open Networking Foundation. Software-defined networking：The new norm for networks [R/OL]. [2012-04-13]. https://www.opennetworking.org/images/stories/-downloads/ sdnresources/white-papers/wpsdn-newnorm.pdf.

[8] Kreutz D，Ramos F M V，Verissimo P. Towards secure and dependable software-defined networks[C]//Proceedings of the 2nd ACM SIGCOMM Workshop on Hot Topics in Software Defined Networking，Hong Kong，2013：55-60.

[9] Yan Z，Prehofer C. Autonomic trust management for a component-based software system[J]. IEEE Transactions on Dependable and Secure Computing，2011，8（6）：810-823.

[10] Porras P，Shin S，Yegneswaran V，et al. A security enforcement kernel for OpenFlow networks[C]//Proceedings of the 1st Workshop on Hot Topics in Software Defined Networks，Helsinki，2012：121-126.

[11] 王鹏，王江，焦虹阳，等. 一种基于 OpenFlow 的 SDN 访问控制策略实时冲突检测与解决方法[J]. 计算机学报，2015，38（4）：872-883.

[12] 裘晓峰，赵粮，高腾. VSA 和 SDS：两种 SDN 网络安全架构的研究[J]. 小型微型计算机系统，2013，34（10）：2298-2303.

[13] Yu M，Rexford J，Freedman M J，et al. Scalable flow-based networking with DIFANE[J]. ACM SIGCOMM Computer Communication Review，2010，40（4）：351-362.

[14] Curtis A R，Mogul J C，Tourrilhes J，et al. DevoFlow：Scaling flow management for high-performance networks[J]. ACM SIGCOMM Computer Communication Review，2011，41（4）：254-265.

[15] Tootoonchian A，Ganjali Y. HyperFlow：A distributed control plane for OpenFlow[C]//Internet Network Management Conference on Research on Enterprise NETWORKING，San Jose，2010：3.

[16] Koponen T，Casado M，Gude N，et al. Onix：A distributed control platform for large-scale production networks[C]//Usenix Conference on Operating Systems Design and Implementation，Vancouver，2010：351-364.

[17] Lin P，Bi J，Hu H. BTSDN：BGP-based transition for the existing networks to SDN[C]//2014 6th International Conference on

Ubiquitous and Future Networks，Shanghai，2014：419-424.

[18]　Nascimento M R，Rothenberg C E，Salvador M R，et al. Virtual routers as a service：The RouteFlow approach leveraging software-defined networks[C]//International Conference on Future Internet Technologies，Seoul，2011：34-37.

[19]　Duan W，Xiao L，Li D，et al. OFBGP：A scalable，highly available BGP architecture for SDN[C]//2014 IEEE 11th International Conference on Mobile Adhoc and Sensor Systems，Philadelphia，2014：557-562.

[20]　Lin P，Bi J，Wang Y. WEBridge：West-east bridge for distributed heterogeneous SDN NOSes peering[J]. Security and Communication Networks，2014，8（10）：1926-1942.

[21]　Phemius K，Bouet M，Leguay J. DISCO：Distributed multi-domain SDN controllers[C]//Network Operations and Management Symposium，Krakow，2013：1-4.

[22]　Zadeh L A. Fuzzy Sets and Information Granularity[M]//Gupta M，Ragade R，Yager R. Advances in Fuzzy Set Theory and Applications. Amsterdam：North-Holland Publishing，1979.

[23]　王国胤，张清华，胡军. 粒计算研究综述[J]. 智能系统学报，2007，2（6）：8-26.

第3章 多模态智慧网络编码感知绿色路由资源调度

3.1 软件定义传感网中编码感知绿色路由算法

无线传感器网络（wireless sensor network，WSN）采纳了传统互联网架构，在 WSN 中的每个节点都是一个独立的个体，它们通过自组织进行通信和协同工作，当节点的属性和行为被设定之后，就很难得到改变，导致了 WSN 对资源的利用率低、网络的可扩展性低和网络难于管理，这不利于网络的灵活运用。软件定义网络将控制与数据平面分离，控制器对网络进行集中式的管理，能够识别全局网络视图，可灵活地设置定制化的功能。传感节点的能量有限，可结合网络编码技术进行合理的路由规划，减少数据的传输次数，从而降低节点能量。虽然网络编码能够减少数据的传输次数，但是节点为了提高编码机会，让更多的数据流经过编码节点，节点的负载加重，对于剩余能量较低的节点将提前耗尽能量并退出网络。因此，这类能耗受限的网络中应用网络编码技术需要权衡编码机会、节点剩余能量和节点负载度。基于以上考虑将软件定义网络技术运用到无线传感器网络中，给出了软件定义传感网（software-defined sensor network，SDSN）架构，并提出一种编码感知绿色路由（coding-aware green routing，CAGR）算法。

3.2 软件定义传感网架构

软件定义传感网将软件定义网络技术运用到传感网中，已有软件定义传感网体系架构分为应用层、控制层和数据平面层，并且在网络中通常只部署一个控制器进行集中控制，这样软件定义传感网的稳定性和性能难以得到保障。基于已有的软件定义传感网体系架构，给出更新后的软件定义传感网架构。软件定义传感网采用分布式的控制器进行集中控制，在已有的软件定义传感网体系架构中，引入虚拟层，解决若干个控制器可能会出现同时发出指令和单个控制器同时做出多个决策的问题，以及普通节点同时收到相邻节点信息或者是从同一个区域收到重复信息的问题。考虑到编码感知绿色路由算法及非合作博弈功率控制算法的执行，本章将控制器模块进行扩展。已有的控制器具有设备管理、拓扑发现、流表读写和路由服务等功能模块，针对编码感知绿色路由算法和功率控制算法，在路由管理模块中添加编码管理功能模块，在拓展管理模块中添加功率控制模块。下面将对软件定义传感网架构模型、控制器架构和控制器模块设计进行详细的介绍。

3.2.1 软件定义传感网架构模型

传感网的封闭性限制了新业务功能的扩展，通过在传感网中引入分布状态抽象、转发抽象和配置抽象等的软件定义网络技术，能够解决传感网的配置问题，革新传感网的架构。

在本书所提的软件定义传感网中，主要包括三类节点，分别是控制节点（control node）、中心节点（center node）和普通节点。其中，控制节点实现相应的逻辑控制功能。本书也将控制节点称为控制器，可以根据控制范围获取实时的网络拓扑信息、节点信息、路由限制和路由传输信息等，实现对网络的管控功能。中心节点类似 SDN 中的交换机功能，实现对流表的匹配和数据的转发等相应的动作，本书中心节点为软件定义簇头节点。普通节点则实现对数据的接收和动作的执行等功能。如图 3.1 所示，本书将无线传感网的逻辑控制与数据转发相分离，控制节点位于控制层，在数据平面层分布了中心节点和普通节点。在数据平面层的每个节点都有一个 OpenFlow 流表的抽象，它们根据控制器派发的指令配置流表中的行为并通过收到的数据包对流表的行为进行匹配，然后执行相应的操作。

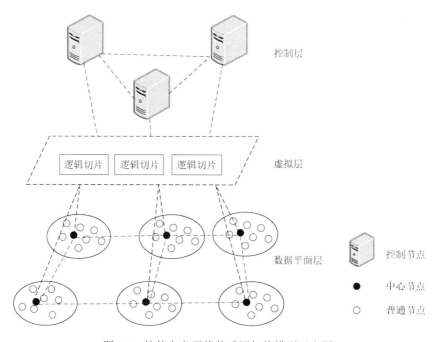

图 3.1　软件定义无线传感网架构模型示意图

在控制层上可以部署多个控制器协同工作，控制器是整个网络的核心，它管控着整个网络的视图，网络中具体动作的执行都是依靠控制器进行的，当网络中只部署一个控制器时，软件定义传感网的稳定性和性能就很难得到保障，因此，通过在控制层部署多个分布控制器来管理数据平面层的基础设备，可以增强网络的稳定性。但是若干个控制器可能会出现同时发出指令和单个控制器同时做出多个决策的问题，为了解决这个问题，本章引入FlowVisor 到架构中，如图 3.1 所示，虚拟层位于数据平面层与控制层之间。虚拟层采用了若干个逻辑切片（slice），每个逻辑切片相互独立互不干扰。每个逻辑切片可以独立地执行操作，这样每个控制器就可以对多个应用进行控制，也可以实现多个控制器对多个交换机发出指令的功能，这样整个网络的稳定性和可靠性都可以得到较大的提升。它还解决了普通节点同时收到相邻节点信息或者是从同一个区域收到重复信息的问题。

3.2.2　软件定义传感网控制器架构

控制层扮演着软件定义传感网核心大脑的角色，它不仅负责对数据平面层转发设备的统一管理，而且还负责向应用层提供网络调用的能力。控制层的开放性实现了网络的可编程和管理创新，还能完成一定的网络配置工作。通过控制层对新应用进行定制化功能模块的设计，可以实现网络管理的可定制化。考虑到在软件定义传感网中控制器对编码感知绿色路由算法和功率控制算法的执行，本书对控制器的功能模块进行扩展，给出定制 SDSN 控制器架构，如图 3.2 所示，其主要包括应用管理模块、路由管理模块、扩展管理模块和流表管理模块，各个管理模块协同工作，实现对传感节点功率控制和路由的选择。

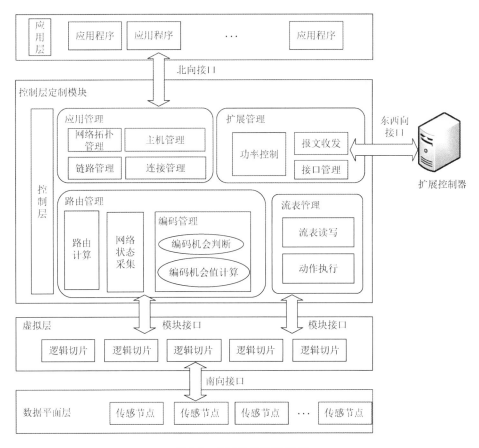

图 3.2　SDSN 控制器架构

3.2.3　软件定义传感网控制器模块设计

控制器中集成了各个功能的管理模块，通过各个管理模块协同工作来完成对网络新业务的管理和资源分配，本章定制 SDSN 控制器主要需要以下几个管理模块来协同工作。

1. 应用管理模块

应用管理模块主要包括网络拓扑管理、主机管理、链路管理和连接管理等功能模块。在本书中主要运用网络拓扑管理功能。网络拓扑管理主要负责发现和维护网络链路的连接情况，即节点与节点之间的连接情况、节点与控制器连接的情况。链路层发现协议（link layer discovery protocol，LLDP）是 OpenFlow 中固有的网络拓扑发现协议，它是一种二层协议，用于发布和接收来自邻近节点的信息。LLDP 被设计用于节点之间的单跳链路发现。由于大多数传感器节点因资源限制而不能启用 OpenFlow，所以很难将 LLDP 直接应用于 WSN。对于混合 OpenFlow 网络协议，广播域发现协议（broadcast domain discovery protocol，BDDP）[1]是从 LLDP 派生出来的。BDDP 与 LLDP 具有相同的报文格式，但目的介质访问控制（medium access control，MAC）地址由组播地址变为广播地址。因此，BDDP 消息可以通过 OpenFlow 间接链接进行传播。在软件定义传感网中运用 BDDP 发现协议探测链路状态，利用获得的节点的链路信息获取网络的拓扑信息。

2. 路由管理模块

路由管理模块主要包括网络状态采集功能模块、编码管理功能模块和路由计算功能模块。

（1）网络状态采集功能模块。网络状态采集功能模块主要负责对网络的状态信息进行采集，对链路质量和节点的状态信息进行采集，并将收集的参数传递给编码管理模块和路由计算模块。网络状态采集功能模块的数据准确性决定了路由模块的性能，控制器需要实时地采集网络状态信息。

（2）编码管理功能模块。在编码管理功能模块中，主要包括对节点的编码机会的判断和编码机会值的计算。当数据包进行数据传输时，节点的流表中没有匹配的流表项，则会向控制器发送请求消息，请求消息中包括数据包的头部信息、源地址和目的地址等信息，发送数据包头添加了发送节点和邻居节点的 ID，编码管理功能模块通过分析发送的数据包信息和从节点中获取的缓存数据包信息，实现有效的数据管理和控制，判断节点是否能够编码并计算节点的编码机会值，具体判断和计算过程将在 3.3.2 节进行详细的阐述。

（3）路由计算功能模块。在软件定义传感网中，控制器能够根据网络的全局视图对路由进行最佳的选择。如图 3.3 所示，路由计算功能模块主要与网络拓扑管理功能模块、

图 3.3　路由管理模块流程图

编码管理功能模块、网络状态采集功能模块和流表管理功能模块协作完成，其中，网络拓扑管理功能模块发现全局网络拓扑，将拓扑信息发送给路由计算功能模块，网络状态采集功能模块再将链路信息和节点信息发送给编码管理功能模块和路由计算功能模块，编码管理功能模块将节点的编码情况发送给路由计算功能模块。路由计算功能模块根据3.3.4 节的度量算法进行计算，然后下发流表，进行路由选择。

3. 扩展管理模块

在控制器中设置了扩展管理模块，主要包括功率控制、报文收发和接口管理功能模块。本节主要考虑到传感网的节点能量受限情况，在扩展管理模块中设置了功率控制功能模块，功率控制技术可以控制节点能量消耗，能够有效地节约能量。在本书中软件定义的传感网架构下，将一个中心节点及与它管辖范围内的各个普通节点看作一个小区，中心节点视为小区的基站，控制器将功率分配的结果通过中心节点下发到各个普通节点。普通节点根据控制器下发的功率分配资源策略进行功率分配。

4. 流表管理模块

流表是决定网络数据流如何动作的核心单元。本节将流表的结构进行了扩展，如图 3.4 所示，为了实现网络编码功能，将流表中的动作项增加了编码与解码的动作，将网络编码技术运用到软件定义传感网中。流表管理模块根据控制器下发流表项对节点进行配置和执行相应的数据流动作。

包头域	进口接口	Ethernet 源地址	Ethernet 目的地址	VLAN ID	...	编码队列	包长度
计数器							
动作	转发	丢弃	入队	编码	解码		

图 3.4　扩展流表结构

3.3　编码感知绿色路由算法

传感节点能量有限，可通过合理的路由规划降低网络能量消耗和均衡节点能量。本节分析传统 WSN 下编码感知机会路由存在问题，考虑到节点能量有限，提出编码感知绿色路由（CAGR）算法。该算法给出了一种综合考虑节点编码机会值、节点负载值和节点剩余能量的度量，结合机会转发机制对节点候选集进行选择并对候选集中节点进行排序，让优先级高的节点优先转发数据。

3.3.1 基本思想

1. WSN 中编码感知机会路由存在问题

研究发现传统 WSN 中编码感知机会路由主要存在以下问题。

（1）传统无线传感网编码感知机会路由，候选转发集节点的优先级排序是由节点自组织完成的，转发集内各个节点广播自己数据包信息和监听到的缓存数据包信息，计算自己的编码机会值，同时又要计算转发集内其他节点的编码机会值来进行优先级的排序，这样增加了节点的计算开销和缓存开销，从而也消耗了节点能量。

（2）网络编码感知机会路由，只将编码机会作为路由度量，让更多的数据流经过编码节点，导致编码节点的负载加重，这些节点的能量会提前耗尽并退出网络。对于能量受限的网络需要权衡节点的编码机会值、负载度和剩余能量。

2. 编码感知绿色路由算法思想

（1）本节运用软件定义传感网的控制与转发相分离来解决上述问题。在软件定义传感网中，将节点的算法计算、节点优先级的判定及节点动作执行指令通过在控制器中抽象运行，节点之间不需要同时计算自己及其他节点的度量值进行优先级排序，只需要在控制器中进行集中式优先级排序，减少节点交换数据包信息。

（2）针对网络编码感知机会路由，只将编码机会作为路由度量的问题。本节不仅仅考虑节点的编码机会值，而且根据候选转发集中各节点的编码机会值、负载度值和节点剩余能量值，给出编码感知绿色路由度量，减少数据包的传输次数和避免选择负载度过高、剩余能量较低的节点。

在以图 3.5 为例的网络模型中，节点 F 向节点 A 发送数据包 p，节点 B 向节点 C 发送数据包 q，节点 A 向节点 E 发送数据包 r。源节点 F 的转发集是 C、D、E，节点 B 的转发集是 A、D、E，节点 A 的转发集是 C、D、B。从中可以得到，在这 3 个转发集合中，节点 C 有 p、r 两个数据包，节点 E 有 p、q 两个数据包，节点 C 和 E 是两条数据流的交会节点，节点 C 进行数据包 $(p \oplus r)$ 传输，节点 A 收到 $(p \oplus r)$，通过 $(p \oplus r) \oplus r$ 可以得到数据包 p。节点 E 通过 $p \oplus (p \oplus r)$ 得到数据包 r。节点 E 同样可以进行 p 与 q 编码后传输。节点 D 有 p、q、r 三个数据包，是 3 条数据流的交会节点，节点 D 进行数据包 $(p \oplus q \oplus r)$ 传输，节点 C 收到 $(p \oplus q \oplus r)$，将它缓存的数据包与编码包进行解码 $(q \oplus p \oplus r) \oplus (p \oplus r)$，可以得到数据包 q。节点 E 通过 $(p \oplus q \oplus r) \oplus (p \oplus q)$ 得到数据包 r。节点 A 通过 $(p \oplus q \oplus r) \oplus (q \oplus r)$ 得到数据包 p。那么节点 D 可以对 3 个数据包同时编码，然后一次就可以发送 3 个数据包的信息。由此可知，节点 D 的编码机会比节点 C 和 E 的编码机会都高。在编码感知机会路由中，当数据包 p 进行传输时，将会选择节点 D 进行传输。假设节点 D 的剩余能量为 a，其他节点剩余能量为 $b > a$，节点 D 传输一次 $(p \oplus q \oplus r)$ 编码包将消耗节点 a 的能量，当选择 D 作为转发节点时虽然可以节约网络能量，但是节点 D 将退出网络，不利于能量受限的网络进行数据传输。同理，当节点处理的负载比较多时，将会带来网络拥塞，导致数据超时重传，从而加大了节点的能量消耗。因此，根据网络的特性，如何较好地设计出一种度量方法，成为需要解决的问题。本节充分地考虑节点编码机会、负载度和剩余能量，给出本章的编码感知绿色路由算法。下面将对节点编码机会值、节点负载度、CAGR 度量、CAGR 运行机制进行详细的阐述。

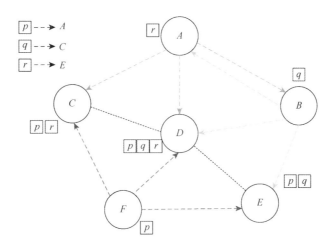

图 3.5　CAGR 基本思想示意图

3.3.2　节点编码机会值

1. 编码机会值的判断

在每次执行网络编码时，如果融合的原始数据包越多，数据传输次数越少，网络消耗的能量就越少。本节将节点的编码机会值定义为编码包中原始数据包的个数。要确定节点的编码机会值，首先需要确定节点是否能够编码，需要知道编码目的节点是否已经缓存了用于解码的数据包。本节在数据包的头部添加发送节点和下一跳邻居节点 ID 的信息[2]。如图 3.5 所示，当 F 节点发送数据包 p 时，数据包 p 添加了发送节点 F 和下一跳邻居节点 C、D、E 的 ID 信息在它的头部，如图 3.6（a）所示，当节点 A 发送数据时，数据包 r 添加发送节点 A 和下一跳邻居节点 C、D、B 的 ID 信息在它的头部，如图 3.6（b）所示。当数据包 p、r 在节点 C 相遇时，数据包 p 的数据包支架中有数据包 r 的目的节点 E，表示目的节点 E 缓存了用于解码的数据包 p，当节点 E 收到 $(p \oplus r)$ 时，通过 $p \oplus (p \oplus r)$ 获得数据包 r。同理，数据包 r 的数据包支架中有数据包 p 的目的节点 A，表示目的节点 A 缓存了用于解码的数据包 r，当节点 A 收到 $(p \oplus r)$ 时，通过 $(p \oplus r) \oplus r$ 获得数据包 p，则节点 C 能够进行编码。通过对数据包附加 ID 信息，判断数据包在编码前目的节点是否已经缓存了用于解码的数据包，进而判断节点是否能够编码。

数据包	数据包支架
p	F、C、D、E

数据包	数据包支架
r	A、C、D、B

(a) 数据包p的附加ID信息　　　　　　　　(b) 数据包r的附加ID信息

图 3.6　数据包附加 ID 信息

2. 编码机会值的计算

在传统 WSN 编码感知机会路由中，节点不仅要计算自己的编码机会值，还需要周期性地将自己的信息和监听到的数据包向转发集中的节点进行广播。转发集中的节点根据收到的信息计算自己的编码机会值，同时又要计算其他节点的编码机会值来判断节点的优先级，这样增加了节点的计算开销和缓存开销，从而消耗节点能量。在软件定义传感网中，计算编码机会值在控制器中进行，控制器根据转发集中的节点信息和数据包信息进行编码机会值计算。

3.3.3　节点负载度

网络编码可以减少数据包的传输次数，可以提高吞吐量，但是在感知网络编码的同时，将引向路由向编码机会多的节点进行聚集，从而使得数据流聚集，形成热区，很有可能会因为节点负载较重，形成拥塞，造成时延升高、发送数据超时等现象，最终导致数据重传，从而加大了节点的能量消耗。本节考虑节点的负载情况，将节点 i 所用队列长度与总队列长度的百分比定义为节点的负载度，用符号 queue_i 表示。

$$\text{queue}_i = \frac{M}{N} \tag{3.1}$$

其中，M 为节点 i 所用队列长度，N 为节点 i 总队列长度。

由式（3.1）可知，M 的值与节点的负载度大小成正比，当 M 较大时节点的负载度较大，很有可能会发生拥塞现象。因此在选择路由时，应该避免选择负载较重的节点进行数据传输。

3.3.4　CAGR 度量

为了方便后面路由度量的设计，考虑节点的负载值的大小，避免选择负载较重的节点进行数据传输，这里定义了队列空闲比为

$$\text{LI}_i = 1 - \text{queue}_i \tag{3.2}$$

用 LI_i 表示节点队列空闲比，间接地反映节点的负载度的大小。由式（3.2）可知，当节点的 LI_i 越大时，节点的负载度越小。LI_i 与节点的负载度成反比关系。

在本节的度量设计中考虑了节点的剩余能量的情况，避免选择剩余能量较低的节点

进行数据传输，结合节点编码机会值和队列空闲比，给出了 CAGR 的路由度量。假设 i 节点为候选节点中的任意节点，给出 CAGR_i 的路由度量公式如下：

$$\text{CAGR}_i = \alpha C_i + \beta \text{RE}_i + \lambda L_i \tag{3.3}$$

式中，α、β、λ 为加权指数，其中，$\alpha + \beta + \lambda = 1$。采用文献[3]提到的层次分析法（analytic hierarchy process，AHP）[4]对 α、β、λ 权重进行赋值，将 α、β、λ 赋值为 0.5、0.3、0.2。AHP 是解决决策问题的数学方法，通常用于评估决策问题中不同参数的影响。由于编码机会值 NC_i、队列空闲比量化值 LI_i 及剩余能量的量化值 CRE_i 的单位不一样，这里需要进行归一化处理将它们变成无量纲数据，归一化处理公式如下：

$$C_i = \frac{\text{NC}_i}{\overline{\text{NC}}}, \quad L_i = \frac{\text{LI}_i}{\overline{\text{LI}}}, \quad \text{RE}_i = \frac{\text{CRE}_i}{\overline{\text{CRE}}} \tag{3.4}$$

式中，$\overline{\text{NC}} = \frac{1}{n}\sum_{i=1}^{n}\text{NC}_i$，$\overline{\text{LI}} = \frac{1}{n}\sum_{i=1}^{n}\text{LI}_i$，$\overline{\text{CRE}} = \frac{1}{n}\sum_{i=1}^{n}\text{CRE}_i$，$n$ 为候选转发集中节点（的）个数。$\overline{\text{NC}}$ 表示候选转发集中节点的平均编码机会值；$\overline{\text{LI}}$ 表示候选转发集中节点的平均队列空闲比；$\overline{\text{CRE}}$ 表示候选转发集中节点的平均剩余能量值。由 CAGR_i 的计算公式可知，当节点的编码机会较大、剩余能量较大、节点的负载较小时，CAGR_i 的值就越大，表示该节点的综合性能较好。

3.3.5　CAGR 运行机制

CAGR 运行机制整体流程：当发送节点需要发送数据包时，首先需要判断邻居节点是否满足候选转发集条件，若节点满足候选转发集条件，则将它加入候选转发集中，若不满足，则舍去该节点。然后控制器根据收到的节点信息和数据包信息计算节点的 CAGR 度量值，然后对节点排序，当确定了节点的优先级后，在候选转发集节点中设置定时器，让优先级高的节点优先转发数据。当候选转发集中其他节点监听到有节点成功发送了该数据包，则将该数据包从自己的发送队列中删除，准备接收其他新的数据包。

在 CAGR 的运行机制中，主要包括对节点进行候选转发集的选择和对候选转发集中节点优先级的排序，具体运行过程如下所示。

1. 候选转发集的选择

选入候选转发集的节点需要满足以下几个条件。

（1）该节点是发送节点的下一跳邻居节点。

（2）将期望传输次数（expected transmission count，ETX）作为选择候选节点的度量，转发集中的节点到目的节点的 ETX 值要比发送节点到目的节点的 ETX 值小，主要是为了避免数据包远离目的节点传输。

（3）转发集中节点能够相互监听并且节点的剩余能量不能为 0。

（4）转发集中选取的节点个数不超过 6。转发集中的个数不是越多越好，转发集中的个数越多，计算量就越大。转发集的节点个数在 4～7 的效果较好[5]，考虑本书的网络环境，将转发集节点最大个数设置为 6 个。

在软件定义传感网下，控制器通过全局拓扑信息，获得节点的链路状态和链路质量等信息，对节点候选转发集进行选择。

2. 候选转发集中节点优先级排序

在软件定义传感网中，控制器根据接收到的节点信息和数据包信息计算节点的度量值，对节点进行集中式的优先级排序，避免了传统 WSN 下节点交换大量数据包，在计算自己的度量值的同时，也需要评估其他节点的度量值，以便了解自身与其他节点的相对优先级。控制器计算节点编码机会值，同时也可计算节点的负载值得到队列空闲比值，然后结合节点的剩余能量根据 3.3.4 节计算候选转发集中各节点的 CAGR 度量值，将各节点的 CAGR 度量值进行排序。

3. CAGR 算法时间复杂度

对于 CAGR 算法，在选取候选转发集时主要与 node_i 的邻居节点个数 b 有关，通常可以在常数时间内完成，因此，单个节点选择候选转发集的时间复杂度为 $O(b)$，所以在网络中选取候选转发集的时间复杂度为 $O(bn)$。在候选转发集中节点优先级排序过程中，需要对节点的编码机会进行判断，节点需要遍历每个转发集中节点缓存的数据流的个数 m，则需要的时间复杂度为 $O(bmn)$，所以整个算法的时间复杂度为 $O(bmn)$。文献[6]提出的基于网络编码的能量感知路由协议（energy-aware routing protocol for ad hoc network based on network coding，ERPNC），通过结合路径总能耗与节点剩余生存时间来进行路由的选择，该路由协议能够降低节点能量消耗，均衡节点能量，但是该协议的时间复杂度较高。ERPNC 采用分布式编码感知路由（distributed coding-aware routing，DCAR）的编码条件进行编码机会的判定，该路由协议还需要额外存储流经自身每条流的可匹配编码的速率值。假设已知网络节点个数 n、每个节点可存储的数据流个数 m、每个节点的邻居节点个数 b 和数据流的平均传输时间 h，ERPNC 路径总能耗的时间复杂度为 $O(n^{2bh}m^2)$，此外，ERPNC 还增加了预测节点的剩余生存时间复杂度 $O(n)$。因此，从时间复杂度的角度可知，ERPNC 的时间复杂度高于 CAGR 算法。

3.4 本 章 小 结

本章考虑到传统无线传感网架构策略更改困难、可扩展低，给出了软件定义传感网架构，将节点分为控制节点、中心节点和普通节点，设计了软件定义传感网架构模型和定制控制器架构，并对控制器各个功能模块进行了详细的阐述。分析了传统 WSN 下编码感知机会路由存在的问题并结合传感节点能量有限，提出了编码感知绿色路由算法 CAGR，综合考虑了编码机会、节点剩余能量和节点的负载度，结合机会转发数据包机制，让优先级高的节点优先传输数据。

参 考 文 献

[1] Spachos P，Toumpakaris D，Hatzinakos D. QoS and energy-aware dynamic routing in wireless multimedia sensor networks[C]// IEEE International Conference on Communications，London，2015：6935-6940.

[2] 赵蕴龙，王博识，张凯，等. 充分考虑节点编码机会的编码感知路由协议[J]. 应用科学学报，2014，32（1）：7-12.

[3] Hu Q，Zheng J. CoAOR: An efficient network coding aware opportunistic routing mechanism for wireless mesh networks[C]// GLOBECOM Workshops，Atlanta，2013：4578-4583.

[4] Saaty T L. Axiomatic foundation of the analytic hierarchy process[J]. Management Science，1986，32（7）：841-855.

[5] 谢强.基于能量均衡的机会路由协议研究[D]. 太原：太原科技大学，2013.

[6] 王振朝，蔡志杰，薛文玲. 基于网络编码的 Ad Hoc 网络能量感知路由策略[J]. 计算机科学，2016，43（7）：106-110.

第4章 多模态智慧网络面向服务的负载资源调度

4.1 基于负载感知的分布式控制器负载均衡模型

SDN 虽然可以通过单个控制器动态配置和管理网络，但是随着网络规模迅速扩大，使用单个控制器可能存在以下几个问题[1]。

第一，随着网络中交换机数目不断增多，交换机与控制器之间的控制流量将会增加，而控制器与交换机之间的带宽是有限的。

第二，在大规模网络中，无论单个控制器如何放置，始终有部分交换机到控制器的传播时延较大，增大了数据转发的时延。

第三，单控制器的处理能力有限，随着网络规模的不断扩大，单控制器将成为 SDN 性能的瓶颈。

因此，随着 SDN 应用场景和规模逐渐扩大，控制平面的可扩展性已经成为当前研究的热点，而如何保证多个控制器间的负载均衡则是控制平面可扩展性研究中的一个重要研究方向。本章首先分析目前已有的 SDN 多控制器架构方案的优缺点，然后在此基础上提出完全分布式控制器负载均衡模型，最后给出基于负载感知的负载均衡算法实现分布式控制器之间的负载均衡。

4.2 SDN 多控制器架构方案

为了解决 SDN 单一控制器存在的问题，研究者已经提出分布式控制器解决方案，如 HyperFlow[2]、Onix[3]、BalanceFlow[4]等。分布式控制器的原理是多个控制器协同工作，共同管理 SDN。根据控制器之间组织方式的不同，分布式控制器可以分为完全分布式控制器、分层式控制器、负载均衡式控制器三种架构[5]。

1. 完全分布式控制器架构

完全分布式控制器架构如图 4.1 所示，在这种多控制器架构中，交换机根据某种规则（如就近原则等）连接到不同的控制器上，每个控制器的处理性能相同，并且能够独立管理与之连接的交换机。控制器之间通过某种数据共享机制共享全局数据，同时一个控制器也可以通过发送消息的方式通知另一个控制器执行某种操作，HyperFlow、BalanceFlow 采用了这种架构。

完全分布式控制器架构中交换机由某个控制器独立管理，交换机到控制器之间的传输时延较小，具有良好的扩展性，但是由于控制器之间需要维护共享数据的一致性，因此，系统较为复杂，且不易保证每个控制器的负载均衡。

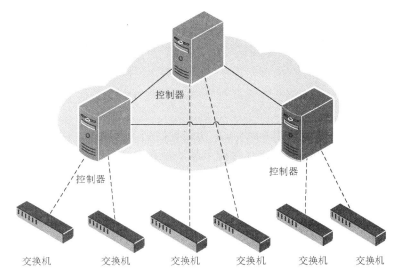

图 4.1　完全分布式控制器架构示意图

2. 分层式控制器架构

分层式控制器架构如图 4.2 所示,控制器具有主从之分,主控制器具有全局网络视图,从控制器只具有局部网络视图。在分层式控制器架构中,交换机同样采用某种规则连接到从控制器上,所有从控制器都需要连接到主控制器上。从控制器只能处理自己交换机内部的事件,当需要与其他从控制器管理下的交换机进行通信时,则需要将事件交给主控制器进行处理,典型代表有 Onix。

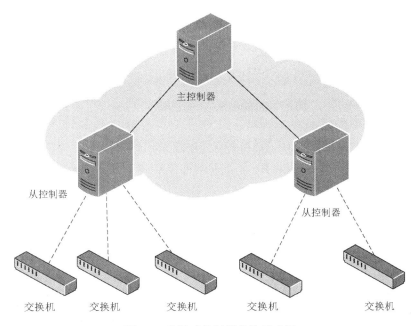

图 4.2　分层式控制器架构示意图

当分层式控制器架构处理局部网络事件时，交换机到从控制器之间的传输时延小，但处理全局事件则需要较大的传输时延，也同完全分布式控制器架构一样，不易保证每个控制器的负载均衡。

3. 负载均衡式控制器架构

负载均衡式控制器架构如图 4.3 所示，在这种控制器架构中，需要在控制器的前面部署负载均衡设备，所有的交换机都连接到负载均衡设备上。当有新的流请求到达时，负载均衡器根据各个控制器的负载情况将流请求分配到某个控制器上去执行，从而达到控制器负载均衡，控制器之间通过某种共享机制实现数据共享，维护数据一致性，典型代表为一种用于软件定义网络中可扩展的域内控制平面的机制（a mechanism for scalable intra-domain control plane in SDN，MSDN）[6]。

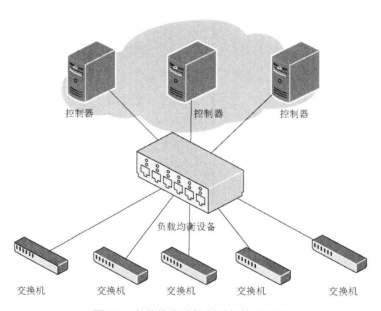

图 4.3　负载均衡式控制器架构示意图

负载均衡式控制器架构虽然能够通过负载均衡设备实现负载均衡，但是在大规模网络中，交换机与控制器之间的传输时延相对较大，可扩展性较差，负载均衡设备有可能成为系统瓶颈。

通过以上研究分析可得，完全分布式控制器架构相比分层式控制器架构有更小的时延，并且由于每个控制器具有相同的重要性，不具有主从之分，因此，减少了控制器失效对整个系统性能的影响。但是与负载均衡式控制器架构相比，完全分布式控制器架构不能有效地保证控制器负载均衡，BalanceFlow 为解决控制器负载均衡，引入了超级控制器角色用以处理系统负载均衡，但存在单点失效的隐患和较大的复杂度。因此，本章在前人研究基础上，提出一种基于负载感知的分布式控制器负载均衡模型，解决前面提到的 BalanceFlow 超级控制器和 MSDN 中负载均衡设备瓶颈问题，并通过基于负载感知的负载均衡算法，动态分配交换机对间的流请求信息，能够快速地均衡分布式控制器之间的负载。

4.3　分布式控制器负载均衡模型

本节提出的分布式控制器负载均衡模型采用完全分布式控制器架构,每个控制器具有相同的处理性能,并都具有负载均衡功能。在该模型中,交换机将与多个控制器建立安全连接,在一个时刻可能被多个控制器同时管理控制,控制器之间共享全局网络视图,对整个网络进行协同管理。本节提出的分布式控制器负载均衡模型取消了 BalanceFlow 中超级控制器的角色,每个控制器都相当于文献[7]中的负载均衡服务器,解决了控制器或负载均衡设备单点失效问题,提高了网络的稳定性和鲁棒性,减少了交换机流表的安装时延,其模型架构如图 4.4 所示。

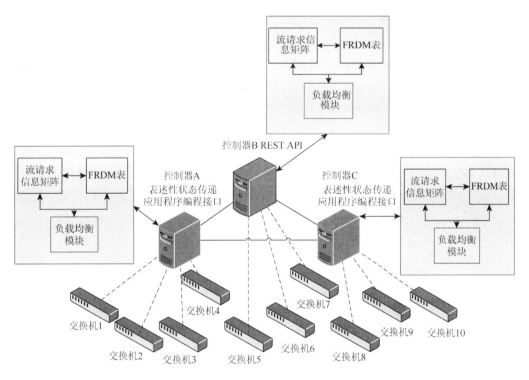

图 4.4　基于负载感知的分布式控制器负载均衡模型

本节提出的分布式控制器负载均衡模型采用交换机对间的流请求信息作为控制器的基本管理单元,流请求信息是指当新的数据流到达交换机,在流表中未找到与之匹配的流表项时,交换机向控制器发送 Packet-In 消息。与基于角色的分布式控制平面架构在交换机级别进行控制器分配不同,在流的级别进行负载分配不仅考虑了交换机到控制器的传播时延,同时考虑了控制器的流请求处理效率,并且从交换机对的角度出发,网络中交换机的数目通常是有限的,采用控制器存储交换机对间的流请求信息的方案可行且所占存储空间相对较少。

在本节提出的分布式控制器负载均衡模型中，每个控制器都能实时地感知各自的负载信息，并根据预先设定的阈值进行控制器的负载状态判定，一旦检测出控制器自身负载超过给定阈值，相应的控制器就会运行负载均衡算法，将部分流请求信息分配给处于空闲状态的控制器。因此，在控制器中需要维护流请求偏离均值（flow-requests deviation mean，FRDM）表，用来记录每个控制器接收的流请求信息数与网络产生的平均流请求信息数的差值。

本节所提分布式控制器负载均衡模型的主要目标是能动态地适应控制器负载变化，实时调整控制器的负载，使系统负载达到最佳状态，减少网络交换机的流表安装时延，整个模型运行流程主要包括负载信息感知、状态判定、执行负载均衡算法三个部分。

4.3.1　负载信息感知和状态判定

为使控制器能够实时感知自己的负载信息，需要统计交换机对间的流请求信息数目，因此每个控制器需要维护各自的流请求信息矩阵 Q，Q 是一个 $n \times n$ 阶矩阵，其表示形式如式（4.1）所示，其中，n 为网络中交换机个数。

$$Q = \begin{bmatrix} q_{11} & q_{12} & q_{13} & \cdots & q_{1j} & \cdots & q_{1n} \\ q_{21} & q_{22} & q_{23} & \cdots & q_{2j} & \cdots & q_{2n} \\ \vdots & \vdots & \vdots & \vdots & \vdots & \vdots & \vdots \\ q_{i1} & q_{i2} & q_{i3} & \cdots & q_{ij} & \cdots & q_{in} \\ \vdots & \vdots & \vdots & \vdots & \vdots & \vdots & \vdots \\ q_{(n-1)1} & q_{(n-1)2} & q_{(n-1)3} & \cdots & q_{(n-1)j} & \cdots & q_{(n-1)n} \\ q_{n1} & q_{n2} & q_{n3} & \cdots & q_{nj} & \cdots & q_{nn} \end{bmatrix} \tag{4.1}$$

其中，矩阵元素 q_{ij} 有两种取值情况：①当 $q_{ij} = -1$ 时，表示交换机对 (i, j) 间的流请求信息不属于控制器处理；②当 $q_{ij} \geq 0$ 时，表示控制器接收的交换机 i 到交换机 j 间的流请求信息数。

当交换机收到一个数据包时，将与交换机中的流表进行匹配，如果匹配成功，那么按照流表中的行为处理；否则，交换机向控制器发送流请求信息，即 Packet-In 消息，控制器根据 Packet-In 消息中附带的数据包源、目的地址及端口号可以知道该数据包的源、目的交换机，从而更新流请求信息矩阵中的相应元素，同时制定转发规则并下发给沿路的交换机。控制器每隔 Δt 时间更新流请求信息矩阵，在实际应用场景中，采用指数加权平均法对控制器接收的交换机对间的流请求信息进行平滑处理，其更新公式如下：

$$q(i, j) = (1 - \delta)q_{\text{pre}}(i, j) + \delta p(i, j) \tag{4.2}$$

式中，δ 为权重因子；$q_{\text{pre}}(i, j)$ 为前一个周期交换机 i 到交换机 j 间的流请求信息数；$p(i, j)$ 为 Δt 时间内控制器收到的交换机 i 到交换机 j 间的流请求信息数。

为了更好地描述控制器的负载信息感知和负载状态判定，假设分布式控制器负载均衡模型中有 M 个控制器，N 个交换机，用符号定义以下参数：

（1）第 k 个控制器 C_k 接收的流请求信息数 $Q_{C_k} = \sum_{i=1}^{N} \sum_{j=1}^{N} q_{ij}$，$1 \leqslant k \leqslant M$，$q_{ij} \geqslant 0$。

（2）网络产生的流请求信息总数 $R_{\mathrm{total}} = \sum_{k=1}^{M} Q_{C_k}$。

（3）网络产生的平均流请求信息数 $Q_{\mathrm{avg}} = \dfrac{1}{M} R_{\mathrm{total}}$。

（4）负载阈值 $\mathrm{threshold} = (1 + \varpi) Q_{\mathrm{avg}}$。

（5）控制器 C_k 的流请求偏离均值数 $\Gamma_{C_k} = Q_{C_k} - Q_{\mathrm{avg}}$。

（6）交换机 i 到控制器 C_k 的传播时延为 $d(i, C_k)$。

（7）交换机 i 到控制器的平均传播时延 $d_{\mathrm{avg}}(i) = \dfrac{1}{M} \sum_{k=1}^{M} d(i, C_k)$。

（8）系统负载均衡开销 $\mathrm{Cost} = \mathrm{count}$，$\mathrm{count}$ 表示达到负载均衡时下发的流请求分配规则数。

本节提出的分布式控制器负载均衡模型采用分布式负载信息收集方式，即控制器每隔 T 时间互相发送各自的流请求信息数，然后计算网络产生的平均流请求信息数和各自的流请求偏离均值数，并用最新的流请求偏离均值数更新 FRDM 表。

控制器 C_k 通过流请求偏离均值数 Γ_{C_k} 和负载阈值 $\mathrm{threshold}$ 共同判定其负载状态，其判定规则如下：

$$T_{C_k} = \begin{cases} 0, & \Gamma_{C_k} \leqslant 0 \\ 1, & Q_{C_k} \leqslant \mathrm{threshold} \text{且} \Gamma_{C_k} > 0 \\ 2, & Q_{C_k} > \mathrm{threshold} \end{cases} \tag{4.3}$$

式中，$T_{C_k} = 0$ 表示控制器 C_k 处于空闲状态，其条件为 $\Gamma_{C_k} \leqslant 0$，即控制器接收的流请求信息数小于等于当前网络产生的平均流请求信息数 Q_{avg}；$T_{C_k} = 1$ 表示控制器 C_k 处于负载正常状态，其条件为 $Q_{C_k} \leqslant \mathrm{threshold}$ 且 $\Gamma_{C_k} > 0$，即控制器接收的流请求信息数小于等于当前网络的负载阈值但大于网络产生的平均流请求信息数 Q_{avg}；$T_{C_k} = 2$ 表示控制器 C_k 处于过载状态，其条件为 $Q_{C_k} > \mathrm{threshold}$，即控制器接收的流请求信息数大于当前网络的负载阈值。

同时引入系统负载均衡度 Ω 来衡量分布式控制器模型的整体负载均衡程度，其定义如下：

$$\Omega = \left| 1 - \sqrt{\frac{1}{M} \sum_{k=1}^{M} \left(\frac{\Gamma_{C_k}}{Q_{\mathrm{avg}}} \right)^2} \right| \tag{4.4}$$

式中，$\Omega \in [0,1]$，Ω 越大，说明 Γ_{C_k} 越接近于 0，即每个控制器接收的流请求信息数越接近网络产生的平均流请求信息数，控制器负载程度越相近。

在此基础上，本节提出基于负载感知的负载均衡算法，分布式控制器通过互相发送各自接收的流请求信息数，计算 Q_{avg} 和 T_{C_k} 的值用以感知各自的负载状态，一旦感知到自身处于过载状态，过载控制器将分配流请求信息给处于空闲状态的控制器，减小过载控制器的流请求偏离均值数，提高系统负载均衡度，使分布式控制器能够快速恢复负载均衡状态。

4.3.2　基于负载感知的负载均衡算法

本节提出的基于负载感知的负载均衡算法主要思路是将过载控制器上部分流请求信息分配给流请求偏离均值数小且传播时延也较小的空闲控制器，使系统负载情况得到快速改善，降低负载均衡的代价。当控制器感知到自身过载时，过载控制器将执行负载均衡算法，其执行过程主要分为两个步骤，分别是确定合适的流请求信息分配策略、选取合适的目标控制器。

1. 流请求信息分配策略

在执行负载均衡算法时，首先需要确定流请求信息分配策略，即过载控制器应该将哪些交换机对间的流请求信息分配给其他控制器。为了使分布式控制器系统快速恢复至负载均衡状态，降低负载均衡开销，应该避免调整流请求信息数较少的交换机对，因为分配流请求信息数少的交换机对对整个系统负载均衡度 Ω 的影响甚微，反而增加了负载均衡的开销。因此，本节提出的基于负载感知的负载均衡算法优先分配较大的流请求信息数给其他控制器。

假设过载控制器为 C_k，其中，$1 \leqslant k \leqslant M$，则过载控制器的流请求偏离均值数为 Γ_{C_k}。首先，控制器根据流请求信息矩阵确定其管控的交换机对集合 SP_{C_k}，并按照交换机对间的流请求信息 $q_{C_k}(i, j)$ 进行降序排序，得到交换机对序列 SPL。然后，初始选择最大的流请求信息 $q_{C_k}(i, j)$ 作为分配对象，若找到目标控制器，则下发流请求分配规则到相应的交换机，并通过式（4.5）检查过载控制器分配流请求信息后是否处于负载正常状态，若式（4.5）成立，则过载控制器处于负载正常状态，算法停止；否则，将继续遍历 SPL，直到过载控制器负载正常。

$$Q_{C_k} - \sum q_{C_k}(i, j) \leqslant \text{Up}_{\text{threshold}} \qquad (4.5)$$

式中，$\text{Up}_{\text{threshold}} = (1 + \eta) Q_{avg}$ 表示过载控制器进行流请求信息分配后可接受的负载上限，且 $0 \leqslant \eta \leqslant \varpi$。负载上限中的参数 η 越接近 0，说明过载控制器执行负载均衡算法后其接收的流请求信息数越接近网络产生的平均流请求信息数，系统负载均衡度 Ω 越高，但是需要分配的流请求信息可能就越多，即系统负载均衡开销 Cost 越大；η 越接近 ϖ，表明过载控制器执行负载均衡算法后其接收的流请求信息数越接近负载阈值，控制器的负载越重，系统负载均衡度 Ω 越低，但是需要分配的流请求信息也越少，即系统负载均衡开销 Cost 越小，本节后续将讨论如何选取合适的 η，使系统负载均衡度和负载均衡开销达到平衡。

2. 目标控制器选取策略

如何选取合适的目标控制器是本节负载均衡算法中最重要的一个步骤。在执行负载均衡算法时，系统负载均衡度是衡量整个分布式控制器系统负载均衡程度的指标，即在选择目标控制器时，需要保证分配流请求信息后系统负载均衡度最大。同时，还需要考虑交换机到控制器的传播时延，若将流请求信息分配给过远的控制器，势必增加流表的安装时延，降低系统的处理效率，尤其是当网络流量突发时，流表的建立时延将显著地增大。因此，在执行流请求信息分配时，需要同时考虑系统负载均衡度 Ω 和交换机到控制器的传播时延两个因素，保证最小化分布式控制器的流请求偏离均值数的同时减少传播时延。由此可知，本节要解决的问题是一个多目标优化问题，多目标优化问题又称为多标准优化问题，其一般性描述如下：

$$\begin{cases} \min y = F(x) = (f_1(x), f_2(x), \cdots, f_n(x)) \\ \text{s.t. } g_i(x) \leqslant 0, i = 1, 2, \cdots, q \\ h_j(x) = 0, j = 1, 2, \cdots, p \end{cases} \tag{4.6}$$

式中，决策向量 $x \in \mathbb{R}^m$；目标向量 $y \in \mathbb{R}^n$；$f_i(x)$ $(i = 1, 2, \cdots, n)$ 是目标函数；$g_i(x) \leqslant 0$ $(i = 1, 2, \cdots, q)$ 是不等式约束；$h_j(x) = 0 (j = 1, 2, \cdots, p)$ 是系统的等式约束。

与单目标优化问题相比，多目标优化问题中各个目标可能是互相矛盾的，一个解对某个目标来说是较好的，但对其他目标可能是较差的，因此，难以找到一个满足所有目标的最优解[8]，在实际解决问题中，常常将多目标转换为单目标问题。

因此，本节所提分布式控制器负载均衡问题可用数学模型简单表示为

$$\begin{cases} \max(\Omega), \min d(i, C_k) \\ \forall k, k \in [1, M], Q_{C_k}^* \leqslant \text{threshold} \end{cases} \tag{4.7}$$

式中，$Q_{C_k}^*$ 表示分配流请求信息后控制器的流请求信息总数。该数学模型表示过载控制器执行负载均衡算法后，分布式控制器系统需要满足以下三个要求：

（1）分配流请求信息后负载均衡度最大，即控制器的流请求偏离均值数最小。

（2）交换机到空闲控制器的传播时延最小。

（3）目标控制器接收流请求信息后不会发生过载。

此类多目标优化问题属于 NP 完全问题，不存在唯一的全局最优解。本节提出的基于负载感知的负载均衡算法是一个近似算法，即将所有处于空闲状态的控制器作为目标候选集 $\text{TC} = \{C_1, C_2, \cdots, C_k\}$，$T_{C_t} = 0$，从目标候选集合中选择代价函数值最小的控制器 C_t 作为接收流请求信息的目标控制器，并保证接收流请求信息后的目标控制器不会发生过载。本节所提算法对控制器的流请求偏离均值数和交换机到控制器的传播时延两个目标进行线性加权处理，得到代价函数，其定义如下：

$$f_{C_t} = \alpha(\Gamma_{C_t} + q_{C_k}(i, j)) + \beta \lambda d(i, C_t) \tag{4.8}$$

式中，$q_{C_k}(i,j)$ 表示过载控制器 C_k 管理的交换机对 (i,j) 间的流请求信息数；过载控制器 C_k 根据 FRDM 表可以得到空闲控制器当前的流请求偏离均值数 Γ_{C_t}；α、β 用于对控制器流请求偏离均值数和传播时延的权衡，$\alpha + \beta = 1$ 且 $\alpha \in [0,1]$，$\beta \in [0,1]$。当 β 较大时，表示控制器流请求偏离均值数的影响较小，将传播时延作为主要优化目标；当 β 较小时，则表示传播时延影响较小，以流请求偏离均值数作为主要优化目标。$d(i,C_t)$ 表示的是交换机 i 到控制器 C_t 的传播时延，λ 是控制器接收的交换机对 (i,j) 的流请求信息数与时延的比值，定义为 $\lambda = \dfrac{q_{C_k}(i,j)}{d_{\mathrm{avg}}(i)}$。本节仿真实验根据经验将 α 设为 0.7，将 β 设为 0.3。

当找到代价函数值最小的目标控制器时，还需检查目标控制器是否满足上面提到的第（3）个要求，即接收流请求信息后，目标控制器不会发生过载，判断公式如下：

$$Q_{C_t} + \sum q_{C_k}(i,j) \leqslant \mathrm{threshold} \tag{4.9}$$

若不满足，则继续遍历 SPL 中的下一对交换机对；否则，过载控制器将向交换机下发流请求分配规则，并根据式（4.10）与式（4.11）更新 FRDM 表和流请求信息矩阵。

$$\Gamma_{C_t}^{\mathrm{update}} = \Gamma_{C_t} + q_{C_k}(i,j), \quad \Gamma_{C_k}^{\mathrm{update}} = \Gamma_{C_k} - q_{C_k}(i,j) \tag{4.10}$$

$$q_{C_t}(i,j) = 0, \quad q_{C_k}(i,j) = -1 \tag{4.11}$$

在式（4.10）中，$\Gamma_{C_t}^{\mathrm{update}}$ 表示接收过载控制器 C_k 分配的流请求信息后，目标控制器 C_t 的流请求偏离均值数。$\Gamma_{C_k}^{\mathrm{update}}$ 表示过载控制器 C_k 分配流请求信息后的流请求偏离均值数。在式（4.11）中，过载控制器分配流请求信息后，流请求信息矩阵中的相应元素将更新为 -1，而目标控制器则将流请求信息矩阵中的相应元素更新为 0，以实时更新控制器管理的交换机对信息。

4.3.3　分布式控制器负载均衡模型的运行流程描述

在网络初始状态人为设定每个控制器管理的交换机对，控制器每隔 Δt 时间更新各自的流请求信息矩阵，每隔 T 时间互相发送各自接收的流请求信息数，计算网络产生的平均流请求信息数及控制器的流请求偏离均值数，一旦控制器感知到自身过载，过载控制器将根据各自的流请求偏离均值数按降序依次执行负载均衡算法，按降序遍历其管理的流请求信息，计算相应的交换机对到空闲控制器的代价函数值，选取满足约束且代价函数值最小的空闲控制器作为目标控制器，并更新 FRDM 表和流请求信息矩阵，直到系统处于负载均衡状态，其运行流程描述如下：

（1）初始化网络状态，交换机最初采用就近原则连接到不同的控制器。

（2）设定负载阈值 threshold $= (1+\varpi)Q_{avg}$ 和可接收的负载上限 $\mathrm{Up}_{threshold} = (1+\eta)Q_{avg}$ 中的参数 ϖ、η。

（3）分布式控制器每隔 Δt 时间更新各自的流请求信息矩阵。

（4）控制器每隔周期 T 互相发送各自接收的流请求信息数。

（5）每个控制器计算所有控制器的流请求偏离均值数 Γ_{C_k}，并更新 FRDM 表；每个控制器感知自己的负载信息并判断当前负载状态，若所有 $T_{C_k} = 0$，则控制器 C_k 处于空闲状态，分布式控制器系统负载均衡；若 $T_{C_k} = 1$，则控制器 C_k 处于负载正常状态；若存在 $T_{C_k} = 2$，则控制器 C_k 发生过载，转到步骤（6）。

（6）过载控制器 C_k 检查 FRDM 表中是否有大于其流请求偏离均值数 Γ_{C_k} 的控制器，若存在，则等待其他过载控制器按照 4.3.2 节基于负载感知的负载均衡算法流程执行负载均衡算法，并转到步骤（7）；若不存在负载偏离均值数大于 Γ_{C_k} 的控制器，则控制器 C_k 执行负载均衡算法，快速调整分布式控制器系统负载。

（7）过载控制器执行完负载均衡算法后，发布更新后的 FRDM 表给其他过载控制器，转到步骤（6）。

4.4　基于负载感知的分布式控制器负载均衡模型的仿真实验与结果分析

本节所提分布式控制器架构中采用 3 个控制器 A、B、C，网络拓扑采用 Abilene topology，其包含 10 个交换机节点和 13 条链路。文献[9]指出平均每个流占用控制器时间为 10ms，所以本节设定流请求信息矩阵更新周期 Δt 为 10ms，将控制器互相发布流请求信息数的周期 T 设定为 1s，负载阈值 ϖ 为 0.3，负载上限 η 为 0.1，δ 为 0.02。设定网络初始状态如图 4.5 所示，交换机默认与离它最近的控制器通信，在网络初次运行，即当 $t = 0$ 时，交换机 1、2、3、4 向控制器 A 发送流请求信息，交换机 5、6、7 向控制器 B 发送流请求信息，交换机 8、9、10 向控制器 C 发送流请求信息，即网络中的主机随机向任意一个主机发送一个数据流，并随机等待 0～10ms 再发送一个新的数据流。为了有效地验证本书分布式控制器负载均衡模型的可行性和有效性，分别在两种场景下进行仿真实验，即验证在一个控制器过载和两个控制器同时过载的情况下系统的运行情况。

（1）只有一个控制器发生过载。在第 1000 个周期 T 时，人为增加控制器 A 的负载，即增加控制器 A 管理交换机下的主机向其他控制器管理的主机发送数据流的频率，因此随着控制器 A 负载的不断增加，最终导致分布式控制器负载不均衡。然后在第 3000 个周期 T 我们开启控制器的负载均衡功能，分布式控制器将检测是否过载，一旦过载，将执行负载均衡算法。重复相同实验 20 次，取 20 次实验数据的平均值作为最终运行结果，其实验结果如图 4.5 所示。

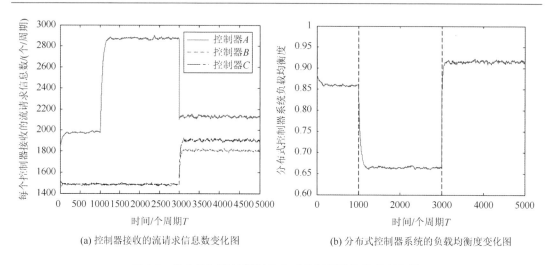

(a) 控制器接收的流请求信息数变化图　　　　(b) 分布式控制器系统的负载均衡度变化图

图4.5　单个控制器过载时分布式控制器系统负载变化图

　　图 4.5（a）描述了每个控制器接收的流请求信息数随时间周期的变化，图 4.5（b）描述了系统负载均衡度随时间周期的变化。从图4.5（a）和（b）中可以看到，在网络初始运行时，随着主机不断发送数据流，每个控制器的流请求信息数上升，控制器的负载分布接近于 4∶3∶3，系统负载均衡度在网络稳定时约为0.85。在第1000个周期T以后的负载情况正如实验条件所设置那样，控制器 A 的负载显著地增加，并超过给定的负载阈值，系统负载均衡度也随之降低，最低达到0.66。在第3000个周期T时，系统运行负载均衡算法，控制器 A 将分配流请求信息到其他空闲控制器上，系统负载重新达到平衡，各个控制器的负载占比约为0.37∶0.31∶0.32，并且系统负载均衡度也逐步提高，最终达到0.90。

　　（2）同时有两个控制器发生过载。在第 1000 个周期T时，人为增加控制器 A 和 B 的负载，即增加控制器 A、B 管理的交换机下的主机向其他控制器管理的主机发送数据流的频率，因此，随着控制器 A 和 B 的负载不断增加，最终导致分布式控制器负载不均衡。然后在第 3000 个周期T开启控制器的负载均衡功能，分布式控制器将检测是否过载，一旦过载，将执行负载均衡算法。重复相同实验 20 次，取 20 次实验数据的平均值作为最终运行结果，其实验结果如图 4.6 所示。

　　图 4.6 描述了两个控制器同时发生过载时的负载情况。从图 4.6（a）和（b）中可以看到，在网络初始运行时，随着主机不断发送数据流，每个控制器的流请求信息数上升，每个控制器的负载接近于 4∶3∶3，系统负载均衡度在网络稳定时约为 0.85。在第1000个周期T以后的负载情况正如实验条件所设置的那样，控制器 A 和控制器 B 的负载显著地增加，超过给定的负载阈值，并且系统负载均衡度也随之降低，最低达到 0.47。在第3000个周期T时，系统运行负载均衡算法，控制器 A 和 B 将依次执行负载均衡算法，将流请求信息分配给控制器 C，系统负载重新达到平衡，各个控制器的负载占比约为 0.35∶0.34∶0.31，并且系统负载均衡度也逐步提高，最终达到 0.93。

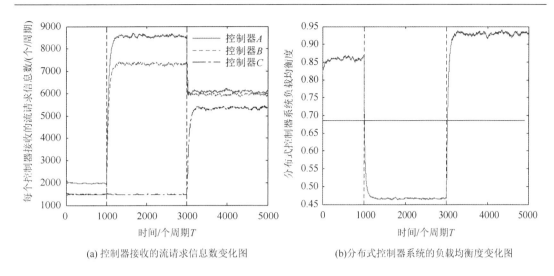

(a) 控制器接收的流请求信息数变化图　　　(b)分布式控制器系统的负载均衡度变化图

图 4.6　两个控制器同时过载时分布式控制器系统负载变化图

本书在 4.3.2 节中描述了负载上限参数 η 的取值对系统负载均衡度 Ω 和系统负载均衡开销 Cost 的影响，如何选取 η 的值取决于实际应用场景对负载均衡度和均衡开销的权衡，图 4.7 描述了与图 4.5 相同的实验条件下 η 取不同值时系统负载均衡度和负载均衡开销的变化。从图 4.7 中可以看出，当 η 取值为 0 时，运行负载均衡算法后系统的负载均衡度最大，约为 0.977，但此时系统负载均衡开销也达到最大，即分配的交换机对流请求信息较多，过载控制器需要下发 12 条流请求分配规则给交换机。随着 η 值的增大，系统负载均衡度也逐渐减小，系统负载均衡开销也减小，但是随着 η 接近负载阈值参数 ϖ，系统将可能频繁地执行负载均衡算法，降低系统负载均衡的稳定性，因此，η 取值不宜过大。

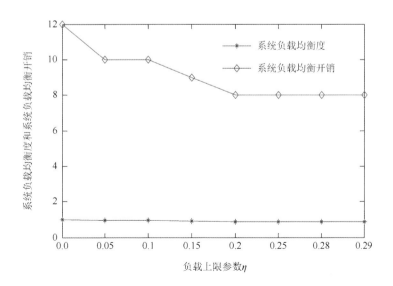

图 4.7　负载上限参数 η 对系统负载均衡度和均衡开销的影响

4.5　本 章 小 结

本章分析了已有的 SDN 多控制器架构方案的优势和存在的问题，并在前人的研究基础上进行改进，提出了基于负载感知的分布式控制器负载均衡模型，该模型结合完全分布式控制器架构和负载均衡式控制器架构各自的优点，该模型中每个控制器都具有负载均衡功能，避免了控制器单点失效的问题，有效地解决了 SDN 控制平面的可扩展性问题。随之提出了基于负载感知的负载均衡算法，通过引入流请求偏离均值数的概念，控制器能够实时地感知各自的负载状态，一旦感知到自身处于过载状态，将运行负载均衡算法，将过载控制器上的部分流请求信息分配给空闲的控制器，实现分布式控制器负载均衡，有效地提高了系统的负载均衡度。仿真实验表明，本章提出的基于负载感知的分布式控制器负载均衡模型在控制器负载不均衡时能够快速地对过载控制器进行交换机对间的流请求信息分配，具有较低的负载均衡开销，与 BalanceFlow[4] 相比具有更小的时间复杂度。

参 考 文 献

[1]　左青云，陈鸣，赵广松，等. 基于 OpenFlow 的 SDN 技术研究[J]. 软件学报，2013，24（5）：1078-1097.

[2]　Tootoonchian A，Ganjali Y. HyperFlow: A distributed control plane for OpenFlow[C]//Proceedings of the 2010 Internet Network Management Conference on Research on Enterprise Networking，Berkeley，2010: 3.

[3]　Tavakoli A，Casado M，Koponen T，et al. Applying NOX to the datacenter[J]. Hotnets，2009，8（10）：123-128.

[4]　Hu Y，Wang W，Gong X，et al. BalanceFlow: Controller load balancing for OpenFlow networks[C]//2012 IEEE 2nd International Conference on Cloud Computing and Intelligent Systems，Hangzhou，2012：780-785.

[5]　孔祥欣. 软件定义网络分布式控制平台的研究与实现[D]. 北京：清华大学，2013.

[6]　林萍萍，毕军，胡虹雨，等. 一种面向 SDN 域内控制平面可扩展性的机制[J]. 小型微型计算机系统，2013，34（9）：1969-1974.

[7]　吁迎平，秦华. OpenFlow 网络中控制器负载均衡策略研究[J]. 网络安全技术与应用，2015，15（3）：6-7.

[8]　林闯，陈莹，黄霁崴，等. 服务计算中服务质量的多目标优化模型与求解研究[J]. 计算机学报，2015，38（10）：1907-1923.

[9]　Tavakoli A，Casado M，Koponen T，et al. Applying NOX to the datacenter[J]. Hotnets，2009，8（10）：123-128.

第 5 章　多模态智慧网络通信资源恢复

本章主要对现有的 SDN 跨域网络互联通信机制进行研究，基于 SDN 拓扑混合网络，设计可以满足 SDN/IP 异构网络间通信的机制，并在异构网络中边缘节点增加路由反馈机制，提高网络收敛性，保证数据通信的可靠性。

5.1　SDN/IP 跨域异构网络通信模型

5.1.1　设计思路

传统的 IP 网络之间通过路由器连接，并使用各种路由协议进行通信，保证端到端的通信可达性。为了方便研究，借鉴文献[1]的思想，将整个 SDN 域抽象为一个功能完整的标准路由器，通过与邻居进行路由交换，实现跨域通信。但在设计和实现过程中，存在路由信息反应慢、网络灵活性较差的问题。针对以上思想和不足，本章对控制器功能和边缘节点功能进行改进，提出以下设计思路。

（1）将 SDN 抽象为一个功能完整的路由器整体，将底层网络视为传统路由器数据转发端口，将控制器作为虚拟路由器的核心逻辑层，负责报文解析和指导转发。

（2）控制层面通过添加路由引擎支持三层路由协议，对接收到的路由消息进行解析，并根据控制器策略，通过控制器下发进行应答。

（3）数据转发层面，将 SDN 控制器组成的物理网络定义为转发层面，与外界网络直连的跨域边缘节点则抽象为虚拟路由器的对外直连端口，并通过反馈机制，主动上报 SDN 域网络可达信息。

网络抽象图如图 5.1 所示，由于 OpenFlow 控制器实际是不支持三层路由协议的，在

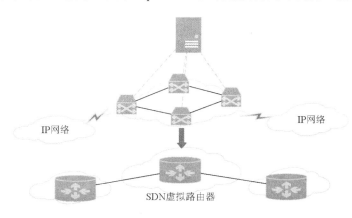

图 5.1　网络抽象图

设计中，使用 Quagga 路由引擎来支持抽象路由中的三层路由协议。OpenFlow 控制器根据跨域边缘节点收集边缘信息及 Quagga 解析的其他路由器发送的路由信息，进行路由自学习并生成路由表，通过 Quagga 封装后向其他网络同步本域的网络可达信息。

5.1.2 模型框架

根据上面的描述，通信机制由控制器、Quagga 路由代理和数据转发设备协同完成，三层路由功能主要由控制器与 Quagga 路由代理实现，数据转发设备对跨域转发数据报文做补充处理。SDN/IP 异构网络通信机制整体框架设计如图 5.2 所示。

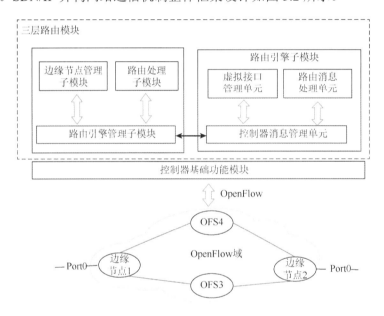

图 5.2　SDN/IP 异构网络通信机制整体框架设计

从整体来看，控制器中三层路由模块负责 OpenFlow 域内的数据报文转发规则，包括为跨域的数据报文选择到下一跳网络的出口边缘节点，路由引擎则是对内同步其他网络的可达信息，对外同步 OpenFlow 域的网络可达信息，使得全网 NLRI 信息一致，从而达到异构网络通信互达的要求。下面将详细地阐述相关部分设计思路和整体通信流程。

5.1.3 三层路由模块设计

在 OpenFlow 网络中，控制器作为管理整个网络资源的网络操作系统，通过各种系统组件实现管控全网的功能。因此本节基于控制器中基础组件，如节点管理、链路管理等，设计三层路由模块，使得 OpenFlow 控制器支持 IP 路由协议。如图 5.2 所示，控制器中的三层路由模块主要由边缘节点管理子模块、路由引擎管理子模块、路由处理子模块构成。

1. 边缘节点管理子模块设计

SDN 跨域边缘节点与外部 IP 网络直连,是抽象路由器中作为直连端口的重要网络元件。边缘节点管理模块主要用于 SDN 边缘节点的管理,并负责将边缘节点收集的邻接可达网络信息管理起来,为三层路由模块中其他子模块提供服务。

为了方便管理此类信息,在边缘节点管理子模块中定义一张 SDN 接口管理表,该表包含边缘节点与直连网络或路由器的可达信息,是异构网络中数据可达的重要信息,也将作为控制器相关路由模块路由自学习的重要信息。

SDN 接口管理表存储了 SDN 跨域边缘节点及直连网络信息,由于 OpenFlow 交换机端口属于二层网络接口,不具备三层网络特性,因此,该表中定义了该端口的虚拟接口信息,作为与 IP 路由器做报文交换时所携带的信息。因此,SDN 接口管理表头字段如图 5.3 所示。

| DPID | Port_ID | ConIP | Con_GW | ConMAC | Protocol | EngineIP | EngineMAC |

图 5.3　SDN 接口管理表头字段

边缘节点信息包含了 DPID、端口 ID,用于全网唯一标志边缘节点端口属性,具备了 OpenFlow 网络性质;直连网络的信息包含了边缘节点直连网络 IP 及网络掩码,分别定义为 ConIP 和 Con_GW,管理直连 IP 网络信息,ConMAC 用于记录与该边缘节点直连路由器的 MAC 地址信息,以及直连网络支持的网络协议 Protocol。虚拟接口属性与路由引擎模块中虚拟接口属性对应,包含了 EngineIP 和 EngineMAC 两个属性字段,其中,EngineIP 需要与 ConIP 处于同一网段,当 Quagga 路由引擎应答需要从某一 SDN 边缘节点发出时,在路由引擎子模块看来,是从此虚拟端口发出,同时 SDN 应答外网的地址解析协议(address resolution protocol,ARP)请求时,也需要用到表中定义的接口三层属性。这些信息在网络初始化时需要管理人员配置,在网络启动之后,边缘节点或直连网络若有变化,则根据边缘节点反馈的信息,自动进行后期的管理和维护。

2. 路由引擎管理子模块设计

路由引擎管理子模块主要负责与路由引擎模块通信,向路由引擎管理子模块传递控制器端发出的消息和封装传递路由引擎子模块发出的消息。

如图 5.4 所示,一般需要传递的控制器端信息有路由报文、本域的 NLRI 变化信息及控制器发送的其他控制消息,从路由引擎管理子模块收到的消息是解析出的路由信息和路由应答等消息。控制器收到路由消息后会直接通过该模块发送给路由引擎的路由处理单元解析处理,再将路由引擎解析出来的路由信息交由路由引擎管理子模块封装成控制器可以解读的格式,方便 SDN 路由处理模块进一步处理。路由引擎解析的路由信息主要是邻居路由器通告 OpenFlow 虚拟路由器的路由表，包含目的 IP、目的地址的子网掩码、下一跳 IP 和距离，因此，路由引擎管理子模块封装的格式为 RouteInfo =（route_ip，dst_ip，dst_gw，next_ip，metric，time），其中，route_ip 表示传入该条路由条目的路由器 IP，time 表示收到该条路由的时间。

图 5.4　路由引擎管理子模块处理消息

当 SDN 内部有 NLRI 信息变化时，边缘节点管理子模块首先发出对应的指令，控制路由引擎管理子模块中虚拟接口管理单元做出增删改的动作，路由引擎子模块则根据实际情况生成 Update 消息，通过路由引擎管理子模块封装后，通过边缘节点通告全网。

3. 路由处理子模块设计

路由处理子模块面向 SDN 内部，主要工作包含路由信息处理和内部网络数据转发处理两大功能。路由信息处理是针对路由引擎管理子模块交付的路由表信息，根据此类信息和 SDN 接口管理表进行路由自学习，生成 SDN 内部路由表，跨域的数据包（数据报文）通过 SDN 路由表匹配到合适的边缘节点进行转发。类比传统路由器中路由表，SDN 路由表如表 5.1 所示。

表 5.1　SDN 路由表

dst_ip	dst_gw	out_port	metric
ip1	gw1	1：e1	1
...	...	...	...

从表 5.1 中可以看出，SDN 路由表由目的网络 ip、目的网络掩码、本域出口和跳数构成，其中，out_port 为唯一的 OpenFlow 域边缘节点端口，令 out_port = DPID：PORTID。控制器根据 SDN 路由表，在数据转发中，系统会根据目的地址匹配相应的 out_port 作为下一网络的出口端口，并将此信息通过流表下发给相应设备。

路由信息处理是针对路由引擎管理子模块交付的 OpenFlow 虚拟路由器信息，如路由引擎生成的对其他路由的应答消息，例如，Update 消息，控制器将路由引擎生成的路由信息封装成 Packet-Out 消息，下发给对应的边缘节点，边缘节点再直接转发。

同时，当路由处理子模块收到 SDN 边缘节点管理子模块发送的 NLRI 变化消息时，路由处理子模块首先更新 SDN 路由表，将更新后的路由表经由路由引擎管理子模块发送至路由引擎做下一步处理。再根据更新后的 SDN 路由表重新下发流表。

4. 路由引擎子模块设计

路由引擎子模块的主要工作是解析和应答路由消息，并管理抽象接口，该模块根据功能主要分为三个单元：控制器消息管理单元、虚拟接口管理单元和路由消息处理单元。控制器消息管理单元的主要工作是与路由引擎管理子模块通信，接收控制器消息，并根据其中指令分发给虚拟接口管理单元或路由消息处理单元处理，该单元与路由引擎管理子模块通信采用了 Linux 内核中的 Netlink socket 方法。Netlink 是仅在 Linux 中的特殊套接字（socket），它可以被用来在内核和用户应用程序间实现双向的获取和传输数据，Netlink 中 Rtm-Route 消息则是专门用于路由表的管理[2]。虚拟接口管理单元管理着边缘节点的抽象网络端口，在逻辑上虚拟接口与外部 IP 网络直连，接口抽象动作是使用 Open vSwitch 完成的，模块接收控制器消息，执行 OVS 命令，对虚拟接口进行增加、删除或更新的动作。路由消息处理单元主要功能是解析路由报文和生成路由报文，功能主要通过 Quagga 路由引擎实现。Quagga 进行路由学习的信息主要是虚拟接口管理单元管理的接口信息和路由消息中携带的路由信息。

5.1.4　SDN/IP 跨域边缘节点设计

跨域边缘节点位于异构网络的核心位置，SDN 边缘与 IP 网络直连，因此其担任了多重角色，具有一定的处理能力。为了提高 SDN 路由收敛速度和扩张控制器的管控范围，本节在边缘节点增加反馈机制，用于主动收集直连 IP 网络信息，并反馈给控制器。反馈机制主要工作分为直连路由器与链路连接状态反馈和状态信息反馈两方面。

连接状态主要是边缘节点直连的链路和路由器的活性状态，边缘节点通过封装 ICMP 报为 Hello 报文，周期性地主动发送到直连路由器，询问直连网络的连接状态，并将结果上报控制器。本节将边缘节点反馈信息定义为 EdgeInfo =（dpid，portid，action，time），action 字段表示直连网络的增加、删除或更新。由于边缘节点的特殊性，增加动作仅考虑已有配置好的新增边缘节点或现有边缘节点上增加直连网络的情况，此时同时需要返回边缘端口信息，根据接口信息管理表的数据格式，将此类消息上报格式定义为 Packet-In =（dpid，portid，conip，comgw，conmac，portocol）。Time 为时间戳，所有状态以最新的时间戳为准。为了防止误报，当边缘节点未收到直连路由器应答时，在一个应答周期内，会连续发送 ICMP 报文再次探测，收到应答报文则在周期内停止问询。

状态信息指直连 IP 链路状态信息，包括带宽、时延抖动和丢包率等 QoS 指标。为了提高链路状态信息的实时性和准确性，边缘节点设计采用主动测量方式，通过周期性主动发送背靠背探测包来测量直连 IP 链路状态信息。边缘节点探测 IP 链路状态信息主要目的是扩大控制器的影响范围，边缘节点将链路测量结构返回控制器，便于之后工作使用。

边缘节点反馈机制消息序列如图 5.5 所示，边缘节点添加反馈机制主要是为了提高异构网络通信机制的处理能力，加快 SDN 路由收敛。

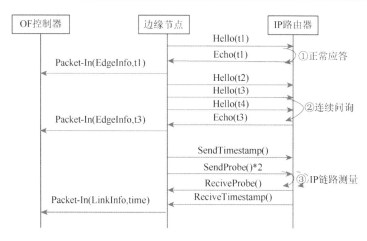

图 5.5 边缘节点反馈机制消息序列

5.2 系统通信流程

5.2.1 通信场景

SDN/IP 网络域间通信实际上是路由信息和 ARP 信息的交互, 本节基于如图 5.6 所示通信场景, 设计三层路由模块使得 OpenFlow 控制器能够解析并应答路由消息, 从而实现跨域数据包的正确投递转发。

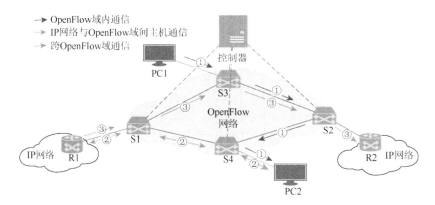

图 5.6 SDN/IP 异构网络通信场景图

本节考虑三类通信场景, 第一类是 OpenFlow 域内主机间的相互通信, 如若用户 PC1 要发送数据报文给用户 PC2, 则 PC1 根据已知的 PC2 的 IP 地址, 发起 ARP 请求获取 PC2 的 MAC 地址, 再根据控制器下发的流表项, 由 S3->S2->S4 转发到 PC2; 第二类是 IP 网络与 OpenFlow 域间主机通信, 如经由 IP 路由器 R1 的数据报文, 转发的目的地为 PC2, 或 PC2 与外部 IP 网络中的其他主机进行通信, 这类场景需要控制器查询 MAC 转发表和 SDN 路由表, 由三层路由组件协同完成转发流程; 第三类是跨过 OpenFlow 域的 IP 网络之间的互相通信, 如经由 IP 路由器 R1 的数据报文转发到路由器 R2 所在网络主机, 需要控制器根据目的地址匹配 SDN 路由表，通过流表下发数据转发路径，送达目的主机所在的 IP 网络。

5.2.2　跨域 ARP 处理

ARP 报文主要是在知道目的地址 IP 的情况下查询 MAC 地址，以便 MAC 帧的封装。在网络初始化时，控制器通过泛洪的方式收集网络中节点的信息，包括 MAC 地址。

在 SDN/IP 异构网络模型中，对于通信过程中的 ARP 报文处理，主要是基于 ARP 表和边缘接口管理表，对 ARP 报文处理主要分为以下几种情况。

（1）SDN 内部 ARP 请求和应答。SDN 内部主机主动发起的 ARP 请求，当主机直连 OpenFlow 交换机收到此报文时，需要上报控制器处理，由控制器查找 ARP 表后回送到请求发起主机。若控制器查表无结果后，控制器在 OpenFlow 域内洪泛，目的主机向控制器应答后，再由控制器回复目的主机 MAC 地址给源主机。

（2）SDN 内部发向 IP 网络的 ARP 请求和应答。这种情况是 SDN 内部主机主动与 IP 网络主机通信，此种情况需要控制器将源主机发送的 ARP 请求报文封装后，通过在 SDN 路由表中查找通往目的主机网段的路径，确定边缘节点的出端口，并从该端口发出数据报文，控制器将该端口的虚拟 MAC 地址封装后作为应答回复给源主机直连 OpenFlow 交换机。

（3）IP 网络发向 SDN 的 ARP 请求和应答。由于 SDN 对外是一个整体，因此，边缘节点收到此消息后，默认发送给控制器，由控制器封装边缘节点端口 MAC 地址作为 ARP 回应。

5.2.3　跨域路由处理

三层路由模块处于控制器层，负责 IP 路由协议的收发和处理流程。

（1）网络初始化时，假设管理员基于已知与 OpenFlow 网络直连的对端网络，根据边缘接口管理表字段配置边缘节点 S1 端口 e1 和 S2 端口 e1 信息，如表 5.2 所示。

表 5.2　边缘接口管理表示例

DPID	Port_ID	ConIP	Con_GW	ConMAC	Protocol	EngineIP	EngineMAC
S1	P1	192.168.1.1	255.255.255.0	MAC_A	IPv4	192.168.1.2	00:00:00:00:00:11
S2	P2	192.168.2.1	255.255.255.0	MAC_B	IPv4	192.168.2.2	00:00:00:00:00:22

（2）SDN 路由处理模块根据接口管理表信息，初始化 SDN 路由表，并生成流表下发到相应的 OpenFlow 交换机上，这些流表的目的是方便路由引擎生成的路由信息协议可以到达对应的 IP 路由器上。SDN 路由表示例如表 5.3 所示。

表 5.3　SDN 路由表示例

dst_ip	dst_gw	out_port	metric
192.168.1.0	255.255.255.0	1：e1	1
192.168.2.0	255.255.255.0	2：e1	1

（3）同时控制器向路由引擎子模块发送指令，根据接口管理表中信息定义虚拟接口 P1 和 P2，将接口属性作为 SDN 虚拟路由器同步本域的 NLRI 信息时的接口信息并发送给其他 IP 路由器。

（4）SDN 处理模块将初始 SDN 路由表通过路由引擎管理子模块发送至路由引擎，路由引擎处理生成本网段的 NLRI 信息后，控制器封装的 Packet-Out 消息由边缘节点发送给邻接的 IP 路由器，路由引擎封装的路由信息携带的虚拟路由器信息包括本网段 IP 和 MAC 地址，作为 SDN 虚拟路由统一信息。

（5）图 5.6 中 IP 路由器 R1 发出的路由报文由边缘节点发送至控制器，控制器中路由引擎管理子模块将路由协议发送至路由引擎，若为 IP 路由器同步的路由表，路由引擎解析后将 RI 路由表中 NLRI 信息字段发送给控制器，由路由引擎解析后再交由 SDN 路由处理子模块进一步处理。每条路由信息由 route_ip 和 time 唯一标识，若是收到来自同一路由器的路由消息，以最新 time 为准，之前的丢弃。

（6）路由引擎管理子模块将路由信息封装后发给 SDN 路由处理子模块，SDN 路由处理子模块根据收到的 NLRI 信息进行路由自学习，生成 OpenFlow 域内匹配转发跨域数据报文的 SDN 路由表。

上述流程详细讲述了三层路由模块中初始化过程和同步全网 NLRI 信息的过程。在上述过程中，路由信息协议（routing information protocol，RIP）更新报文是以组播的方式发送数据报文的，其目的 IP 地址为 224.0.0.9，对应目的 MAC 地址是 01：00：5e：00：00：09，本节使用 UDP 的 520 端口判断上控制器的报文是否为 RIP 协议包。若使用 BGP 协议，则根据 TCP 的 179 端口判断报文属性，同时需要注意每个路由消息的入端口，以确定在三层路由模块做应答时可以回送到正确的物理端口。

在 SDN 虚拟路由器中，对外端口是由边缘节点端口抽象，因此，边缘节点端口具备三层属性，但在 SDN 内部，实际数据报文转发依旧是依靠控制器下发的流表指导转发工作。对于三层路由模块生成的应答报文，边缘节点 S1 和 S2 中存储的单项流表如表 5.4 所示。

表 5.4　边缘节点中预下发流表示例

| | | MatchFields | | | | | | | Action |
	In_Port	Src_MAC	Dst_MAC	Ether Type	Src_IP	Dst_IP	Src_port	Dst_port	
S1	1	—	01：00：5e：00：00：09	0×800	192.168.1.1	224.0.0.9	—	520	Output: Controller
	*（controller）	—	01：00：5e：00：00：09	0×800	*	224.0.0.9	—	520	Output: 1
S2	2	—	01：00：5e：00：00：09	0×800	192.168.2.1	224.0.0.9	—	520	Output: Controller
	*（controller）	—	01：00：5e：00：00：09	0×800	*	224.0.0.9	—	520	Output: 2

如表 5.4 所示，当 RIP 报文从边缘节点进入 OpenFlow 网络时，执行匹配域匹配的流表项中的 Action，交换机将该路由报文封装成 Packet-In 消息，通过 port* 上报控制器处理。反向路径同理。在网络初始化时，为了提高路由报文处理效率，控制器需要预先下发该流表。

5.3　仿真实验与结果分析

5.3.1　测试环境

为了验证上述通信机制的可行性，本节搭建实验环境进行测试。SDN/IP 异构网络场景搭建在虚拟平台 VMware 上，拓扑中所用的路由器由运行 Quagga 路由引擎的虚拟机实现，SDN 通过 mininet 网络仿真软件创建，控制器开发设计基于 RYU 控制器。物理主机配置为 Intel Core 1.9GHz，8GB 内存。实验环境拓扑图如图 5.7 所示。

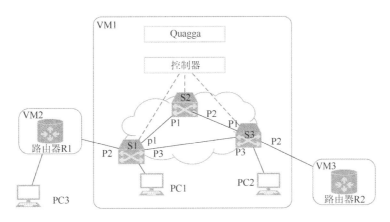

图 5.7　SDN/IP 跨域异构网络通信测试拓扑

为了模拟 SDN/IP 跨域网络通信场景，本小节创建四个虚拟机，虚拟机均运行 Ubuntu12.04 来实现所需要的 IP 网络环境和 OpenFlow 网络环境。IP 网络环境的模拟通过一个 IP 路由器节点模拟，IP 路由器分别连接 OpenFlow 网络中两个交换机 S1、S3，因此 S1 和 S3 为 OpenFlow 域中边缘节点。图 5.7 中 R1 端口 e1 与 SDN 边缘节点 S1 端口 P2 相连，R2 端口 e2 与边缘节点 S3 端口 P2 相连。

5.3.2　路由协议处理功能测试

基于以上拓扑和网络配置，本节首先对三层路由模块的协议处理功能做测试，验证本模块是否可以对 IP 路由协议做处理。这部分工作包括各个模块的初始化测试、流表下发和路由协议处理。

模块初始化工作是在已知网络连接的基础上，初始化三层路由模块中的表项，其中包括了边缘接口管理表和 SDN 路由表。边缘接口管理表中管理的边缘节点为 S1 和 S3 两个节点，属性分别为 1∶2 和 3∶2，直连网络属性分别是路由器 R1 和 R2 中与 S1、S3 直连端口属性，虚拟端口属性是 S1 中 P2 端口和 S3 中 P2 端口在路由引擎子模块中抽象端口的属性，其中，虚拟端口的 IP 与直连网络 IP 应处于同一网段。图 5.8 为控制器中存储的边缘接口管理表。

```
instantiating app ryu.topology.switches of Switches
route table 1:
DPID 1 Port_id 2 ConIP 192.168.17.132 Con_GW 255.255.255.0 ConMac 00:0c:29:e5:89:87 protocol ipv4 EngineIP 192.168.17.1
29 EngineMac 00:0c:29:7a:0c:be
DPID 3 Port_id 2 ConIP 192.168.27.133 Con_GW 255.255.255.0 ConMac 00:0c:29:e5:89:91 protocol ipv4 EngineIP 192.168.27.1
32 EngineMac 00:0c:29:27:79:b6
```

图 5.8　边缘接口管理表

控制器中初始化 SDN 路由表是依据已知的边缘接口管理表中数据，提取直连网络相关信息，生成网络初始状态后关于下一跳到直连网络的 SDN 路由表，控制器中存储的路由表如图 5.9 所示。

```
route table 2:
dst_ip 192.168.17.129 dst_mask 255.255.255.0 out_port 1:2 metric 1
dst_ip 192.168.27.132 dst_mask 255.255.255.0 out_port 3:2 metric 1
```

图 5.9　初始化 SDN 路由表

根据初始化的 SDN 路由表，控制器生成预处理流表下发至边缘节点，控制边缘节点在路由协议数据报文收发后处理动作。设备 S1 和 S3 中预下发流表如图 5.10 所示。实验过程以 RIP 协议为例，图 5.10 流表中的目的 MAC 和目的 IP 均为组播地址 01：00：5e：00：00：09 和 224.0.0.9，对收发的 RIP 报文进行匹配，根据匹配域的不同匹配到对应的流表项，相应地转发到控制器或者从边缘接口发出。由于控制器与边缘交换机的流表是从安全通道直接通信，交换机与控制器连接为虚拟端口，因此，RIP 报文只根据目的组播地址匹配，控制器下发报文和转发到控制器的交换机端口均为任意端口。

```
this flowtable dpid is 1
OFPFlowStats(byte_count=0,cookie=0,duration_nsec=524000000,duration_sec=4,flags=0,hard_timeout=0,idle_timeout=0,importa
nce=0,instructions=[OFPInstructionActions(actions=[OFPActionOutput(len=16,max_len=65509,port=4294967293,type=0)],len=24
,type=4)],length=128,match=OFPMatch(oxm_fields={'in_port': 1, 'eth_dst': '01:00:5e:00:00:09', 'eth_type': 2048, 'ipv4_s
rc': '192.168.27.132', 'ipv4_dst': '224.0.0.9', 'ip_proto': 17, 'udp_dst': 520})),packet_count=0,priority=1,table_id=0)
OFPFlowStats(byte_count=0,cookie=0,duration_nsec=524000000,duration_sec=4,flags=0,hard_timeout=0,idle_timeout=0,importa
nce=0,instructions=[OFPInstructionActions(actions=[OFPActionOutput(len=16,max_len=65509,port=2,type=0)],len=24,type=4)]
,length=128,match=OFPMatch(oxm_fields={'in_port': 4294967295, 'eth_dst': '01:00:5e:00:00:09', 'eth_type': 2048, 'ipv4_s
rc': '192.168.27.132', 'ipv4_dst': '224.0.0.9', 'ip_proto': 17, 'udp_dst': 520})),packet_count=0,priority=1,table_id=0)
```

(a) 边缘节点S1中流表

```
this flowtable dpid is 3
OFPFlowStats(byte_count=0,cookie=0,duration_nsec=599000000,duration_sec=6,flags=0,hard_timeout=0,idle_timeout=0,importa
nce=0,instructions=[OFPInstructionActions(actions=[OFPActionOutput(len=16,max_len=65509,port=4294967293,type=0)],len=24
,type=4)],length=128,match=OFPMatch(oxm_fields={'in_port': 1, 'eth_dst': '01:00:5e:00:00:09', 'eth_type': 2048, 'ipv4_s
rc': '192.168.17.129', 'ipv4_dst': '224.0.0.9', 'ip_proto': 17, 'udp_dst': 520})),packet_count=0,priority=1,table_id=0)
OFPFlowStats(byte_count=0,cookie=0,duration_nsec=599000000,duration_sec=6,flags=0,hard_timeout=0,idle_timeout=0,importa
nce=0,instructions=[OFPInstructionActions(actions=[OFPActionOutput(len=16,max_len=65509,port=2,type=0)],len=24,type=4)]
,length=128,match=OFPMatch(oxm_fields={'in_port': 4294967295, 'eth_dst': '01:00:5e:00:00:09', 'eth_type': 2048, 'ipv4_s
rc': '192.168.17.129', 'ipv4_dst': '224.0.0.9', 'ip_proto': 17, 'udp_dst': 520})),packet_count=0,priority=1,table_id=0)
```

(b) 边缘节点S3中流表

图 5.10　边缘节点中流表

Quagga 通过解析和学习控制器发送的路由协议消息，生成路由转发表。在图 5.11（a）中，Quagga 在知道自身网络后，需要主动发起通告，告知其他路由器自身的网络，该报文由路由引擎子模块生成，通过控制器下发给边缘节点，由边缘节点的外接端口转发报文，图 5.11（b）为通过 Wireshark 抓包工具捕获的从控制器下发到边缘节点的 RIP 协议报文。

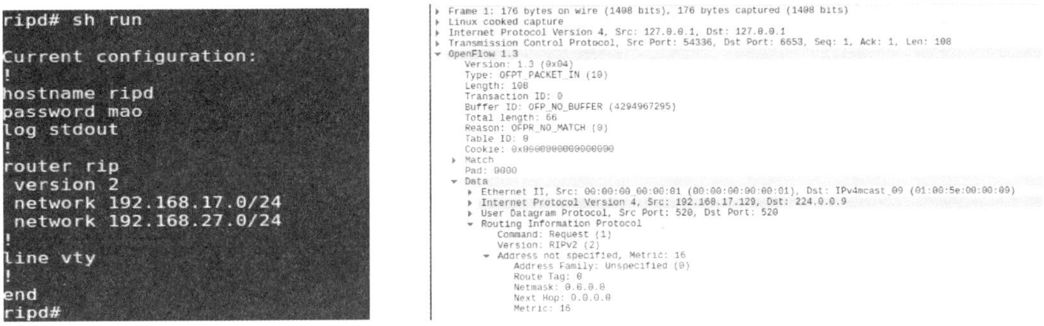

(a) 运行三层路由模块 　　　　　　　　　　　　(b) 控制器下发RIP协议报文

图 5.11　三层路由模块启动并下发路由消息

图 5.12 为以上流程后 SDN 路由处理子模块学习到的路由信息。从以上实验结果可以看出，三层路由模块功能完整，可以完成网络初始化工作，控制器可以在三层路由模块下，完成 IP 路由协议的交互。

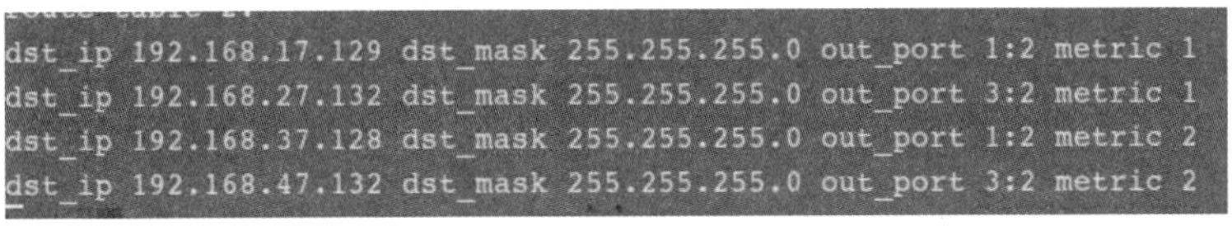

图 5.12　SDN 路由表更新

5.3.3　跨 SDN 域通信测试

5.2.1 节总结了跨 SDN 域的三种通信场景，基于 SDN/IP 跨域通信框架，本节主要测试跨 SDN 域的数据报文通信可达性。跨域数据报文到达边缘交换机后，匹配边缘节点中流表对数据报文进行转发，如果没有匹配项则上报控制器，根据目的 IP 查询 SDN 路由表，控制器根据匹配到的出端口下发流表控制数据报文的转发路径。图 5.13 为转发路径上交换机 S2 中流表，路径上 OpenFlow 交换机 S2 中包含了转发到边缘节点的流表项，下一跳地址为 R1 的数据报文从 P1 端口转发的边缘节点 S1，下一跳为 R2 的数据报文从 P2 端口转发到 S3。

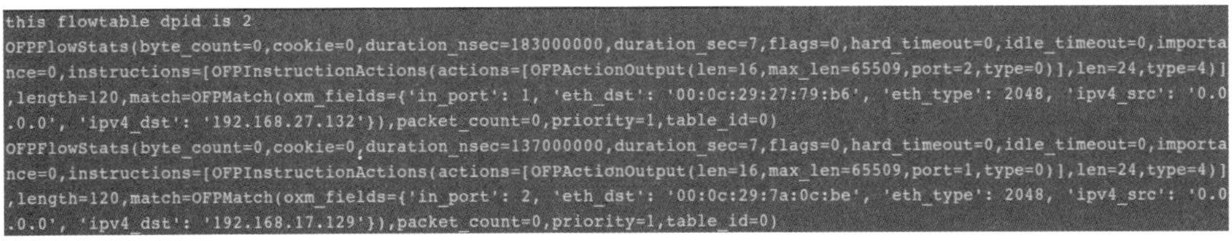

图 5.13　交换机 S2 中流表

接下来是对网络连通性进行测试，本节将 SDN 内部主机互连、pc3 与 SDN 内部主机通信、pc3 与 R2 通信作为测试的场景，如图 5.14 所示。

图 5.14 中（a）为 pc1 向 pc2 发送 ping 包结果，（b）为外网主机 pc3 向 SDN 主机 pc2 发送 ping 包，（c）为路由器 R2 向 pc3 发送 ping 包的返回结果。图 5.14 中所有结果均受实际实验环境和物理机性能影响。从上面结果可以看出 SDN/IP 跨域网络框架可以实现跨域互通网络可达的目的。

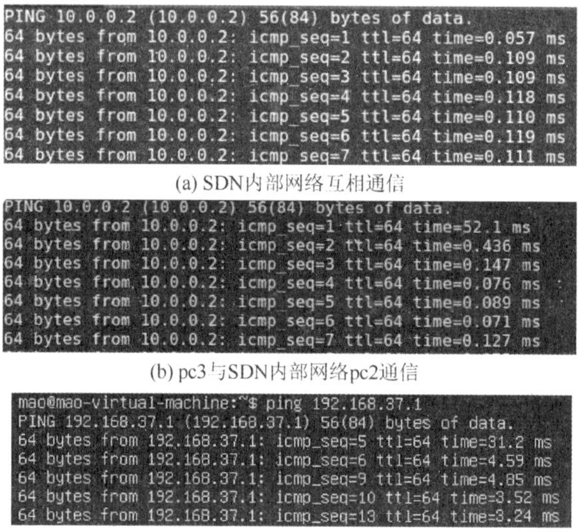

```
PING 10.0.0.2 (10.0.0.2) 56(84) bytes of data.
64 bytes from 10.0.0.2: icmp_seq=1 ttl=64 time=0.057 ms
64 bytes from 10.0.0.2: icmp_seq=2 ttl=64 time=0.109 ms
64 bytes from 10.0.0.2: icmp_seq=3 ttl=64 time=0.109 ms
64 bytes from 10.0.0.2: icmp_seq=4 ttl=64 time=0.118 ms
64 bytes from 10.0.0.2: icmp_seq=5 ttl=64 time=0.110 ms
64 bytes from 10.0.0.2: icmp_seq=6 ttl=64 time=0.119 ms
64 bytes from 10.0.0.2: icmp_seq=7 ttl=64 time=0.111 ms
```
(a) SDN内部网络互相通信

```
PING 10.0.0.2 (10.0.0.2) 56(84) bytes of data.
64 bytes from 10.0.0.2: icmp_seq=1 ttl=64 time=52.1 ms
64 bytes from 10.0.0.2: icmp_seq=2 ttl=64 time=0.436 ms
64 bytes from 10.0.0.2: icmp_seq=3 ttl=64 time=0.147 ms
64 bytes from 10.0.0.2: icmp_seq=4 ttl=64 time=0.076 ms
64 bytes from 10.0.0.2: icmp_seq=5 ttl=64 time=0.089 ms
64 bytes from 10.0.0.2: icmp_seq=6 ttl=64 time=0.071 ms
64 bytes from 10.0.0.2: icmp_seq=7 ttl=64 time=0.127 ms
```
(b) pc3 与SDN内部网络pc2通信

```
mao@mao-virtual-machine:~$ ping 192.168.37.1
PING 192.168.37.1 (192.168.37.1) 56(84) bytes of data.
64 bytes from 192.168.37.1: icmp_seq=5 ttl=64 time=31.2 ms
64 bytes from 192.168.37.1: icmp_seq=6 ttl=64 time=4.59 ms
64 bytes from 192.168.37.1: icmp_seq=9 ttl=64 time=4.85 ms
64 bytes from 192.168.37.1: icmp_seq=10 ttl=64 time=3.52 ms
64 bytes from 192.168.37.1: icmp_seq=13 ttl=64 time=3.24 ms
```
(c) 跨SDN域通信

图 5.14　网络连通性测试

5.4　本 章 小 结

本章基于 SDN/IP 异构网络模型，首先分析了当前异构网络通信研究的方法和优缺点，以及 SDN/非 SDN 网络通信的主要问题。在前人研究的基础上，针对其不足进行改进，提出了 SDN/IP 跨域异构网络通信模型，将 SDN 全网抽象成功能完整的"路由器"与外界网络进行通信。设计了三层路由模块为控制器提供 IP 路由协议支持，该模块通过四个子模块实现解析应答 IP 路由消息，同步全网的网络可达信息，并指导 OpenFlow 域中跨域数据报文正确转发。同时在边缘节点增加反馈机制，通过主动探测并反馈直连 IP 链路信息，提高 OpenFlow 域的管控范围，并加快收敛。然后对 ARP 应答和三层路由模块工作流程进行详细说明，并针对多种通信场景，通过仿真实验验证了三层路由模块的功能完整性，实验结果证明了本章提出的SDN/IP 跨域异构网络通信框架可以实现SDN/IP 跨域网络互连通信，保障数据可达。

参 考 文 献

[1]　邱恺. 混合 IP/SDN 网络关键技术研究[D]. 成都：电子科技大学，2015.

[2]　Wang B，Wang B，Xiong Q Q. The comparison of communication methods between user and Kernel space in embedded Linux[C]//International Conference on Computational Problem-Solving，Li Jiang，2010：234-237.

第6章 多模态智慧网络接纳控制资源调度

本章对无线网状网络（wireless mesh network，WMN）环境下（包括长期演进（long-term evolution，LTE）网络、无线局域网（wireless local area network，WLAN）和 WSN）无线资源的分配和用户呼叫的接纳控制进行研究。本章结合非合作博弈及纳什均衡，提出mesh 网络中多重覆盖的无线资源分配和接纳控制理论模型。首先，定义 mesh 网络模型，运用非合作博弈理论解决多区域无线资源分配问题，从理论上分析并且证明该资源分配模型纳什均衡存在。然后，基于非合作博弈理论的区域资源分配和网络通信理论提出接纳控制算法。最后，根据提出的理论模型设定仿真参数，分析仿真结果。

6.1 基于博弈的区域资源分配接纳控制理论

6.1.1 网络结构

本节建立异构 WMN 区域划分模型，接入网络包括 LTE、WLAN 和 WSN。假设覆盖范围小的网络被覆盖范围大的网络覆盖，覆盖范围呈包含关系，例如，WSN AP 的覆盖区域位于 WLAN AP 的覆盖区域之内，WLAN AP 和 WSN AP 的覆盖区域均位于 LTE AP 的覆盖区域之内，依据上述假设，图 6.1 是一个 WMN 中接入网络的结构图。

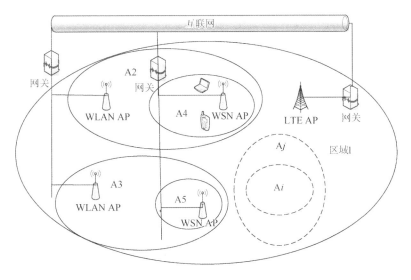

图 6.1 异构 WMN

定义 6.1 在 mesh 网络中，含有一个 LTE AP，一个 LTE AP 的覆盖范围内有 m 个

WLAN AP，一个 WLAN AP 中有 n 个 WSN AP，其中，m 和 n 都大于等于 1。系统中的所有 AP 可以用集合 $\{Ap_1, Ap_2, \cdots, Ap_{m+1}, Ap_{m+2}, \cdots, Ap_{m\times n+m+1}\}$ 表示。

定义 6.2　服务请求区域集合 $\{R_1\}$ 表示系统中 LTE AP 的覆盖范围去除所有 WLAN AP 覆盖范围的剩余面积；对于服务请求区域集合 $\{R_2, \cdots, R_{m+1}\}$，分别是各个 WLAN AP 的覆盖范围去除其中所有 WSN AP 覆盖范围的集合；对于服务请求区域集合 $\{R_{m+2}, \cdots, R_{m\times n+m+1}\}$，表示所有 WSN AP 各自的覆盖区域的集合。

由定义 6.1 和定义 6.2 可知，$\{R_1\}$ 所表示的覆盖范围只有 LTE 的信号，$\{R_2, \cdots, R_{m+1}\}$ 所表示的范围被 LTE 和 WLAN 两种信号覆盖，而 $\{R_{m+2}, \cdots, R_{m\times n+m+1}\}$ 所表示的范围被 LTE、WLAN 和 WSN 三种网络信号覆盖。本章假设重复覆盖区域的业务请求量多于单覆盖区域的请求量，该假设也符合现实情况。

6.1.2　收益函数、连接数和带宽

在网络中，用户请求的数量和网络可用资源是动态更替的，并且随着用户数量的增多，网络资源的剩余量将呈减少的趋势。另外，当用户请求数量大、网络负载重时，过量的资源请求使得网络的阻塞率迅速增大。本章主要研究 WMN 区域资源分配间的竞争，使 WMN 的接入网络区域资源的增益是均衡的，也就是说 WMN 中每个服务网络的增益最优化。同时把带宽分配和连接数量作为主要方面来分析对整个系统网络的影响。在网络端，首先对区域无线资源进行预分配，每个网络资源都以自身收益最大化为目标，然后通过带宽预分配调节每个区域的网络连接数，不同区域所分配的连接数量将对用户请求的阻塞率和网络系统效率造成影响。文献[1]提出了一个关于网络带宽的收益函数，该函数的原型为吞吐量的效用，收益函数的含义如定义 6.3 所示。

定义 6.3　WMN 区域资源博弈中某区域的收益函数可定义为

$$U_{R_i,N} = \alpha \log \beta B_{R_i} \tag{6.1}$$

式中，α 和 β 为常量参数；$U_{R_i,N}$ 表示网络连接数为 N、覆盖区域为 R_i 的条件所带来的收益；B_{R_i} 表示区域 R_i 连接数为 N 的带宽。

定义 6.4　在服务区域的平均连接到达率服从泊松分布，表示为 λ；连接的会话时间服从连续分布，平均表示为 $1/\mu$，则业务量 $V = \lambda/\mu$，n 表示最大接入用户量，平均连接数量表示为

$$\overline{N} = \sum_{i=1}^{n} i \left(1 - \frac{V^i/i!}{\sum\limits_{j=1}^{i} V^j/j!} \right) \tag{6.2}$$

定义 6.5　$\{B_{Ap_1}\}$ 表示 LTE AP 支持的总带宽，$\{B_{Ap_2}, \cdots, B_{Ap_{m+1}}\}$ 表示各个 WLAN AP 支持的总带宽，$\{B_{Ap_{m+2}}, \cdots, B_{Ap_{m\times n+m+1}}\}$ 表示各个 WSN AP 支持的总带宽。$\{Ap_1\}$ 在 $\{R_1\}$ 上的带宽表示为 $\{B_{Ap_1}^{R_1}\}$，各区域依次表示为 $\{B_{Ap_1}^{R_2}, \cdots, B_{Ap_1}^{R_{m\times n+m+1}}\}$。其中，$B_{Ap_1} = B_{Ap_1}^{R_1} + \sum\limits_{i=2}^{m+1} B_{Ap_1}^{R_i} + \sum\limits_{j=m+2}^{m\times n+m+1} B_{Ap_1}^{R_j}$。

在 WLAN AP $\{R_2, \cdots, R_{m+1}\}$ 上的带宽为 $\left\{B_{Ap_2}^{R_2} + B_{Ap_2}^{R_{m+1}}, \cdots, B_{Ap_{m+1}}^{R_{m+1}} + B_{Ap_{m+1}}^{R_{m+1}}\right\}$，其中

$$\left\{ B_{Ap_2} = B_{Ap_2}^{R_2} + \sum_{i=m+2}^{m+n+1} B_{Ap_2}^{R_i}, \cdots, B_{Ap_{m+1}} = B_{Ap_{m+1}}^{R_{m+1}} + \sum_{i=m\times n+m-n+1}^{m\times n+m+1} B_{Ap_{m+1}}^{R_i} \right\}$$

在 WSN AP $\{R_{m+2}, \cdots, R_{m+n+1}, \cdots, R_{m\times n+m+1}\}$ 上的带宽为

$$\left\{ B_{Ap_1}^{R_{m+2}} + B_{Ap_2}^{R_{m+2}} + B_{Ap_{m+2}}^{R_{m+2}}, \cdots, B_{Ap_1}^{R_{m+n+1}} + B_{Ap_2}^{R_{m+n+1}} + B_{Ap_{m+1}}^{R_{m+n+1}}, \cdots, B_{Ap_1}^{R_{m\times n+m+1}} + B_{Ap_{m+1}}^{R_{m\times n+m+1}} + B_{Ap_{m\times n+m+1}}^{R_{m\times n+m+1}} \right\}$$

6.2 基于博弈的区域资源分配接纳控制算法

6.2.1 WMN 资源的非合作博弈模型

博弈模型由三种元素组成：参与者集合 $i \in N$、对每个参与人的策略空间 S_i，以及收益函数 U_i。参与者是博弈理论中主动决策的重要元素。战略的选择常常是以最大化自己的收入水平为目标。战略空间是参与者在给定情况下的决策准则。战略空间规定了参与者的行动选择和行动时间。在博弈中，收入是参与者在敲定的策略组合（每个参与者行动组成的集合）时产生的收益水平，或参与者希望获得的收益水平。参与者真正关心的是收入，参与者的目标是选择最大化收入的策略。

收益表示在指定的策略组合中参与者可以获得的效用水平，或是参与者希望获得的效用水平。参与者所看重的是战略决策带来的收入，最大化自己的收入水平将是参与者抉择行动策略的唯一准则。WMN 的博弈模型具体描述如下。

（1）参与者：LTE 网络和 WLAN 网络。

（2）策略：LTE 采用的策略为区域带宽可以在 LTE 所覆盖的区域实现带宽再次分配；WLAN 采用的策略为区域带宽可以在 WLAN 覆盖的各区域实现带宽再次分配。

（3）收益：LTE 的收益是它向覆盖服务区域提供带宽的收益；WLAN 的收益是它向覆盖区域提供带宽的收益。

LTE 网络的收益为 U_{LTE}，WLAN 网络收益为 U_{WLAN}，在所有的覆盖区域中的网络收益，可以根据定义 6.3 中公式表示，U 即系统收益，系统收益可以表示为

$$U = \alpha \left[N^{R_1} \log\left(\beta \frac{B_{Ap_1}^{R_1}}{N^{R_1}} \right) + N^{R_2} \log\left(\beta \frac{B_{Ap_1}^{R_2} + B_{Ap_2}^{R_2}}{N^{R_2}} \right) + \cdots + N^{R_{m+1}} \log\left(\beta \frac{B_{Ap_{m+1}}^{R_{m+1}} + B_{Ap_1}^{R_{m+1}}}{N^{R_{m+1}}} \right) + \cdots + \right.$$
$$\left. N^{R_{m+2}} \log\left(\beta \frac{B_{Ap_1}^{R_{m+2}} + B_{Ap_2}^{R_{m+2}} + B_{Ap_{m+2}}^{R_{m+2}}}{N^{R_{m+2}}} \right) + \cdots + N^{R_{m\times n+m+1}} \log\left(\beta \frac{B_{Ap_1}^{R_{m\times n+m+1}} + B_{Ap_{m+1}}^{R_{m\times n+m+1}} + B_{Ap_{m\times n+m+1}}^{R_{m\times n+m+1}}}{N^{R_{m\times n+m+1}}} \right) \right]$$

$$(6.3)$$

6.2.2 非合作博弈的纳什均衡

纳什均衡：在非合作博弈 $G = \{P, S, U\}$ 中，如果参与者的个数为 n，那么参与者集合表示为 $P = \{p_1, p_2, \cdots, p_n\}$，$P$ 中所有元素的策略集合为 $S^* = (s_1^*, s_2^*, \cdots, s_n^*)$，其中参与者 i 的策略为 s_i^*。若其他参与者的策略集合确定为 $S_{-i}^* = (s_1^*, \cdots, s_{i-1}^*, s_{i+1}^*, \cdots, s_n^*)$，则参与者 i 最优策略表示为

$$\mu_i\left(s_i^*,S_{-i}^*\right)\geqslant\mu_i\left(s_i,S_{-i}^*\right),\ \forall s_i\in S,\ i\in[1,n] \tag{6.4}$$

则 $S^*=\left(s_1^*,s_2^*,\cdots,s_n^*\right)$ 组合成一个纳什均衡。

由式（6.4）可以总结出这样的特点：对于任意的参与者，在确定了其他参与者的行动策略情况下，他的最优策略就是存在纳什均衡的决策方案。然而，纳什均衡是否存在将通过其证明方法来验证。

6.2.3　接纳控制算法

在不同覆盖区域中，重叠的网络的层数不同区域带宽的计算方式不同。因此，应该定义不同区域的总带宽。B^{R_i} 表示在覆盖区域 R_i 范围内的总带宽，B^{R_i} 的计算公式为

$$B^{R_i}=\begin{cases}B_{Ap_j}^{R_i}, & j\in\{1\},i\in\{1\}\\ B_{Ap_1}^{R_i}+B_{Ap_j}^{R_i}, & i,j\in\{2,\cdots,m+1\},i=j\\ B_{Ap_1}^{R_i}+B_{Ap_j}^{R_i}+B_{Ap_k}^{R_i}, & i,k\in\{m+2,\cdots,m\times n+1\},j\in\{2,\cdots,m+1\}\end{cases} \tag{6.5}$$

定义 6.6　$\bar{b}=\left[\dfrac{B^{R_i}}{N^{R_i}}\right]$，其中，$\bar{b}$ 是一个连接请求所需要的平均带宽；N^{R_i} 表示在区域 R_i 支持的连接数。$N_{re}^{R_i}=\left[N^{R_i}\times\theta\right]+1$（其中，$\theta$ 表示分配连接数进行调节的阈值，$i\in\{1,2,\cdots,m+1,m+2,\cdots,m\times n+1\}$）为覆盖区域 R_i 分配的预留资源，预留资源将作为网络本身或紧急情况下使用。

定义 6.7　排队模型可用来表示用户的连接请求，排队窗口可用区域内的连接数分配量表示，则网络模型中用户请求的阻塞率可以用 P^{R_i} 表示：

$$P^{R_i}=\frac{(V^{R_i})^{N_i}/N_i!}{\displaystyle\sum_{j=0}^{N_i}(V^{R_i})^j/j!} \tag{6.6}$$

其中，N_i 是区域 R_i 中系统分配的可用连接数量；$V^{R_i}=\lambda/\mu$ 是覆盖区域 R_i 中到达的业务量（λ 是业务到达率，μ 是业务时长）；j 是已接入该覆盖区域网络的用户数量。

网络的系统利用率是通信中的一个重要指标，系统利用率可以表示为 R_i，其公式表示为

$$E_i=\frac{V^{R_i}(1-P^{R_i})}{N_i} \tag{6.7}$$

网络通信的一个关键指标就是用户阻塞率，为了使阻塞率不随用户量的波动起伏过大，可以使用动态调整各个覆盖区域连接数量的方法来实现此目标。由阻塞率的定义可知，窗口数量增加可以有效地抑制阻塞率。

在整个系统中，首先应该通过对每个覆盖区域的连接数静态分配。设区域 R_i 首次分配的连接数为 N^{R_i}，则区域 R_i 的带宽总量 B^{R_i} 可以通过博弈论的分配模型计算出来。系统中的每个连接的平均带宽为 $\bar{b}=\left[\dfrac{B^{R_i}}{N^{R_i}}\right]$。

接纳控制算法伪代码如表 6.1 所示。

表 6.1　接纳控制算法伪代码

算法：接纳控制算法

输入：阻塞率 P^{R_i}，区域用户的增加量 k；
输出：连接请求接纳情况

```
1. for j=1:k
2.     P_curent ← CalCurrentBlockingProbability();
3.     if(P_curent< P^{R_i} && (x+1)<(N^{R_i}-N_{re}^{R_i}) && b_{x+j}<b̄+(b̄-b_1)+⋯+(b̄-b_n))
4.         admissionConnection();
5.         areaNumberOfUserAdd();
6.     end if
7.     time ← 0;
8.     while(time<=adjustmentThreshold)
9.         addAreaBandwith();
10.        getAreaConn();
11.        P ← CalCurrentBlockingProbability();
12.        if(P< P^{R_i} && b_{x+j}<b̄+(b̄-b_1)+⋯+(b̄-b_n) && (N^{R_i}-N_{re}^{R_i})≤(x+1)<N^{R_i})
13.            admissionConnection();
14.            areaNumberOfUserAdd();
15.            break;
16.        end if
17.        time++;
18.    end while
19.    if(time==adjustmentThreshold)
20.        return admissionUser;
21.    end if
22.end for
23.return true;
```

从上述伪代码中可以分析接纳控制算法的时间复杂度，当区域用户量增加时，系统将根据描述算法对网络资源进行调整，若用户增加量为 k，则通过循环判断资源分配是否满足算法要求。伪代码中 8～18 行是增加用户 i 调整的次数，其时间复杂度为 $O(m)$($m ==$ time，time 为常数)。因此，该算法的时间复杂度和用户的增加量有关，算法的时间复杂度为 $O(k)$。

6.3　基于博弈的区域资源分配接纳控制算法的仿真实验与结果分析

6.3.1　仿真模型和参数设置

仿真模型如图 6.1 所示,该网络模型包括 1 个 LTE AP、2 个 WLAN AP 和 2 个 WSN AP，其中的覆盖关系和所属区域集合由定义 1、定义 2 确定。接入网络的集合为 $\{Ap_1, Ap_2, Ap_3, Ap_4, Ap_5\}$，覆盖区域的集合为 $\{a_1, a_2, a_3, a_4, a_5\}$。将 LTE 网络的传输速率设置为 100Mbit/s，将 WLAN 的传输速率设置为 54Mbit/s，将 WSN 的传输速率设置为 1Mbit/s。将网络能效的参数设置为 $\beta = 1$，$\alpha = 0.7$；将网络阻塞率阈值设置为 $P^{a_4} = 0.2$。

6.3.2　网络资源分配

假设所有研究的环境内所支持的连接数总量为 100，服务区域 $\{a_1, a_2, a_3, a_4, a_5\}$ 的初始连接数为 $\{15, 20, 20, 15, 30\}$，每个服务区域的业务量为 $\{10, 12, 13, 15, 20\}$。但是在服务区域 4 的业务量是变化的，其变化取值分别为 15, 20, 25, 30, 35, 40, 45。在业务量变化过程中，区域 4 的阻塞率增加，本章提出算法的阻塞率阈值为 0.2，当阻塞率大于 0.2 时，系统网络将通过博弈分配模型对网络资源进行重新预分配，分配结果需满足各区域的阻塞率小于等于 0.2。随着业务量的增加，区域 4 分配的连接数增加，其余区域的连接数逐渐减小。

6.3.3　结果分析

在 mesh 网络中，三重覆盖区域中随业务量发生变化的连接数、阻塞率和系统效率变化如图 6.2～图 6.5 所示。

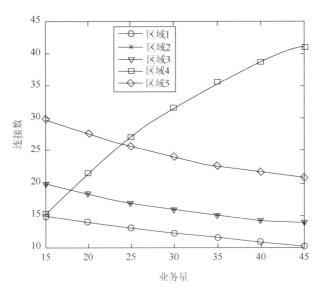

图 6.2　各区域随业务量增加的连接数变化

各个区域连接数变化如图 6.2 所示。在区域 4 中，业务量逐渐增加，区域 3 和区域 2 业务量相等，初始分配连接数也相同，随着区域 4 业务量的变化，其连接数变化情况一致。在总体情况下，区域 4 连接数增加，其余各区域连接数均减少。该数据表明，非合作博弈的网络资源分配对用户来说是公平的。图 6.2 中，开始区域 1 和区域 4 的业务量相等，其分配的连接数都是 15，当区域 4 的业务量增加时，其分配的连接数和区域 2、区域 3 分配的连接数相交，原因在于其业务量增加，达到了与区域 2、3 相同的水平，同理，与区域 5 也是如此。该结果表明，系统对各区域的连接数分配是根据业务量大小进行的，确保分配公平合理。

　　如图 6.3 所示，在静态接纳控制算法中，随业务量的增加，区域 4 的阻塞率不断地增大。在本章提出的算法中，由于业务量增加，其区域的连接数增加，区域内阻塞率的快速增长能够得到控制，阻塞率保持在相对较低的范围内。图 6.3 中数据表明，在选用游戏接纳控制算法的情况下，区域内业务量迅速增加，能够有效地降低阻塞率。

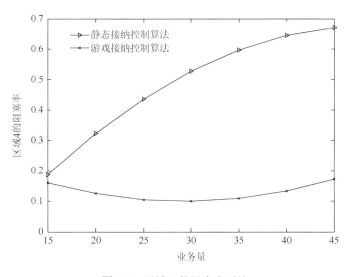

图 6.3　区域 4 的阻塞率对比

　　图 6.4 表示的是通过对比整个系统的阻塞率来验证本章提出算法的可行性。由图 6.4 中可以看出，当业务量增加时，本章提出的算法（游戏接纳控制算法）能够有效地抑制系统的阻塞率，增加用户的接入效率。

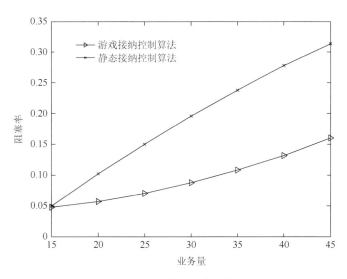

图 6.4　系统阻塞率对比

由图 6.5 可知,本章提出的游戏接纳控制算法在系统效率方面比静态接纳控制算法要好,当业务量增加时,静态接纳控制算法的系统效率增加缓慢,而游戏接纳控制算法能较快地提高其系统效率。当业务量增大到一定程度时,其系统效率将更加缓慢地增加,这是由于业务量过大,系统的资源有限,阻塞率增大,系统效率增加缓慢。

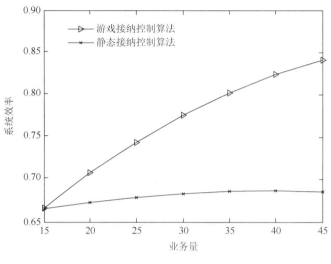

图 6.5　系统效率对比

6.4　本章小结

本章提出了一种基于匹配博弈的区分业务的接纳控制算法,该算法同时考虑了用户和网络双方的利益,将 WMN 的接纳控制问题转化为一种双边匹配博弈模型。

参 考 文 献

[1]　李明欣,陈山枝,谢东亮. 异构无线网络中基于非合作博弈论的资源分配和接入控制[J]. 软件学报, 2010, 21 (8): 2037-2049.

第 7 章 边缘智慧网络计算资源卸载调度

7.1 面向体验质量的数据流粒度划分方法的问题与描述

在任务卸载方法执行中，通常会依据数据的复杂程度判断当前数据是否有必要卸载至边缘云并通过其计算能力进行处理，而这些未处理的粗粒度数据中存在大量的冗余数据，这些冗余数据的存在会对结果的准确率造成一定的影响，并且在处理此类粗粒度数据时，会占用大量的计算资源，导致计算资源的有效利用率降低，影响用户的体验质量。

根据文献[1]，细粒度数据分类有着广泛的研究需求与应用场景，识别不同的子类别又存在着巨大的应用需求，如何低成本地获取细粒度数据，对于工业界和学术界而言具有非常重要的意义。本章面向人工智能物联网（artificial intelligence of things，AIoT）感知层终端收集到的复杂数据，关于该类数据，可以理解为包含众多子类别的粗粒度数据。该类数据的数据量往往不高，但是包含众多子类别，其复杂程度较高，直接将该类数据卸载至边缘节点进行处理会导致边缘节点的计算资源利用率降低，不能有效地保障用户体验质量（quality of experience，QoE）。

为了消除该类数据对 QoE 造成的影响，本章通过 DL 算法进行数据预处理，从粗粒度数据中提取出能够满足用户需求的细粒度数据，通过任务卸载方法将该类数据卸载至边缘节点，调用边缘节点的计算资源进行处理，高效地获取用户需要的结果，保障 QoE。

基于现有技术，结合现有的实验条件，以常见的图片数据为例，本章采用 CIFAR-10 数据集来模拟实验所需数据流，基于改进残差网络对粗粒度数据流进行粒度划分，具体通过基于深度学习的紧凑图像表示的二进制哈希（deep learning-based binary hashing for compact image representation，DLBHC）算法改进的 ResNet-18 模型训练数据来实现数据流的粗分类。计算待检测数据与测试数据的低维度二进制哈希编码之间的汉明距离，判断该距离是否处于阈值范围内，实现数据流的细分类，得到细粒度数据流。从粗粒度数据流中提取出细粒度数据流后，再将细粒度数据流卸载至边缘节点进行处理，这种方法有效地降低了卸载传输的数据量，提升了任务卸载的实时性及边缘节点计算资源的利用率，间接性地保障了 QoE。

面向 QoE 的数据流粒度划分方法模块图如图 7.1 所示。该方法应用于终端设备的 AIoT 场景中，在终端计算资源足够支撑的条件下，对多粒度级别的粗粒度数据流进行预处理，得到符合用户需求条件的细粒度数据流，保证了数据结果的精准度，降低了传输数据的大小，满足了 QoE 中的实时性需求；根据用户的指令，符合用户需求的细粒度数据流优先卸载到边缘节点进行处理，同时考虑负载均衡问题，构建基于自适应编码和流传输（adaptive coding and streaming，ACS）的自适应任务卸载方法，选择当前负载最低的边缘节点来处理细粒度数据流，有效地缩短寻找边缘节点的时间及数据处理的时延，在进一步提升实时性的同时，也提高边缘节点计算资源的利用率；为了保证任务卸载方

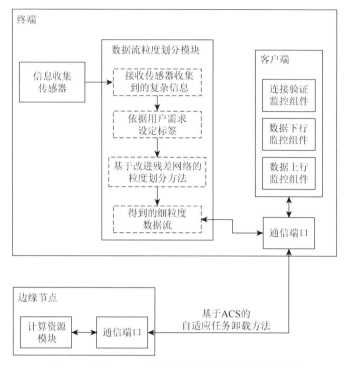

图 7.1　面向 QoE 的数据流粒度划分方法模块图

自适应编码和流传输（adaptive coding and streaming，ACS）

法的可靠性，本章设计一种基于消息队列遥测传输（message queuing telemetry transport，MQTT）的卸载监控方法，通过客户端中搭载的监控组件，接收执行任务卸载方法过程中边缘节点返还的回调消息，并根据回调消息中的状态码和状态信息来判断当前任务卸载方法执行状态，实现实时监控，便于及时地排查任务卸载方法执行过程中出现的问题。综合以上三点实现对 QoE 的保障。

7.2　基于卷积神经网络的粒度划分模型

7.2.1　数据流粒度划分方法

AIoT 感知层中收集到的数据流由复杂数据组成，包括图像、声纹、文字等。面向此类复杂数据流，选择合理的粒度划分方法尤为重要。

目前关于粗粒度数据流粒度划分的方法通常采用 DL 中的卷积神经网络（convolutional neural network，CNN）进行实现。当使用 CNN 算法进行数据流粒度划分操作时，其主要优势如下：

（1）对于常规的数据可以自动提取数据的识别特征；

（2）从粗粒度特征到细粒度特征，可以有效地表征数据在不同粒度上的特征。

与 CNN 相比，在进行数据流粒度划分操作时，使用循环神经网络（recurrent neural network，RNN）算法和决策树算法均存在一定的局限性。RNN 算法存在以下三类问题：

（1）无法并行化处理数据，RNN 算法只能按照每个时间步处理一条数据的一个特征。

（2）运行效率较低，在每个时间步中，要分别计算输出层向量、隐藏层向量、输入层向量。

（3）处理的数据类型具有局限性，RNN 算法只适合挖掘远距离语义和数据的时序性特征。

机器学习算法中常见的决策树在实现数据流粒度划分的过程中，对缺失数据进行处理时，由于各个类别的数据样本数量不同，容易导致信息增益的结果出现偏向性，从而产生过拟合等问题，影响分类结果的准确性。

无论是 RNN 算法、决策树还是 CNN 算法，实现粒度划分的最终方式都是获取到不同粗细维度的数据特征。以此为标准，CNN 算法具有明显的优势，因此，在进行数据流粒度划分时，选取 CNN 算法可以适用于多类型的数据且具有良好的鲁棒性。

但是，随着网络层次的加深，在使用 CNN 算法进行数据流粒度划分时，往往会出现梯度消失、梯度爆炸等问题。因此，为了消除这类问题对实验结果造成的影响，本节实验选取 ResNet-18 模型进行数据流粒度划分。

7.2.2 ResNet-18 模型

ResNet 又称为残差网络，通过直接将输入数据绕道至输出，以求保护信息的完整性。在整个网络的训练过程中，只需要学习输入、输出差别的那一部分，就可以有效地避免网络深度过大所导致的梯度爆炸、梯度消失及数据丢失等问题，简化学习目标，降低难度。

ResNet 通过在两个卷积层之间添加短路径的方式来解决由神经网络层数的增加引起的梯度消失或梯度爆炸，导致难以训练的问题，这样的结构称为基本块（Basic Block），如图 7.2 所示。

在图 7.2 中，x 为输入数据流，$F(x)$ 是 x 通过两个卷积层之后所学到的特征，Basic Block 的特点在于通过短路径连接使得 x 经过两个卷积层之后，以 $x+F(x)$ 的形式输出，Basic Block 在输入特征的基础上学习新的特征，得到的结果具有较高的准确率。

采用 ResNet-18 能够有效地解决因网络层数增加引起的梯度消失问题，可知

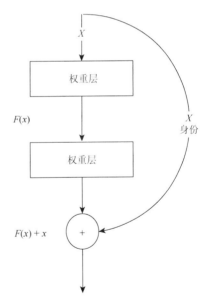

图 7.2 Basic Block 结构图

$$\begin{cases} y_l = h(x_l) + F(x_l, w_l) \\ x_{l+1} = f(y_l) \end{cases} \quad (7.1)$$

式中，x_l 和 x_{l+1} 分别是第 l 个残差块的输入与输出项；$h(x_l) = x_l$ 表示恒等映射；$F(x_l, w_l)$ 是 x 通过两个卷积层之后，学习到的残差（residual）；f 为激活函数。根据以上公式，可以推得从浅层 l 到深层 L 的学习特征，如下：

$$x_L = x_l + \sum_{i=1}^{L-1} F(x_i, w_i) \tag{7.2}$$

根据链式法则，可以求得模型反向过程的梯度，如下：

$$\frac{\mathrm{d}loss}{\mathrm{d}x_l} = \frac{\mathrm{d}loss}{\mathrm{d}x_L} * \frac{\mathrm{d}x_L}{\mathrm{d}x_l} = \frac{\mathrm{d}loss}{\mathrm{d}x_L}\left(1 + \frac{\mathrm{d}\sum_{i=1}^{L-1} F(x_i, w_i)}{\mathrm{d}x_l}\right) \tag{7.3}$$

式中，$\dfrac{\mathrm{d}loss}{\mathrm{d}x_L}$ 表示损失函数到达 L 的梯度。式（7.3）括号中的 1 为短路径连接，可以在无

损失的情况下继承梯度，而当 $\dfrac{\mathrm{d}\sum_{i=1}^{L-1} F(x_i, w_i)}{\mathrm{d}x_l}$ 接近于 0 时，模型的梯度依旧与网络层数较小

时的梯度相同，有效地避免了因网络层数增加导致的训练困难等问题。

残差块（ResBlock）是由多个 Basic Block 组成的模块，是 ResNet-18 模型的重要组成部分。

ResNet-18 模型的组成包括初始的一个卷积层、四个残差块及一个全连接层。每个残差块中包含两个基本块，每个基本块包含两个卷积层，可以理解为 $1 + 4 \times 4 + 1 = 18$。相较于普通的卷积神经网络，ResNet-18 可以有效地降低梯度消失、梯度爆炸对结果精度造成的影响。

本书选取 ResNet-18 模型进行数据流粒度划分，并在此基础上引入 DLBHC 算法对其进行修改，提升数据流粒度划分的精度，保障 QoE。

7.3　基于改进残差网络的数据流粒度划分方法

本节基于 DLBHC 算法对 ResNet-18 模型进行改进，提升该模型对粗粒度数据流进行粒度划分时的准确性，使结果更符合用户的需求，达到提升 QoE 的目的。

DLBHC + ResNet-18 模型如图 7.3 所示。改进的残差网络模型可以从训练与预测两个部分进行理解。

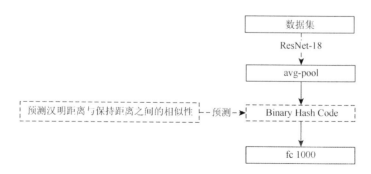

图 7.3　DLBHC + ResNet-18 模型

avg-pool 表示平均池化，fc 1000 表示包含 1000 个神经元的全连接层。

（1）在原 ResNet-18 模型的倒数第二层与最终任务层之间新插入一层名为二进制哈希编码（Binary Hash Code）的全连接层，通过 Sigmoid 函数进行范围约束，将训练的数据流中的高维度特征向量转换为一串低维度的二进制哈希编码，根据该二进制哈希编码实现对数据流的粗分类。

（2）完成训练操作后，计算被检测数据与测试数据的二进制哈希编码之间的汉明距离，并以汉明距离与设定的阈值（保持距离）之间的相似程度作为预测结果的判定依据，实现对数据流的细分类，获取细粒度数据流。

7.3.1　激活函数的选取

本节中插入的 Binary Hash Code 层以 Sigmoid 函数作为激活函数，其公式如下：

$$f(z) = \frac{1}{1 + e^{-z}} \tag{7.4}$$

采用 Sigmoid 函数的优点在于：首先，它的输出映射在(0, 1)内，单调连续，容易求导，适合作为输出层；其次，针对特征相差不明显的输入数据，采用 Sigmoid 函数的效果要优于其他函数。

本节选用 Sigmoid 函数而非 ReLU 函数作为激活函数的原因如下：

（1）统一设定，便于后续与 DLBHC 在 AlexNet 模型下应用的准确率进行对比。

（2）由于输入的粗粒度数据流中存在大量的特征相差不明显的数据，采用 Sigmoid 函数处理此类数据，进行范围约束，得到的准确率较高。

7.3.2　基于 DLBHC 的粗分类方法

本节基于改进残差网络的数据流粒度划分方法可以分为粗分类与细分类两个部分，在训练阶段实现粗分类过程，在预测阶段实现细分类过程。

关于粗分类过程中获取二进制哈希编码的方法，可以根据定义 7.1 进行理解。

定义 7.1　给定一张图片 I，首先提取 ResNet-18 模型抓取的图像特征并表示为 Out(H)，然后通过激活函数对高维度的特征向量进行二元化，获取到对应的低维度二进制哈希编码。对于每一位的节点可以设置为 $j = 1, 2, \cdots, h$（表示潜在层的节点个数），输出的二进制哈希编码为 H，如下：

$$H^j = \begin{cases} 1, & \text{Out}^j(H) \geqslant 0.5 \\ 0, & \text{其他} \end{cases} \tag{7.5}$$

由定义 7.1 可知，通过 Binary Hash Code 层可以将高维度的特征向量转换为低维度的二进制哈希编码，通过判断得到的二进制哈希编码是否相同来实现对数据流的粗分类。从输入图像到 ResNet-18 抓取特征图，再嵌入低维度二进制哈希编码的具体流程如图 7.4 所示。

图 7.4　特征向量维度转换流程

　　将数据流输入改进后的 ResNet-18 模型中，设得到的特征矩阵维度为 $512 \times 7 \times 7$，通过 avg-pool 将该特征嵌入 $512 \times 1 \times 1$ 的向量，将该高维度的特征向量输入 Binary Hash Code 层中，得到 $256 \times 1 \times 1$ 的低维度的二进制哈希编码，将得到的低维度的二进制哈希编码输入原本的分类器中进行粒度划分，实现对数据流的粗分类。相较于 ResNet-18 模型而言，改进后的模型约束较为宽松，运行时的效率更高。

　　基于改进残差网络的数据流粒度划分方法的可视化实现流程如图 7.5 所示。

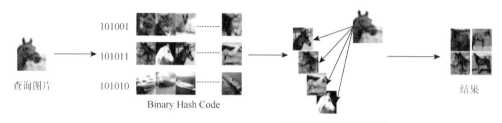

图 7.5　基于改进残差网络的数据流粒度划分方法的可视化实现流程

　　以模拟数据流中马的图像数据为例，在训练过程中，马的图像数据进行维度转换后得到的二进制哈希编码为 101011，通过得到的二进制哈希编码可以实现粗分类操作。

7.3.3　改进残差网络的训练及细分类方法

　　关于改进残差网络的训练过程，主要通过监督学习、反向传播、超参数调优等方式来强化网络隐藏层的特征抽取功能，可以使由高维度特征矩阵嵌入的低维度二进制哈希编码具有良好的表征效果。

　　预测过程是对根据二进制哈希编码进行粗分类得到的数据进行细分类的过程，通过计算待检测数据与测试数据之间的汉明距离，判断该距离是否处于阈值范围之内，实现细分类操作。

　　基于 DLBHC + ResNet-18 模型的训练与预测流程分为以下几个步骤：

　　（1）将处理后的训练集输入模型。

　　（2）根据损失函数计算模型误差结果，采用优化方式进行微调，提取相关预测结果。

　　（3）判断预测结果是否处于设定的阈值范围之内，若不是，则继续进行步骤（1）。

　　（4）记录预测成功的结果，进行反向传播，更新优化相关参数。

（5）输出并记录当前准确率。

（6）判断当前训练集数据是否全部完成训练，若不是，则继续进行步骤（1）。

DLBHC + ResNet-18 模型面向粗粒度数据流进行粒度划分，在训练过程中的损失函数选用交叉熵函数，其公式如下：

$$C = -\frac{1}{n}\sum_{i=1}^{N}[y\ln a + (1-y)\ln(1-a)] \tag{7.6}$$

式中，C 代表预测输入样本属于哪一类数据的概率；y 代表真实值分类（0 或 1）；a 代表预测值，一般输入的数据类型多为标签矢量。交叉熵的值越小，预测结果越准确。

训练过程中的优化方式采用动量随机梯度下降算法（momentum-SGD），该算法是对随机梯度下降（stochastic gradient descent，SGD）算法的一个补充算法，其迭代公式如下：

$$\begin{cases} g = \text{momentum} \cdot g - \alpha(h\theta(x^i) - y^i)x^i \\ \theta_j = \theta_j - g \end{cases} \tag{7.7}$$

式中，g 为动量项；α 为学习率；h 为预测值；θ 为迭代梯度。momentum-SGD 算法在 SGD 算法的基础上添加了一个动量值，根据该动量值可以加快算法的收敛速度，也能抑制收敛过程中的振荡，避免陷入局部最优解，保证获取到的预测结果的准确性。

本节以待检测数据与测试数据之间的汉明距离是否处于阈值范围内作为预测结果的判定依据，对基于 DLBHC 的粗分类方法中得到的数据流进行细分类操作。基于改进残差网络的数据流粒度划分方法的细分类操作可以通过定义 7.2 进行理解。

定义 7.2　根据式（7.5），设 $\varGamma = \{I_1, I_2, \cdots, I_n\}$ 表示由 n 个图像组成的数据集。每幅图像对应的二进制哈希编码 $\varGamma_H = \{H_1, H_2, \cdots, H_n\}$，其中，$H_i \in \{0,1\}^h$。给定一个查询图像 I_q，选定一批数量为 m 的图像数据作为测试集，记 $P = \{I_1^c, I_2^c, \cdots, I_m^c\}$，通过判断 H_q 与 $H_i \in \varGamma_H$ 之间的汉明距离是否小于阈值，实现对数据流的细分类，具体的细分类操作见式（7.8）：

$$s_i = \| V_q - V_i^P \| \tag{7.8}$$

式中，V_q 为待检测数据的特征；V_i^P 为测试数据的特征。若得到的汉明距离处于阈值范围之内，则两组数据的相似度高，各组测试数据的相似度按照升序排列，选取排名靠前的数据进行输出。

关于阈值的设定需要根据数据流的类型、用户的需求指令等变量进行调整。在本节中，阈值是两个二进制哈希编码的类别判定界限，当通过粗分类得到的二进制哈希编码的距离（汉明距离）小于该阈值时，表示两个图像的特征很接近，被网络认为是同一细粒度类别。

本节中阈值的可取范围等于汉明距离的可取范围，在测试过程中可以从小到大尝试所有阈值取值，得到最大分类精确度时的最大阈值，由于依次查询阈值的时间复杂度为 $O(n)$，根据分析，本节可以采用二分法进行优化并获取阈值。

二分法有效的原因在于数据流的粒度级别具有单调性，因此，使用二分法确定阈值是本节的最佳方案。

在 DLBHC + ResNet-18 模型的数据集训练过程中，本节采用了 CNN 算法的前向传播与后向传播方法，对权值及阈值进行更新。

CNN 算法的前向传播原理如下：初始化数据集。根据给定的输入向量与目标输出，计算出各个单元的输出。计算目标值与实际输出的误差，并判断其是否在误差的允许范围内。如果实际输出与目标值一致，那么输出相应的数据。

此外，针对数据集的训练过程中存在误差的数据，还需要进行反向传播，通过误差梯度来更新权值，进而提升数据集的准确度。

CNN 算法的反向传播原理如下：如果实际输出与目标值存在误差较大，那么需要计算网络层中神经元的误差。求出相关的误差梯度，更新相应的权值，用以筛查后续的数据，提升数据流粒度划分的精准度。

7.4　基于面向体验质量的数据流粒度划分的仿真实验与结果分析

7.4.1　实验方法

本节实验硬件设备包括：内存为 8GB，显卡为 NVIDIA GeForce GTX 1650，处理器为 Intel®Core™i7-9750H CPU@2.60GHz 的 Windows10 64 位笔记本电脑。

本实验采用 CIFAR-10 数据集模拟实验所需数据流并进行相关实验，该环节涉及的相关软件如下：实验环境选用 anaconda3，基于 Python3.7.4 进行开发，内置工具选用 pytorch1.6.0、Cuda10.2.1 及 torchvision0.7.0，用于构建实验所需的 ResNet-18 模型及其改进模型，实现训练数据集、测试数据集等操作。

具体的实现方法主要分为两个部分：

（1）基于 ResNet-18 的数据流粒度划分方法测试集准确率及基于 DLBHC + ResNet-18 的数据流粒度划分方法测试集准确率的对比验证。

（2）基于 DLBHC + ResNet-18 的数据流粒度划分方法测试集准确率与其他常见的粒度划分方法的测试集准确率的对比验证。

由于数据量较大，本节实验使用 GPU 进行数据集的训练及测试，相较于直接使用 CPU，使用 GPU 进行数据集的训练与测试，可以在相对较短的时间内得到结果，对设备的损耗较小，通过 Cuda10.2.1 实现调用 GPU 的功能。相关工具包可以直接通过 anaconda navigator 进行安装。工具包的版本需适配当前版本，错误的版本会导致无法有效地调用 GPU 进行训练，而 CPU 的训练需要较长的时间，对设备性能造成的不良影响较大。

本节实验选取 CIFAR-10 数据集模拟目标数据流，CIFAR-10 数据集包含 10 个对象类别，每个类别包含 6000 张图片，共计 60000 张图像数据。将数据集划分为训练集与测试集，分别具有 50000 张图像与 10000 张图像。

实验前需要对 CIFAR-10 训练集的数据集进行预处理，先在待训练的图像四周填充 0，再把图像随机裁剪成 32×32 的尺寸，图像有 1/2 的概率翻转，有 1/2 的概率不翻转。

测试集的数据集不必对图像数据进行预处理，但需要保持每层归一化用到的均值及方差
与训练集一致。

关于超参数的设置，为保持结果的准确性，将本节实验的两个模型涉及的超参数设
置保持一致，epoch（遍历数据集次数）为 300 次，将训练集的批处理尺寸设置为 128，
将测试集的批处理尺寸设置为 50，将学习率的值设置为 0.001，较低的学习率可以尽可
能地减小过拟合对实验结果造成的影响，不过初始学习效率较低，因此，将 epoch 设置
为 300 次，以保证实验结果的准确性。超参数设置如表 7.1 所示。

表 7.1　超参数设置

参数名	参数意义
epoch	遍历数据集次数
Pre_epoch	已遍历数据集的次数
Batch_size	批处理尺寸
Batch_size_test	测试集批处理尺寸
LR	学习率

关于训练集与测试集的设定除批处理尺寸外，其他信息一致，CIFAR-10 数据集中的
数据依据特征可以分为十类。损失函数采用交叉熵函数，该函数多用于数据粒度划分的
问题，优化方式为 momentum-SGD，并采用 L2 正则化，目的是减小过拟合对实验造成的
影响。本节实验设定：每次训练完一个 epoch 后，会进行一次测试，获取并记录测试集
的准确率，并将训练集准确率与测试集准确率进行打印，将最佳的结果进行记录。

7.4.2　功能展示

基于 ResNet-18 的数据流粒度划分主要分为两个部分进行实现：第一部分是对
ResNet-18 原始模型及改进后的模型进行训练测试，获取其训练集及测试集的粒度划分准
确率；第二部分是将本章提出的算法与常见的粒度划分算法的准确率进行对比的实验。
CIFAR-10 数据集的粒度划分效果图如图 7.6 所示。

根据得到的结果，证明使用 DLBHC + ResNet-18 模型可以有效地对 CIFAR-10 图像
数据集进行粒度划分。

7.4.3　结果分析

本节实验采用 CIFAR-10 数据集来模拟粗粒度数据流，本节实验的目的是通过对比原
始模型（ResNet-18）的测试集准确率与改进模型（DLBHC + ResNet-18）的测试集准确
率来证明改进模型在进行粗粒度数据流的粒度划分时具有较高的准确率。原始模型的测
试集准确率与改进模型的测试集准确率对比如表 7.2 所示。

查询　　　　　　　　　　　　　前10个结果

图 7.6　CIFAR-10 数据集的粒度划分效果图

表 7.2　ResNet-18 与 DLBHC + ResNet-18 的测试集准确率对比表

模型	图像数量				
	200	400	600	800	1000
ResNet-18	0.843	0.875	0.892	0.906	0.922
DLBHC + ResNet-18	0.851	0.907	0.911	0.932	0.956

根据细分类的结果，检索输出排名前 1000 的图片。根据得到的数据结果，可绘制相关测试集准确率对比图，如图 7.7 所示。

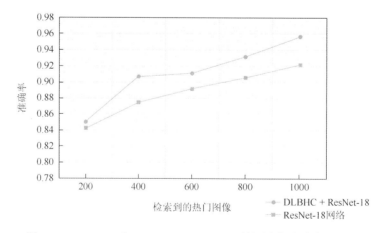

图 7.7　ResNet-18 与 DLBHC + ResNet-18 的测试集准确率对比图

根据得到的结果对比可知，对 ResNet-18 模型进行优化修改后，改进模型通过新增中间层，将得到的特征转换为一串二进制哈希编码，比较测试数据与被检测数据的二进制哈希编码计算两者之间的汉明距离，判断其是否在划定的阈值范围之内，以此进行粒度划分，在检索到的图像数量相同的情况下，改进模型相较于原始模型，对粗粒度数据流进行粒度划分时的准确率较高，可以有效地降低数据冗余度，获取有效数据。改进模型与原始模型相比，最终的准确率提升了 3.69 个百分点。

根据本轮对比实验得到的相关数据结果，与文献[1]中的数据结果及文献[3]~[6]中常见的数据流的粒度划分算法进行复现后的结果进行对比，结果如表 7.3 所示。

表 7.3　常见粒度划分算法的测试集准确率对比表

模型	图像数量				
	200	400	600	800	1000
DLBHC + ResNet-18	0.851	0.907	0.911	0.932	0.956
DLBHC + AlexNet	0.842	0.855	0.871	0.886	0.894
RMAC	0.781	0.792	0.802	0.805	0.826
Crow	0.701	0.722	0.757	0.776	0.797
MS-RMAC	0.754	0.761	0.766	0.765	0.776
OxfordNet	0.657	0.663	0.679	0.681	0.694

根据得到的数据结果，可绘制相关测试集准确率结果对比图，如图 7.8 所示。

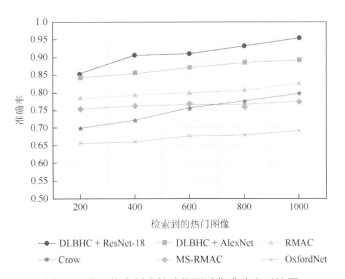

图 7.8　常见粒度划分算法的测试集准确率对比图

根据实验结果可知，相较于常见的数据流粒度划分算法，采用卷积神经网络划分细粒度数据流的效果要优于其他类型的算法，而对 ResNet-18 模型进行改进后的 DLBHC + ResNet-18 模型，数据流的粒度划分准确率要优于 DLBHC + AlexNet 模型的准确率。

7.5　本 章 小 结

将边缘计算应用到物联网上并进行任务卸载时，常常会根据物联网的感知层收集到的数据的复杂程度判断是否需要调用边缘节点的计算资源运算结果，在该类数据中存在大量的冗余数据，将该类数据流统称为粗粒度数据流。在对该类数据进行直接处理的过程中，往往会占用大量的计算资源，并且降低结果的准确率。为保证计算资源的最大化利用，提升结果的准确率，本章提出了一种面向 QoE 的数据流粒度划分方法，对感知层收集到的粗粒度数据流进行了预处理，本章从以下三方面进行工作：

（1）通过对比常用的粒度划分算法，提出了构建基于 CNN 的数据流粒度划分方法，为解决梯度爆炸、梯度消失等问题，将 ResNet-18 模型作为训练模型，实现数据流的粒度划分。

（2）分析 ResNet-18 模型，理解模型中残差块的作用及运作原理。

（3）结合 DLBHC 算法对 ResNet-18 模型进行修改，基于改进的残差网络模型对目标数据流进行训练，通过设计实验仿真得到准确率结果，与 ResNet-18 模型及常见的粒度划分方法的准确率结果进行对比。

通过基于面向 QoE 的数据流粒度划分的实验仿真表明，本章设计的改进方法能够有效地对粗粒度数据流进行粒度划分，可以获取细粒度数据流。相较于其他同类型方法，本章所提的方法在设计的目标数据流上，具有较高的准确率，可以根据用户的指令，为用户提供最符合其需求的数据内容，有效地提升了 QoE。

参 考 文 献

[1]　罗建豪，吴建鑫. 基于深度卷积特征的细粒度图像分类研究综述[J]. 自动化学报，2017，43（8）：1306-1318.

[2]　Lin K，Yang H F，Hsiao J H，et al. Deep learning of binary Hash codes for fast image retrieval[C]//Proceedings of the IEEE Conference on Computer Vision and Pattern Recognition Workshops，Piscataway，2015：27-35.

[3]　Tolias G，Sicre R，Jégou H. Particular object retrieval with integral max-pooling of CNN activations[EB/OL].（2015-11-18）[2024-05-01]. https://arxiv.org/abs/1511.05879.

[4]　Kalantidis Y，Mellina C，Osindero S. Cross-dimensional weighting for aggregated deep convolutional features[C]//European Conference on Computer Vision，San Francisco，2016：685-701.

[5]　Li Yang，Xu Y L，Wang J B，et al. Ms-rmac：Multiscale regional maximum activation of convolutions for image retrieval[J]. IEEE Signal Processing Letters，2017，24（5）：609-613.

[6]　Ng Y H J，Yang F，Davis L S. Exploiting local features from deep networks for image retrieval[C]//Proceedings of the IEEE Conference on Computer Vision and Pattern Recognition Workshops，Piscataway，2015：53-61.

第 8 章　边缘智慧网络任务资源可信卸载调度

8.1　基于 DRL 和用户体验度的任务卸载模型

由于单个用户与单个边缘服务器不符合实际复杂系统场景，本章考虑多用户-多边缘服务器的场景，任意用户可以与任意边缘服务器进行交互。为了确保边缘系统的安全性与交易信息不被恶意篡改，本章在终端用户上运行了区块链程序。终端用户产生的区块链共识任务需要耗费海量的处理资源，占据大规模的系统存储空间。再加上区块链用户本身的计算能力和资源有限，无法满足共识任务处理过程的低时延和高速度要求。所以本章考虑将这一达成共识的交互过程迁移到资源丰富的边缘计算服务器进行处理，服务器在成功处理后再把结果反馈到终端用户，同时每个终端用户都会竞争对整个系统中所有交易信息的记账特权。也就是说，倘若某个用户最先完成对共识任务的处理并获得正确随机值，同时该用户的这些交易记录在系统中成功传播并得到其余所有用户的认可与检验，那么该用户就能凭借更高的概率优先拿到记账特权。在服务器成功处理任务并将结果反馈给用户之后，区块链用户会给予服务器一定的服务质量评价，本章称作用户的体验度，用户体验度的高低与用户挖矿赚取的纯利润、系统耗费时间和能源的总成本大小及服务质量的高低息息相关。为了防止服务器对评价结果不满意而进行伪造篡改操作，用户会将评价结果连同交易信息一起打包并永久存储到区块，使其永远无法被更改。在本章中，区块链用户将被用于构成轻量级别的区块链节点，仅承担边缘计算系统中交易的监听和信息的同步与更新任务，边缘服务器则实现对共识任务的处理。

总而言之，本章区块链用户产生的共识任务在运行过程中能够改善边缘计算中设备的私密信息保护与设备之间交易的安全隐患等问题。同时用户的隐秘信息被传输并存储到近距离的网络边缘的服务器中，也能降低用户的个人私密信息在集中式的数据库中被恶意泄露和篡改的危害，防止其在不可靠的较长无线信道中被干扰窃听。

8.1.1　系统模型

考虑在多用户多边缘服务器的场景下，区块链程序在系统中的用户终端上运行，终端用户产生的工作量证明（proof of work，PoW）共识任务需要提交至边缘服务器执行。带有区块链程序的用户和位于边缘侧的服务器需要共同探寻到一种对整个系统都有利的迁移技术。针对终端用户产生的区块链任务的类型多样性和多接入边缘计算（multi-access edge computing，MEC）服务器的资源数量随时隙动态变化的情况，同时由于每个用户分别对应不一样的情形，各个用户会根据自己所处的不同环境与情形做出不一样的决策。每个带有区块链应用的用户都有两种处理区块链任务的决策，一是用户充分地利用自身拥有的资源对其进行处理，二是把 PoW 的共识任务利用无线链路完全提交给网络边缘侧的服务器，服务器顺利执行完毕就把结果反馈给用户且传播到整个区块链系统。图 8.1 是本章构建的一种含有各种计算机设备的两层体系架构，底层是由智能手机、便携式笔记本电脑等组成的用户设备层，上面一层是一些位于网络边缘的具有强大计算能力、海量资源和巨大存储空间的服务器设备层，协助用户设备层处理任务。本章设定系统中的所有设备在任务迁移与执行过程中都是静止不动的，且其需要判断与决定自身产生的任务是否要被上传提交[1]。

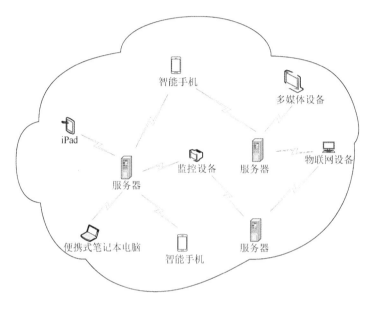

图 8.1　系统场景图

由于在靠近用户的网络边缘一侧部署了大量服务器，用户能够把任务迁移到任意的某个服务器进行计算，所以用户的卸载策略变量是典型的 0 或者 1 整数型变量。在这个多用户多边缘服务器的复杂场景中，根据整个系统中当前时刻各用户的计算任务大小和各个边缘服务器的资源的多少来设计出合理的资源分配方案是非常重要的。本章定义了用户生成的任务，这些任务在带有区块链程序的环境中，遵循 PoW 共识机制进行处理。由于 PoW 计算任务是不连续的、间断性的周期任务，且计算过程是连续、不间断的，这些特点决定了用户的服务请求必须被完整地上传提交给某个服务器执行。

在区块链网络的边缘计算系统中，区块链任务的时延、能量消耗和挖矿收益是几个关键性的因素。倘若某个用户越早精确无误地计算出难度较大的随机数，该用户就会以越高的概率优先拿到记账特权，获取到丰厚的回报。同时用户在挖矿过程中赚取的利益越丰厚、耗费的能源和时间越小，也就意味着用户赚取的纯利润越丰厚。基于以上所述情况，本章构造系统的网络模型，依据该模型表示出时延的计算公式。同时构造计算模型，依据该模型表示出用户赚取纯利润的表达公式。同时还对这两种模型加以考虑并构造用户的体验度模型，并基于该模型表示出问题的优化目标与相应的约束条件。

在多用户-多服务器的边缘计算场景中，定义终端用户的集合为 M，其中，第 i 个用

户表示为 i 属于集合 $M = \{1, 2, \cdots, M\}$；定义服务器的集合为 N，第 j 个服务器表示为 j 属于集合 $N = \{1, 2, \cdots, N\}$。所有服务器都能够覆盖到每个用户以便更高效可靠地处理任务。由于用户产生的 PoW 共识任务具有连续性和不可分割性，用户每次产生的服务请求都必须被全部迁移提交至服务器。首先用户把区块链任务上传至边缘系统，然后边缘系统依照目前服务器的网络状态和资源动态变化详情进行调度，并基于用户体验度最优的指标，制定合理高效的任务卸载与资源分配方案，最终系统按照该方案执行并把计算结果反馈给用户。

8.1.2 通信模型

用户把自身产生的 PoW 共识任务迁移到边缘服务器执行，服务器成功执行完毕后将结果反馈给用户，这个过程会花费系统大量的服务时延。确切地说，服务时延主要被浪费在上行传输时延、任务的执行时延、下行回传时延这三个方面。由于服务器处理之后的结果非常小，回传时延通常可以忽略不计，所以本章只考虑传输与执行时延[2]。传输时延是任务被传输到边缘服务器的时间，与传输信道条件、任务量大小等影响因素息息相关。执行时延是服务器处理用户提交的任务需要损耗的时间，其受到服务器 CPU 计算频率和当前时刻区块链程序的 PoW 共识算法难度值一定程度的影响。所以通过构造恰当的模型将以上两种时延以实际意义的形式表达出来是很重要的。

用户 i 把 PoW 共识任务上传给服务器 j 的传输速率 $r_{i,j}$ 如下：

$$r_{i,j} = B \times \log_2 \left(1 + \frac{p_i \times g_{i,j}}{B \times N} \right) \tag{8.1}$$

式中，B 是上行传输信道的带宽；p_i 是用户 i 发射功率；$g_{i,j}$ 是用户 i 和服务器 j 之间的信道增益；N 是噪声方差。

用户 i 通过无线信道把 PoW 共识任务上传提交给服务器 j 所花费的传输时延如下：

$$t^{\text{tra}} = \frac{s_i}{r_{i,j}} \alpha_{i,j} \tag{8.2}$$

式中，s_i 表示系统在处理 PoW 共识任务的过程中用户 i 获取的交易总数量；$\alpha_{i,j}$ 表示卸载策略变量。

对于边缘服务器来说，大多数研究都将焦点放在服务器的处理性能上，即服务器的 CPU 计算频率的高低，频率越高表示服务器的处理性能越强，本章将系统中服务器各自的频率定义为 $\{f_1, f_2, \cdots, f_N\}$。一个服务器能够覆盖到较大区域的数量较多的用户，并为多个用户提供计算服务，由于存在单个服务器在同一时间对大量的用户提供服务而导致网络成本消耗过大、超负荷运行及性能极差的情况，所以本章的改善指标也包括实现系统中计算任务的负载均衡，防止出现单个服务器负载过重而崩溃的情况。本章将当前时刻各个服务器余留的没有被分配的额外空闲计算资源量表示为 $\{v_1, v_2, \cdots, v_N\}$。

各个服务器均能独自地执行多个任务，在各个资源分配时刻，各服务器能够接收并执行的额外任务数目为 v_j，v_j 的数值越大，表示此刻服务器能够接收与处理更多的计算任务，每次分配也只关注闲暇服务器，即 $v_j > 0$，该方法能够将任务的排队等候时延忽视掉。

边缘服务器的执行时延与其 CPU 计算频率、区块链中 PoW 计算任务的难度数及打包进区块的交易数目息息相关，服务器 j 计算任务 i 时的执行时延如下：

$$t^{\text{exe}} = \frac{s_i \times d}{f_j} \tag{8.3}$$

式中，f_j 表示用户获取服务器的可用 CPU 计算能力，d 表示用户处理 PoW 共识任务的挖矿难度值。

由于任务执行后的结果通常很小，本章省去了服务器把结果反馈到用户的回传时延。综上所述，在任务卸载这一过程中，用户把区块链的 PoW 共识任务提交到服务器上计算的总时延为传输时延与执行时延之和：

$$T_{i,j} = t^{\text{tra}} + t^{\text{exe}} = \frac{s_i}{r_{i,j}} \alpha_{i,j} + \frac{s_i \times d}{f_j} \tag{8.4}$$

用户 i 在分配到卸载策略变量 $\alpha_{i,j}$ 后处理任务的总时延 T_i 如下：

$$T_i = \sum_j t^{\text{tra}} + t^{\text{exe}} = s_i \times \sum_j \frac{1}{r_{i,j}} \alpha_{i,j} + \frac{d}{f_j} \tag{8.5}$$

8.1.3 计算模型

1. 用户收益

区块链用户只要分配到服务器的海量计算资源与大量存储空间，就能够执行 PoW 共识任务并计算出随机值。最快计算出随机值的用户能够赚取到一笔丰厚的奖励。本章定义用户分配到的计算能力 γ_i 为

$$\gamma_i = \frac{\sum_j \alpha_{i,j} \times \beta_{i,j}}{\sum_i \sum_j \alpha_{i,j} \times \beta_{i,j}} \tag{8.6}$$

即用户 i 分配到的计算资源占据系统中所有用户分配到的计算总资源的比值，因此，$\sum_i \gamma_i = 1$ 必然成立。式中，$\beta_{i,j}$ 为资源分配变量。

本章考虑区块链的奖励主要由固定奖励 R 与分配奖励组成，其中，分配奖励是由交易中产生的税收费用组成的，交易产生的税收费用越多，该条交易记录就越快被打包进区块。因此，用户 i 在执行 PoW 的共识任务过程中所赚取的奖励 R_i 如下：

$$R_i = (R + \xi s_i) \times P(\gamma_i) \tag{8.7}$$

式中，$P(\gamma_i)$ 表示用户能够赚取到奖励的概率；ξ 表示交易中税收费用的参数因子。若当前用户打包的交易数量越多，则赚到的奖励就越丰厚。

根据以上对用户的 PoW 共识任务执行过程的描述，可知用户能否成功赚取到奖励与其能否获得正确无误的随机值和随机值的成功传播息息相关。用户的计算能力 γ_i 在很大程度上决定了其能够获得正确随机值的概率，同时用户打包的交易数目 s_i 也对交易信息的顺利传播有极大的影响。打包的交易数目越大，传播交易信息花费的时延也越长。本章通过依赖于交易数量的 τ_i 来描述用户 i 的传播时间，其中，μ 表示具有线性关系的特定参数：

$$\tau_i = \mu \times s_i \tag{8.8}$$

在本场景中，根据泊松分布理论[3]来生成新区块，由此能够计算出本系统中区块成功达成共识的概率如下：

$$P_i' = \exp\left(-\frac{1}{\lambda}\tau_i\right) \tag{8.9}$$

因此，能够计算出用户 i 把一条交易记录成功打包进一个区块的概率：

$$P_i = \gamma_i \times P_i' = \gamma_i \times e^{-\frac{1}{\lambda}\mu s_i} \tag{8.10}$$

基于以上分析能够计算出用户 i 根据获得的卸载策略变量和资源分配变量执行 PoW 的计算任务后赚取的收益 R_i：

$$R_i = \frac{\sum_j \alpha_{i,j} \times \beta_{i,j}}{\sum_i \sum_j \alpha_{i,j} \times \beta_{i,j}} \times (R + \xi s_i) \times e^{-\frac{1}{\lambda}\mu s_i} \tag{8.11}$$

2. 用户支出

系统中所有运行区块链程序的用户在提交任务之后，都需要支付相应的费用给对应的服务器以购买计算资源。由于边缘服务器靠近用户端，卸载距离很近，可以省去支付信道的费用，那么用户的支出即为其购买计算资源并支付给服务器的费用，以下是对用户的支出进行的分析。

定义 price_j 为第 j 个服务器提出的价格，且服务器的报价与其 CPU 计算频率 f_j 成正相关，此外，为了避免过多的用户任务被卸载到某个服务器超负荷运行，而造成其余服务器处于长时间的闲暇状态，本章定义服务器提出的价格 price_j 还与当前时刻服务器的计算资源剩余量成反相关，即

$$\mathrm{price}_j = \delta \times \frac{f_j}{v_j} \times d \tag{8.12}$$

式中，δ 表示服务器的定价因子；d 表示此时用户处理 PoW 共识任务的挖矿难度值，d 越大，说明此时的挖矿难度越大，任务计算量越大，服务器消耗的资源越多，给出的报价越高，用户的支出费用越高。倘若某服务器的 CPU 计算性能非常好，但剩余计算资源总量非常少，此时该服务器也会提升自己的报价，因为系统以这种方式来激励用户挑选另外的服务器执行任务，避免出现设备与网络负载不均衡的现象。

根据以上分析可知服务器 j 处理单位任务数据量的单位报价为 price_j，那么用户 i 将任务数据量 s_i 卸载至服务器 j 需要花费的支出 cost_i 如下：

$$\text{cost}_i = s_i \sum_j \text{price}_j \times \alpha_{i,j} = \delta d \times s_i \sum_j \frac{f_j}{v_j} \times \alpha_{i,j} \qquad (8.13)$$

依据以上分析，用户 i 赚取的纯利润 profit_i 为用户收益与支出 cost_i 之差：

$$\text{profit}_i = R_i - \text{cost}_i \qquad (8.14)$$

8.1.4　问题模型

为了激励更多用户加入区块链网络，将用户体验度作为优化目标，希望在资源调度时使得系统中所有用户的平均体验度达到最大。定义用户的体验度（experience，Ep）为用户的收益和服务器的服务质量之间的关系。定义用户的收益为用户的纯利润 profit_i，服务器的服务质量以任务的处理时延 T_i 为标准，即用户的体验度与用户纯利润 profit_i 和任务卸载过程中的时延 T_i 息息相关。所以优化目标即为最大化系统中所有用户体验度 Ep 的平均值：

$$\text{MAX}_{\text{Ep}} = \max \frac{\sum_{i \in M} \text{Ep}_i}{M} \qquad (8.15)$$

用户将任务上传至处理系统后，处理系统会根据体验度这一优化指标做出卸载策略 $\alpha_{i,j}$ 和资源调度策略 $\beta_{i,j}$，其中 $\alpha_{i,j} \in \{0,1\}$，$\alpha_{i,j}$ 的取值决定了用户 i 的任务是否被指派给服务器 j 处理。根据前面的描述内容得知用户上传的任务不能被分割，只能被完全提交给某个服务器处理，那么必然有

$$\sum_{j \in N} \alpha_{i,j} = 1 \qquad (8.16)$$

式中，$\beta_{i,j}$ 表示用户 i 的任务分配到服务器 j 的计算资源数量，所以当 $\alpha_{i,j} = 0$ 时，$\beta_{i,j} = 0$ 一定成立。

PoW 的共识任务对时延有很高的要求，时延越小，用户就越早在网络中传播系统产生的交易记录和正确随机值，也就能越快得到其他用户的认可并获得记账权。所以本章在用户体验度模型中重点考虑了 PoW 共识任务的计算时延这个评价指标，还定义用户的体验度高低与纯利润的高低成正相关，与时延大小成反相关，即当用户花费的时延越小，赚取的纯利润越大时，用户的体验度就越高：

$$\text{Ep}_i = \frac{\text{profit}_i}{T_i} \qquad (8.17)$$

为了提升边缘计算系统中数据的安全隐私性和交易结果的可信度，也为了防止出现服务器对于用户的体验度评分不满意而进行恶意篡改的不良行为，用户会将评价结果上传打包至区块中永久保存且不能被更改，若发现某个服务器存在恶意篡改评价结果的不良行为，用户会通过引入的惩罚因子来降低自身的体验度。综上，可以得到系统的目标表达式：

$$\text{MAX} = \max \frac{1}{M} \sum_{i \in M} \frac{\text{profit}_i}{T_i} \qquad (8.18)$$

$$\text{s.t.}\begin{cases} \alpha_{i,j} \in \{0,1\} \\ \sum_{j \in N} \alpha_{i,j} = 1 \\ \sum_{i \in M} \alpha_{i,j} \times \beta_{i,j} \leqslant V \\ V \geqslant v_j > 0 \\ V \geqslant \beta_{i,j} > 0 \end{cases} \tag{8.19}$$

式中，约束条件 1 和约束条件 2 分别表示决策变量，由于用户 i 的 PoW 共识任务特有的连续性决定了其卸载策略是 0 或 1 的整形变量；约束条件 3 表示每一台服务器含有的资源总数量具有局限性，要求每个 PoW 计算任务能够获取到的资源量要在服务器容纳的资源总量范围之内；约束条件 4 表示在某一台服务器的计算资源几乎被消耗殆尽而没有剩余的情况下，其不会参与此次资源调度与分配的过程；约束条件 5 表示当服务器计算资源数量有限时，必须确保其为了处理每个任务所耗费的资源量不高于自身存储的资源总量。

根据以上阐述内容和约束条件，求解目标公式得到卸载策略变量 $\alpha_{i,j}$ 和资源分配变量 $\beta_{i,j}$ 的最优取值，此问题属于非凸优化类型，当网络中用户数量越来越多时，会导致问题的规模更庞大、复杂度更高，如果基于传统的启发式或者种群算法来计算与优化这类复杂的决策问题，那么难度太大。所以本章将引入 DRL 技术来优化目标。

8.2　基于 DRL 的用户体验度最优任务卸载策略

本章通过 DRL 这一高效主流的技术来求解前面描述的非凸类型问题。首先，阐述 DRL 中几种不同训练算法的改进之处与原理，通过对比这几种训练算法的优劣之处，引出本章将要重点使用的 DRL 中的深度 Q 网络（DQN）算法，使用 DQN 算法对目标问题进行优化。其次，站在强化学习的立场对优化目标构建决策模型。最后，阐述本章所提基于 DRL 的用户体验度最优任务卸载策略的具体实现步骤。

强化学习被定义为某个计算机程序与动态环境进行交互，并表现出确切的目标，系统通过长期性的激励机制从宏观上关注全局利益，而不是只在乎短期的局部利益。强化学习从环境中探索新路径，从过去的经验中学习最优策略。由于它时序性非常强，不适用于高度独立分布的数据，因此，为复杂模型中数据关联性与时序性都较强的信息在特征提取方面提供了巨大的帮助。

Q-learning 算法是强化学习中一种经典的基础模型，智能体与没有先验知识的外部环境会进行循环不断的交互，其关键之处在于：怎样让系统在这种交互过程中学习到奖励函数，又称为 Q 函数。这种训练方法通过将当前的状态信息和对应的动作记录在一个二维的状态-动作表来近似 Q 函数，使得当前系统交互得到的 Q 值能完美接近目标 Q 值。当系统中终端设备的数量越来越多时，系统的复杂度也越来越高，交互数据的迅速增加使得状态-动作表的维度爆炸[4]。对于这种不足之处，一些研究者在 Q-learning 算法的基础上对其缺点进行改进与完善，通过深度学习神经网络（deep-learning neural network, DNN）来近似 Q 函数，进而形成一种训练效率更高的 DQN 算法。

DQN 的 DNN 神经网络具有数量较多的隐藏层,这个特性使得模型拟合 Q 值更高效。此外,模型中各种参数的更新与优化也是通过 DQN 的强化学习模型来完成的,因此,DQN 能够使模型收敛更容易。

DQN 把训练数据 $(s_t, a_t, r_{t1}, s_{t+1})$ 以多元组形式存入经验库 D,在学习过程中,基于确定性的贪婪策略任意地从经验库抽出少量记录来学习,这种任意挑选的策略降低了经验数据之间的关联性与依赖性,提高了 DQN 的效率。DQN 包括两个在结构上一模一样的网络,即估计 Q 网络 Q_{now} 与目标 Q 网络 Q_{tar},Q_{now} 被用于获取 Q_{now} 系统中随时隙动态变化的估算 Q 值和各种估算参数,Q_{tar} 被用于获取 Q_{tar} 系统中随时隙动态变化的目标 Q 值和各种目标参数。而 Q_{tar} 的估算参数的更新是在两个网络同时训练设定的迭代次数之后,依据估算 Q 网络的估算参数进行替换得到的,并且通过不断逐次降低 Q_{now} 网络与 Q_{tar} 网络损失值的方式估算 Q 网络。

1. 算法设计

本章使用 DRL 中的 DQN 算法来优化目标问题,提出一种基于 DRL 的用户体验度最优任务卸载算法,并依据优化目标来定义 DRL 算法中 DQN 算法的三个要素:状态空间、动作空间和奖励函数。

1) 状态空间

针对以上问题来说,状态应该包括服务器的资源使用情况、任务数据量、区块链难度数及其他网络状态信息。本章定义系统状态空间 $S = \{s(t)\}$,$s(t)$ 是在 t 时刻的系统状态:

$$s(t) = (v_j(t), s_i(t), d(t), \Omega_{i,j}(t)) \tag{8.20}$$

式中,$v_j(t)$ 为 t 时刻服务器 j 余留的额外空闲计算资源量;$d(t)$ 为 t 时刻处理 PoW 共识任务的挖矿难度值;$\Omega_{i,j}(t)$ 是在 t 时隙用户 i 与服务器 j 之间的信噪比。系统在任意时隙都会收集网络的状态信息,并将其输入深度网络进行训练与学习。

2) 动作空间

由于 DQN 使用 DL 作为中间代理人(agent),所以该算法的输入和输出形式是固定不变的,而且动作空间也不能是无限的,一定是有限的,状态空间的取值可以具有无限性。在本场景中动作空间由所有卸载策略和资源分配的可能性组成,agent 能够随机选取任何一个用户上传的任务给服务器处理。本算法设计的用户与服务器个数均有限,这也就决定了算法的动作空间也有限。定义系统中每次资源分配的动作 $a(t)$ 包括用户卸载策略变量和资源分配变量,整个动作集合由 $M \times N$ 个元素构成:

$$a(t) = (\alpha_{1,1}(t) \times \beta_{1,1}(t), \cdots, \alpha_{M,N}(t) \times \beta_{M,N}(t)) \tag{8.21}$$

式中的每一项表示网络在 t 时刻可能选取的动作。

3) 奖励函数

由于本章是将系统中全部用户的体验度最高当作优化目标,所以为了维持神经网络对目标的探索性,本章把强化学习过程中的奖励函数设计为用户体验度。

基于以上内容,可知当迭代步数为 t 时,用户 i 的收益:

$$R_i^t = \frac{\sum\limits_j \alpha_{i,j}^t \times \beta_{i,j}^t}{\sum\limits_i \sum\limits_j \alpha_{i,j}^t \times \beta_{i,j}^t} \times \left(R + \xi s_i^t \right) \times \mathrm{e}^{-\frac{1}{\lambda}\mu s_i^t} \tag{8.22}$$

用户 i 的成本：

$$\mathrm{cost}_i = \gamma d \times \sum_j \frac{f_j}{v_j} \times \alpha_{i,j} \tag{8.23}$$

在 t 步的局部奖励为

$$R(t) = \sum_i \frac{\mathrm{profit}_i^t}{T_i^t} = \sum_i \frac{R_i^t - \mathrm{cost}_i}{T_i^t} \tag{8.24}$$

根据以上内容，本章计算出 DRL 算法中每个动作带来的局部奖励，所以能通过加入参数得到全局奖励：

$$R^{\mathrm{all}}(t) = \sum_{t^-=t}^{T} \vartheta^{t^--t} \times R(t) \tag{8.25}$$

式中，$\vartheta \in [0,1)$ 表示未来收益的折扣速率，当 $t^- - t$ 取值很大时，ϑ^{t^--t} 趋近于 0，即当前时刻对后续时刻产生的影响在慢慢衰减。如果 ϑ 越接近 1，那么系统就越关注长期的收益；如果 ϑ 越接近 0，那么系统就会越重视当前的收益。

2. 算法描述

Q-learning 是用于处理分步决策问题的强化学习算法，DQN 在强化学习的基础上，采用深度网络模拟状态结果。以上内容将目标问题转换成强化学习的问题，并设计了 DRL 中的状态、动作、奖励三要素。

8.3 仿真实验与结果分析

1. 仿真系统与参数设置

本章在区块链网络的边缘计算系统中，搭建了 EdgeCloudSim 仿真环境，并通过 Java 技术进行仿真。由于 Q-learning 算法对内存有较高的要求，所以本章把参数的取值范围进行了限制，设置网络中用户的数量 N 分别为 10、20、30、40、50，边缘服务器的数量分别为 2、3、4、5、6，服务器的 CPU 处理频率分别为 1、2、3、4、5。

2. 结果分析

本章仿真重点考虑了所提用户体验度变化情况，验证了所提出的基于 DRL 的用户体验度最优任务卸载算法性能。本章仿真是在不同的信道条件、系统用户、边缘服务器数量和服务器性能等条件下进行的，还分析了不同算法的性能与它们之间的关系。为了证明本章提出的基于 DRL 的用户体验度最优任务卸载算法（user experience optimal task offloading algorithm based on deep reinforcement learning，UEOTOADRL）的性能优越性，本章从用户体验度、用户收益、系统总时延对所提算法与 Q-learning 算法及下列算法进行仿真结果对比分析。

Q-learning 算法：最基本的强化学习算法，该算法根据状态-动作表来记录 Q 值，在每个状态都会以一定的概率随机生成某动作，或者查找 Q 值最高的动作，进而转换到下一个状态。一旦训练结束后，Q 表就建立完成，最后依据 Q 表的数据生成最优资源分配策略。

随机分配算法：将用户的任务随机迁移到某个边缘服务器，同时在随机分配过程中，不考虑时延、用户收益等因素，边缘服务器随机分配计算资源数量给用户。

用户偏好优先算法：系统会计算任意用户和边缘服务器之间的执行时延和传输时延，根据总时延为每个用户建立对时延的偏好列表，每个用户根据系统总时延最小的偏好性选择服务器进行卸载和资源分配。

本章通过分析算法的收敛性和奖励变化来证明所提 UEOTOADRL 算法的有效性，如图 8.2 所示。

图 8.2（a）展示了损失值 loss 与迭代次数之间的变化关系，设计深度网络的损失函数为 $\text{loss} = 0.5 \times \sum_i (\text{tar}_i - \text{now}_i)^2$，表示估计结果和真实结果之间的误差。结果显示随着迭代次数的增加，模型在迭代次数为 4 时趋于收敛并将损失值收敛到 0.1 左右，表明算法设计十分合理，模型在迭代过程中得到了充分的训练。图 8.2（b）表示强化学习执行过程中的奖励值与迭代次数的关系。本章设计了时间衰减因子 $\varepsilon = 0.5$ 来平衡全局与局部收益，为了权衡收益，在每轮迭代后，随机选取 100 个状态输入网络，得到动作后计算奖励，取这 100 个奖励的平均值。随迭代次数增加，模型呈现出非线性特征，说明网络学习到了非线性关系，拟合效果更好，得到的卸载方案更优，获得网络的奖励越高。

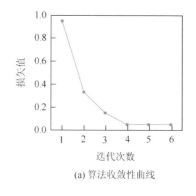
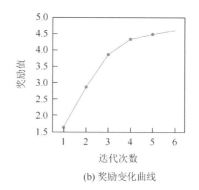

(a) 算法收敛性曲线　　　　　　　　　　(b) 奖励变化曲线

图 8.2　不同迭代次数下的损失值和奖励值变化曲线

图 8.3 展示了当服务器数量为 2 时，所有用户的体验度随用户个数的变化而变化的规律。从整体趋势看，当用户个数越来越多时，服务器的资源量有限，每个用户分配到的

资源就越少，导致用户的体验度持续降低，而在用户个数达到 30 左右，体验度下降缓慢，表明已经不能满足多数用户的需求，体验度逐渐收敛。由于本章采用的 UEOTOADRL 算法是以用户体验度最优为目标，所以该算法下用户的体验度明显地高于用户偏好策略和随机策略。UEOTOADRL 算法使用 Network 代替 Q-learning 的 Q 表，释放出更多的内存空间，加快了查找效率，所以该算法比 Q-learning 算法的训练效果更佳，用户体验度也更高。

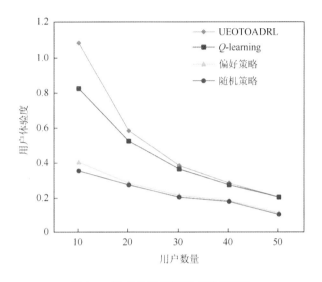

图 8.3   用户体验度随用户数量变化

图 8.4 展示了不同服务器数量对用户体验度的影响，仿真结果显示，当服务器数量不断增加时，这四种卸载算法的用户体验度在整体上都提高了。这是由于当系统中服务器

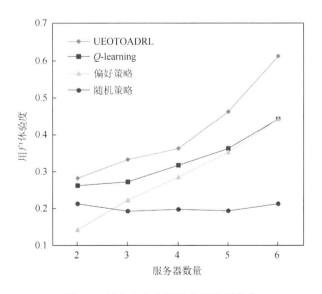

图 8.4   用户体验度随服务器数量变化

数量不断增加时，系统能够并行处理任务的数量也更多了，更多的用户能够获取到服务器的资源，用户获取的收益增加，在用户体验度的表达式中，代表用户收益的分子变大了，所以用户的体验度提高了。本章提出的 UEOTOADRL 算法能够使得用户体验度更高，当服务器数量少于 5 时，用户体验度提高缓慢，当服务器数量增多，特别是达到 5 时，UEOTOADRL 算法下的用户体验度提高明显。因为当系统中服务器数量较少时，UEOTOADRL 算法的分配结果与其他算法相差很小，当服务器数量较多时，UEOTOADRL 的动作空间变大，能够获取更多分配的可能性，得到最优解的概率也变大。当服务器数量为 2 时，用户偏好策略比随机策略的体验度低一些，因为此时可供分配的服务器数量太少，用户偏好策略算法可能会把所有任务卸载到同一个服务器，造成该服务器负载过重，不能满足大部分用户的需求，用户收益变少，导致用户体验度较低。

图 8.5 展示了服务器性能对用户体验度的影响，仿真过程中设置服务器数量为 5，服务器的频率分别为 1、2、3、4、5，用户数量为 10。从整体上看，当服务器频率增加时，这四种策略的用户体验度也呈线性增长的趋势。当服务器处理频率越大时，服务器处理任务的速度越快，计算时延越小，所以在体验度公式中代表时延的分子越小，代表用户体验度的整体结果越大，用户体验度不断地提升。可以看到，服务器处理频率增加对 UEOTOADRL 算法下的用户体验度的影响最大，曲线的斜率最大，因为该算法分配资源合理性更强，使得用户体验度最高。而当服务器频率增加时，随机策略算法下的曲线斜率最小，受到的影响最小，这是由于服务器频率增加只会缩短随机策略算法下的计算时间，对用户体验的影响很小。由于 Q-learning 只能通过查表，不能精确得到每一步的 Q 值，所以 Q-learning 算法下的用户体验度相较于 UEOTOADRL 算法下的要低。然而用户偏好策略算法只注重时延因素，所以该算法下的用户体验度只比随机策略算法下的用户体验度高一些。

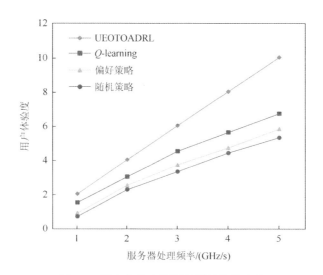

图 8.5　用户体验度随服务器性能的变化

图 8.6 显示了在不同用户个数的影响下，总时延的变化规律，本章中总时延由传输时延与执行时延组成，都是由资源分配的结果决定的。实验中的服务器个数为 5，且计算频

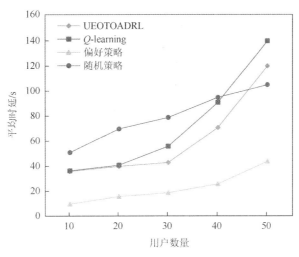

图 8.6　平均时延随用户数量变化

率都为 1GHz，用户个数分别为 10、20、30、40、50。从整体上看，当用户个数不断增加时，各种算法下产生的总时延也不断地增加，这是由于有限的服务器需要处理更多的任务，进而产生了更多的处理时延。由于用户偏好策略算法给用户分配时延小的服务器，所以该方法的时延最小。随机策略算法的时延不稳定，随用户个数增加而缓慢增加，是由于该算法的时延只是由服务器的执行时延决定的。UEOTOADRL 和 Q-learning 两种算法的时延变化趋势大致一样，当用户个数较少时，时延增加缓慢；当用户个数较多时，时延增加迅猛。其原因在于当用户个数较多时，用户收益是决定用户的体验度高低的主要因素，用户收益对用户的体验度贡献更大，所以这两种算法在用户收益这部分消耗了大量时延，进而去满足用户对收益的需求，造成时延的快速增长。由此可知，时延敏感型任务更适用于用户偏好策略算法。

　　图 8.7 展示了在不同用户个数下，各算法的用户收益变化趋势。从整体上看，用户个数越多，每种算法下的用户总收益也越多，其中 UEOTOADRL 和 Q-learning 两种算法的用户

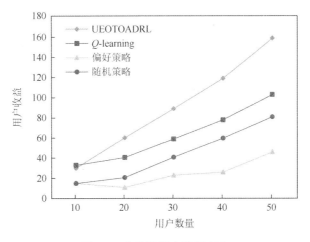

图 8.7　收益随用户数量变化

总收益增加迅猛，而随机策略算法增速次之，用户偏好策略算法增速最低。用户偏好策略算法主要关注时延的减少，其与用户收益关联性较小，以致增速最慢。Q-learning 算法通过 Table 表保存 Q 值，在本节实验中进行分段设置向上取整来应对其状态的无限性，所以当用户个数增加时，其用户收益也不断呈线性增加的趋势。当用户个数增加时，UEOTOADRL 算法的用户收益也呈线性增加的趋势，这与其对时延和收益的共同优化宗旨几乎一致。

8.4 本 章 小 结

在本章配置有多个终端设备的复杂系统中，考虑到系统中用户自身拥有的资源匮乏，服务器容纳的资源与能够提供的存储空间均有限，以及部署区块链程序的用户产生的 PoW 共识任务需要耗费海量的计算资源和占据巨大的存储空间这些情况，同时还存在系统中设备之间的交易信息易受到恶意篡改、计算节点的隐私数据容易被泄露等问题。为了应对以上问题，本章设计了一种基于 DRL 的用户体验度最优任务卸载模型，并以系统中所有用户体验度的平均值最大作为求解目标。本章首先构建了系统模型并对模型的组成结构、任务的定义与类型进行了详细具体的阐述。其次，基于系统模型，建立了区块链用户产生的 PoW 共识任务被提交至服务器执行时系统所耗费的总时间的表达式，其中系统总时延主要被花费在任务的计算与传输两方面。然后，依据用户执行 PoW 共识任务所赚取到的收益设计一种用户体验度最优模型，得到问题的优化目标和约束条件。最后，本章提出一种 DRL 的用户体验度最优算法来求解目标问题，得到最优的卸载策略。最后进行仿真对比，测试本章设计的卸载模型和所提算法的优越性与高效性。

参 考 文 献

[1] Wang K，Wang X，Liu X，et al. Task offloading strategy based on reinforcement learning computing in edge computing architecture of internet of vehicles[J]. IEEE Access，2020，8：173779-173789.

[2] Zhou X，Huang L，Ye T，et al. Computation bits maximization in UAV-assisted MEC networks with fairness constraint[J]. IEEE Internet of Things Journal，2022，9（21）：20997-21009.

[3] Zhang H，Yang Y，Huang X，et al. Ultra-low latency multi-task offloading in mobile edge computing[J]. IEEE Access，2021，9：32569-32581.

[4] Zhang K，Mao Y，Leng S，et al. Energy-efficient offloading for mobile edge computing in 5G heterogeneous networks[J]. IEEE Access，2016，4：5896-5907.

第9章 边缘智慧网络任务迁移资源调度

9.1 基于用户请求内容预测的内容放置方法

在任务迁移问题中，将云中心的内容放置在边缘基站处，用来缩短任务请求的时延，但是由于基站的单个缓存空间有限，无法将所有设备所需的全部内容缓存至基站。所以基站通常会根据用户的历史数据来预测下一时刻流行度较高的内容并且对其进行提前缓存。现有的研究一般都认为流行内容遵从 Zipf 分布，研究者会根据整体的内容流行度考虑缓存的放置，并不会根据用户之间的差异性来调整基站之间的流行内容，所以可能在基站缓存当前区域内用户不感兴趣的内容[1-8]。或者在多基站环境下考虑集中式的缓存，没有充分地利用多基站的协作缓存能力，导致基站的利用率没有达到最高。

基于前人所做工作，本章在场景上使用多基站协作缓存的方法来进行缓存的放置。本章在预测用户请求内容时使用历史访问数据来对内容的流行度进行预测，在内容预测之后，将会利用基站之间的预测差别构建相似度公式，利用公式及贪心算法来进行缓存的放置，使基站放置的缓存达到利用率最大的状态，最后在基站缓存空间不够时，将会对缓存进行更新。

本章首先介绍系统场景及模型，说明用户获取内容的过程及从不同基站获取内容的时延，之后将介绍利用注意力机制及图神经网络的内容预测模型，以及利用预测差别来计算相似度的公式和缓存放置的策略，在缓存空间不足时将根据内容请求的频率及内容预测的概率来进行缓存的替换。本章使用基于用户偏好内容的缓存放置策略，以达到请求平均时延最小化的目的。

9.2 系 统 场 景

本章研究的场景为在多基站协作场景下的内容缓存放置。在该场景中基站集合用 $\text{BS} = \{\text{BS}_1, \text{BS}_2, \cdots, \text{BS}_n, \cdots, \text{BS}_N\}$ 来表示，其中，n 表示基站的序号，在该场景下共有 N 个基站。移动端用户总数为 U，使用集合 $U = \{U_1, U_2, \cdots, U_U\}$ 表示，其中，每个设备都有自己的请求内容 $X = \{X_{u,1}, X_{u,2}, \cdots, X_{u,m}, \cdots, X_{u,M}\}$，$u$ 表示对应的某个用户，M 为该时间段内该用户的请求总数。在该场景中请求任务会与单个边缘基站服务器形成映射关系，表示该任务在某基站的覆盖范围内，即 $\{X_{u,i} \in \text{BS}_j \mid i \in (1, 2, \cdots, M), u \in (1, 2, \cdots, U), j \in (0, 1, \cdots, N)\}$，当 j 为 0 时，表示该用户已经不在边缘网络之中。在该场景中，假设基站的缓存空间都相同，用 S 来表示基站的缓存空间，用 F 来表示所有请求的内容大小，有 $S \ll F$。本章假设每个请求的内容都是大小相同的，并且当用户在两个基站覆盖范围内时，只会关联与自己距离较近的其中一个基站。系统场景图如图 9.1 所示。

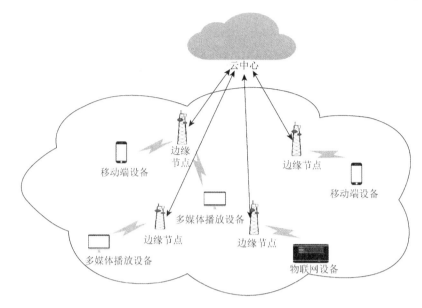

图 9.1　系统场景图

9.2.1　用户请求内容过程

　　用户可以从关联基站、协作基站及远端服务器三个地方获得内容资源，首先用户发起请求，在请求通过链路传到关联基站之后，当前基站会检查自身的缓存列表是否存在所需内容，若存在，则直接返回，在这种方式下可以获得最快的响应速度和最小的传输时延。若不存在，则检查协作基站是否存在符合的缓存内容，若已缓存，则通过协作基站来将内容传输给用户，若无可用的本地内容，则关联基站会先从远端服务器获得下载内容，随后转发给用户。

9.2.2　时延模型

　　根据请求内容的位置差异，系统产生的时延主要由两部分传播时延组成，分别是用户到关联基站或者协作基站之间的传播时延及用户请求在边缘网络未缓存情况下需要与远端服务器交互的传播时延，假设缓存区域中的基站服务器性能与缓存空间相同，边缘网络中请求文件内容的总数为 L，文件 j 的大小是 len_j，服务器个数为 N，每个基站服务器的缓存空间为 S，网络中总用户个数为 U，假设基站服务器和用户之间的通信带宽为 B，基站服务器与用户之间的传输功率为 P_c，传输路径损耗指数为 σ，高斯白噪声功率为 σ^2，$u \in U$ 表示整体网络中所有用户的集合，n 为 u 的关联基站，基站服务器与用户之间的无线传输速率为

$$R_{u,n} = B\log_2\left(1 + \frac{P_c}{\sigma^2}\right) \tag{9.1}$$

定义一个二进制变量 $Y_{j,i} \in \{0,1\}$ 来表示用户请求的文件 j 是否被第 i 个基站服务器缓存，$Y_{j,i} = 0$ 表示文件 j 没有保存在第 i 个基站服务器中，$Y_{j,i} = 1$ 表示文件保存在第 i 个基站服务器中，可以得到一个全局的缓存矩阵，如式（9.2）所示。

$$Y = \begin{bmatrix} Y_{1,1} & \cdots & Y_{1,N} \\ \vdots & \ddots & \vdots \\ Y_{L,1} & \cdots & Y_{L,N} \end{bmatrix} \tag{9.2}$$

如式（9.3）所示基站的缓存空间是有限的，缓存的文件大小不能超过缓存空间 S 。

$$\sum_{j=1}^{L} \mathrm{len}_j \leqslant S \tag{9.3}$$

当请求内容缓存至关联基站或者协作基站中时，假设基站到用户的距离为 D，用户的请求时延如式（9.4）所示，其中 T_r 为关联基站与协作基站的传输时延，当请求内容在关联基站时，T_r 为 0 值。

$$W_{u,n} = \frac{D}{R_{u,n}} + T_r \tag{9.4}$$

如果没有缓存至基站服务器，那么传输至远端服务器请求时延为 $W_{\mathrm{server}} = t_{\mathrm{server}}$，综合两者情况，用户 u 在请求内容 X 的过程中，其总时延可以通过缓存矩阵来预测。根据缓存矩阵，可以判断下一时刻边缘网络是否缓存了用户 u 所需要的内容 $X_{u,m}$，用 $k_{u,m,n}$ 来表示，因为可能有多个基站缓存所需的内容，n 表示基站，$k_{u,m,n} \in \{0,1\}$，若 n 为 0，则表示没有相关基站缓存内容，即 $k_{u,m,n} = 0$，反之，若 n 不为 0，表示基站 n 缓存了用户请求的内容，即 $k_{u,m,n} = 1$，下一时刻用户 u 获取内容 $X_{u,m}$ 的时延如式（9.5）所示，其中，$\varphi_{u,m}$ 为用户请求内容的概率，$\varphi_{u,m}$ 取值为[0, 1]。

$$W_{u,m} = \varphi_{u,m}(k_{u,m,n} \cdot W_{u,n} + (1 - k_{u,m,n}) \cdot W_{\mathrm{server}}) \tag{9.5}$$

可得所有用户获取所有内容的总时延为 $\sum_{u \in U} \sum_{m \in M} W_{u,m}$，此时将缓存内容放置问题转化为对区域缓存总时延最小的优化问题，如式（9.6）所示，即

$$\mathrm{MIN} = \min \sum_{u \in U} \sum_{m \in M} W_{u,m} \tag{9.6}$$

$$\mathrm{s.t.} \sum_{j=1}^{L} \mathrm{len}_j \leqslant S \tag{9.7}$$

$$k_{u,m,n} = \begin{cases} 1, & n \neq 0, \forall u \in U, \forall m \in M, \forall n \in N \\ 0, & \text{其他} \end{cases} \tag{9.8}$$

$$\sum_{n \in N} S_n \leqslant S_{\mathrm{all}} \tag{9.9}$$

约束条件（9.7）表示缓存的内容不能超过缓存空间的大小，约束条件（9.8）表示 $k_{u,m,n}$ 的取值约束，约束条件（9.9）表示整体缓存内容不能超过边缘网络整体内存空间。

9.3　基于注意力机制及图神经网络的内容流行度预测方法

在现有的缓存内容预测研究中，考虑到用户对于内容请求随着时间序列变化的连续性可以利用 RNN 及其变种网络来进行流行度的预测，大部分研究者利用 DNN 来对内容的流行度进行预测，但是 RNN 只能在排列规整的数据中使用，并且排列规整的数据并不能很好地反映用户请求序列之间复杂请求类型的转换，不足以获得用户在请求序列之中

准确的偏好。将请求序列转化成关系图数据可以更灵活地体现内容之间的关系，图中环的结构可以用来捕获隐含在顺序行为中的复杂用户偏好关系，本节使用图神经网络来对图数据进行处理。另外，因为用户请求的内容的种类不唯一，各种内容对于下一阶段内容预测的影响是不同的，所以本节使用注意力机制，将用户对内容的整体的偏好与现在局部的偏好相结合。本模型从单个用户的角度出发来预测下一时刻用户的流行度内容，在基站层面对基站内所有用户的预测内容进行聚合来表征整个基站的内容流行度，在整体边缘网络中用所有的用户预测内容来表征整个网络的内容流行度。图神经网络模型图如图 9.2 所示。

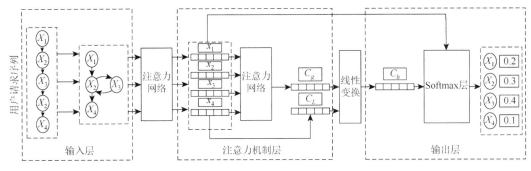

图 9.2　图神经网络模型图

根据模型图可以将整个网络划分为以下几部分。

9.3.1　请求序列信息图化

每个用户在时间序列上的请求内容都可以转换成有向图，对于用户 u，请求内容为 $X = \{X_{u,1}, X_{u,2}, \cdots, X_{u,m}, \cdots, X_{u,M}\}$，按时间序列排序，将请求内容构建成图的节点，依次单击的内容之间有一条有向边连接。对于每一个用户 u，有向图为 $G_u = (X_u, E_u)$，其中，X_u 是点的集合，E_u 是边的集合，每一条边用 $(X_{u,i-1}, X_{u,i})$ 表示，图 9.3 为序列信息图化的示例。

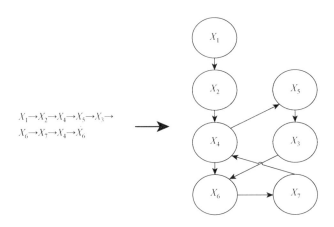

图 9.3　序列信息图化的示例

9.3.2　图的神经网络构建

在构建完会话图之后，使用 GNN 学习图中所有节点的表示，首先图中各个节点的更新公式如下：

$$a_{u,i}^t = A_s^{\mathrm{T}}[X_1^{t-1}, X_2^{t-1}, \cdots, X_m^{t-1}]^{\mathrm{T}} + b \tag{9.10}$$

$$Z_{u,i}^t = \sigma(W_z a_{u,i}^t + U_z X_{u,i}^{t-1}) \tag{9.11}$$

$$r_{u,i}^t = \sigma(W_r a_{u,i}^t + U_r X_{u,i}^{t-1}) \tag{9.12}$$

$$\tilde{X}_{u,i}^t = \tanh(W_o a_{u,i}^t + U_o(r_{u,i}^t * X_{u,i}^{t-1})) \tag{9.13}$$

$$X_{u,i}^t = (1 - Z_{u,i}^t) \cdot X_{u,i}^{t-1} + Z_{u,i}^t * \tilde{X}_{u,i}^t \tag{9.14}$$

式中，σ 为学习速率。式（9.10）中 A_s 表示图的邻接关系矩阵，A_s 由出边矩阵和入边矩阵串联构成，在图神经网络的原始模型中，权重是通过边的出现频率除以相关节点的出度或入度来确定的，如图 9.4 所示。

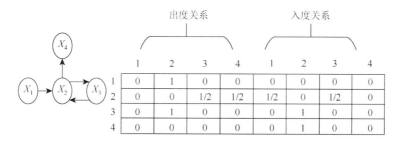

图 9.4　原图神经网络出度入度矩阵

本节对该矩阵进行改进，为了利用每个内容的信息，本节在原矩阵基础之上增加了一次物品的自循环，并且将边分解为普通边及最终边，最终边指的是倒数第二个物品到最后一个物品之间的边，普通边为除去该边的边，本节为最终边添加一个 E_L 的权重，该权重表示最终边的重要程度，当 $E_L = 2$ 时表示最终边的重要性相当于两条普通边，$E_L = 2$ 时改进邻接矩阵图如图 9.5 所示。$\alpha_{u,i}^t$ 是对关系图中节点及节点相关信息的存储，关系图中节点的信息传递是由该节点及相邻节点通过边的关系互相产生影响的结果，内容向量 $X_{u,i} \in \mathbb{R}^d$，表示将每个内容都嵌入同一个维度大小的向量空间中，空间维度为 d。$X_1^{t-1}, X_2^{t-1}, \cdots, X_M^{t-1}$ 为 $t-1$ 时间中内容向量，将用于预测 t 时刻的流行内容，b 为偏置项。

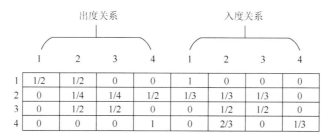

图 9.5　$E_L = 2$ 时改进邻接矩阵图

式（9.11）中 $Z_{u,i}^t$ 作为门控神经网络细胞中的重置门，使用 Sigmod 函数，作用是忽略上一个状态内容节点中的隐藏状态信息，输入为当前细胞存储的信息及上一个节点的信息，输出量为[0, 1]之间的一个数，其中，W_z 和 U_z 都是通过学习得到的权重。

式（9.12）中 $r_{u,i}^t$ 作为细胞状态的更新门，用于控制从上一个时间步的内容信息中生成新的信息。这里使用 Sigmoid 函数作为激活函数，将当前细胞的状态及上一个节点的信息作为输入，输出一个[0, 1]的数，其中，W_r 和 U_r 为学习得到的权重。

式（9.13）中 $\tilde{X}_{u,i}^t$ 是当前细胞单元构造得到的候选状态，使用 tanh 函数作为激活函数，输入为当前物品节点的存储信息和上一个物品节点的隐藏状态信息 $X_{u,i}^{t-1}$ 的元素乘积，W_o 和 U_o 都是学习得到的权重，使用更新门及上一个时间状态的节点隐藏信息，让该公式实现了细胞单元的记忆功能，使得信息得以传播。

式（9.14）中 $X_{u,i}^t$ 是最终的当前物品节点的隐藏状态信息，使用候选状态及上一个内容节点隐藏信息，通过重置门控制得到，该信息状态可以直接输入下一个物品节点中，进一步完成信息的传递。

每一个内容节点的信息更新，都受到内容节点信息输入的影响，每个内容节点的信息都与其他节点相关联。门控神经网络中的重置门与更新门帮助过滤和生成新的信息。通过对当前信息和前置信息的处理，得到了当前细胞状态的候选状态，最终通过前一个节点的隐藏状态及当前候选状态的融合，得到本时刻的物品节点隐藏状态，在更新内容的所有节点达到信息收敛之后，可以获得最终的节点向量。

9.3.3　注意力机制

每一个输入序列都是通过时间顺序的内容访问序列构成的，一个输入序列的向量化表示也是由序列中的各个内容嵌入向量化表示所构成的，为了更好地预测用户的下一次请求内容，本节制定了一个策略，通过分析请求序列来获取用户的长期偏好和当前偏好，通过长期偏好和当前偏好得到的复合偏好来表示用户真实的内容偏好。在所有的用户关系图输入图神经网络之后，可以获得所有节点的向量化表示，首先考虑当前偏好，对于输出 $X = \{X_{u,1}, X_{u,2}, \cdots, X_{u,m}, \cdots, X_{u,M}\}$ 来说，可以将短期偏好简单地定义为最后一个请求即 $C_L = X_{u,M}$，之后考虑聚合所有节点的全局偏好，因为考虑到不同的内容可能具有不同的优先级，使用注意力机制来聚合时间序列上的所有请求内容，使之更好地表示整个请求序列的行为，整体偏好如式（9.15）所示，给每个内容分配一个权重并用 α_i 来表示，代表每个节点对整个序列的重要程度，$X_{u,i}$ 表示需要遍历的节点，W 和 q 都是网络自动学习的参数，式（9.16）中 C_g 表示每一个节点的加权和即为全局偏好。

$$\alpha_i = q^t \sigma(W_1 X_{u,M} + W_2 X_{u,i} + b) \qquad (9.15)$$

$$C_g = \sum_{i=1}^{m} \alpha_i X_{u,i} \qquad (9.16)$$

最后将两个偏好向量进行拼接，再经过一个线性变换即可得到最终的序列表示 C_h：

$$C_h = W_3[C_L; C_g] \tag{9.17}$$

式中，W_3 是通过学习得到的权重，负责将当前偏好和长期偏好结合之后压缩到空间维度为 d 的隐藏空间之中。

9.3.4　预测结果

通过图神经网络和注意力机制，已经可以表示出用户的最终偏好 C_h 及全局内容节点 $X_{u,i}$，模型将根据每个内容的初始向量嵌入表示 $X_{u,i}$ 和最终偏好 C_h，使用点积相乘，得到每个内容的预测得分 Z_i：

$$Z_i = C_h X_{u,i} \tag{9.18}$$

模型使用 Softmax 函数得到输出向量模型公式：

$$\tilde{y} = \text{Softmax}(Z) \tag{9.19}$$

式中，$Z \in \mathbb{R}^m$，表示模型对所有内容的预测得分；$\tilde{y} \in \mathbb{R}^m$ 表示预测内容的概率，也就是用户层面的 $\varphi_{n,m}$。

对于每个关系图，损失函数采用了交叉熵损失函数用于计算预测和真实标签之间的交叉熵，公式如下：

$$\text{loss}(\tilde{y}) = -\sum_{i=1}^{m} y_i \log_2(\tilde{y}_l) + (1-y_i)\log_2(1-\tilde{y}) \tag{9.20}$$

9.4　基于贪心算法的内容放置

定义 9.1　每个基站的内容预测结果为该基站下所有用户预测结果的聚合值。

定义 9.2　边缘整体网络的预测结果为该网络内所有用户的预测结果的聚合值。

定义 9.3　系统的收益为在缓存放置后对于整体平均时延的影响情况。

定义 9.4　基站 n 相似度表示基站 n 的预测情况与边缘整体网络预测情况的相似程度。

由前面用户获取内容过程可知某用户的内容请求首先被发送到关联基站，如果关联基站不存在该请求内容，那么通过该基站向协作基站或者远端服务器发出请求，因此，可以通过关联基站的用户请求内容偏好来预测下一时间段的请求内容。本节通过改进内容放置的策略，在基站有可用缓存空间时放置对整体边缘网络效用提升最大的内容，降低整体用户的内容获取时延。聚合该基站之下所有用户预测内容情况可以得到以基站为单位的预测内容，同理在整个边缘网络处也可以聚合所有用户来得到整个边缘网络的内容预测情况，本节以分基站来代替单个边缘基站，以总基站来代替边缘网络整体基站。

通过总基站内容预测概率可以得到不同的内容对于总体收益的影响，即请求概率较高的内容对于整体边缘基站收益影响是比较大的，分基站的预测内容结果可以表示为当前基站收益较高的情况，本节提出相似度的概念，该相似度公式可以综合考虑节点请求的数量及节点对于内容的请求概率。节点的相似度公式如下：

$$\text{Similar}_i = \frac{\sum\limits_{l=0}^{L} \text{num}_{i,l} \text{num}_{\text{all},l}}{\sqrt{\sum\limits_{l=0}^{L} (\text{num}_{i,l})^2} \sqrt{\sum\limits_{l=0}^{L} (\text{num}_{\text{all},l})^2}} \tag{9.21}$$

式中，Similar_i 表示基站 i 与边缘总体缓存内容的相似度，网络中的整体请求内容 l 的数量如式（9.22）所示。

$$\text{num}_{\text{all},l} = \sum_{u=0}^{U} \text{num}_u * \varphi_{u,l}, \ l \in L \tag{9.22}$$

式中，num_u 表示用户当前时间段的请求次数；$\varphi_{u,l}$ 表示用户下一时间段请求内容 l 的概率，用户为边缘网络中的整体用户。

单个基站 BS_i 所接收的请求内容 l 的数量如下：

$$\text{num}_{i,l} = \sum_{u=0}^{U} \text{num}_u * \varphi_{u,l}, l \in L, U \in \text{BS}_i \text{ 中的用户} \tag{9.23}$$

式中，num_u 表示用户当前时间段的请求次数；$\varphi_{u,l}$ 表示用户下一时间段的内容请求 l 的概率，用户为基站 i 中的用户。

在当前场景中，有 n 个基站，每个基站的缓存空间 S 可以缓存 M 个内容，该网络内容总共有 L 个文件。假设 n 为 2，这 2 个基站为 BS_1、BS_2，文件个数 L 为 5，分别为 a、b、c、d、e，每个基站缓存空间 S 只能存储 2 个文件，在下一时刻的预测当中 BS_1 对五个文件的预测概率为 $\{0.6, 0.4, 0, 0, 0\}$，在该基站中预存放 a、b 文件，BS_2 对五个文件的预测概率为 $\{0, 0, 0.5, 0.5, 0\}$，在该基站中存放 c、d 文件，边缘整体的预测情况为 $\{0.4, 0.3, 0.1, 0.1, 0.1\}$，假设两个基站在该时间段的请求数量都为 30，基站 BS_1 下一时间段的请求次数分别为 $\{10, 10, 5, 0, 5\}$，BS_2 的请求次数为 $\{0, 5, 5, 10, 10\}$，设备到关联基站 BS_1 的时延为 0.2s，设备到关联基站 BS_2 的时延为 0.3s，设备到远端服务器的时延为 1s，可以计算得到两个基站的相似度分别为 0.73、0.21，边缘网络的平均时延为 0.42s，根据该更新策略对基站放置的缓存进行更新，尝试更新相似度低的内容，最后迭代可得用户最终平均时延为 0.35s。该更新策略可以在缓存进行预放置之后通过考虑网络整体的缓存情况及单个基站的缓存情况来进行更新从而进一步减小时延。

在系统初始化时，先按照各自分基站的预测情况来预放置缓存，之后再从相似度较小的节点尝试更新缓存，更新方案如下所示，在分基站内，选取总基站中排名靠前的内容，尝试用这些内容替换总基站中排序靠后的内容。之后重新计算内容相似度及总体平均时延，如果平均时延缩小，那么继续尝试对该节点进行放置更新，如果平均时延不缩小，那么更换节点尝试更新。

9.5　缓存内容的替换

因为缓存无法持续不断地添加用户所请求的内容，所以在缓存空间不够时需要对缓存内容进行适当的更新，为了使缓存空间的利用效率保持较高的状态，本章采用一种综合历史访问频率及下一时刻请求概率因素的最低价值置换方法，考虑历史数据中不同内容的请

求频率 fre_m，并且使用 9.2 节的用户请求内容的概率 $\varphi_{n,m}$，综合这两个条件得出缓存效用 $\text{CR}_{n,m}$，通过 $\text{CR}_{n,m}$ 的排序来决定被替换的缓存，γ 为一个权衡频率与概率的值，公式如下：

$$\text{CR}_{n,m} = \gamma * \varphi_{n,m} + (1-\gamma) * \text{fre}_m \tag{9.24}$$

当用户的请求内容并没有缓存在关联基站时，首先会从协作基站中观察是否有请求内容，如果有，那么不需要在关联基站进行缓存，如果没有，那么判断关联基站的所有内容的缓存效用，比较最低值与新内容的缓存效用，如果缓存效用大于最低值，那么进行替换，具体步骤如下。

步骤 1：判断内容 j 是否在关联基站或者协作基站进行缓存，若在，则不重复缓存，若不在，则进行步骤 2。

步骤 2：判断关联基站是否有足够的空间来缓存该内容 j，若有，则直接缓存，若没有，则进行步骤 3。

步骤 3：根据式（9.24）计算每个缓存内容的效用值，将最低效用值（内容 n 的效用值）与内容 j 的效用值进行比较，若 $\text{CR}_{j,m} > \text{CR}_{n,m}$，则删除内容 n，进入步骤 4，若 $\text{CR}_{j,m} < \text{CR}_{n,m}$，则不进行缓存替换。

步骤 4：尝试放入内容 j，若可以放入，则缓存内容 j，否则，返回步骤 2。

9.6 基于用户请求内容预测的内容放置方法的仿真实验与结果分析

9.6.1 内容预测结果分析

内容预测模型的数据来自 Grouplens 的 MovieLens 数据集，该数据集包括超过 16 万的用户行为日志。

在数据预处理时，将过滤掉所有用户行为长度为 1 或者用户出现次数小于 5 次的用户，剩余的用户请求序列构成本数据集，对于某一个用户 u 的请求序列 $X = \{X_{u,1}, X_{u,2}, \cdots, X_{u,m}, \cdots, X_{u,M}\}$，将其转换成一系列的序列和标签 $([X_{u,1}], X_{u,2}), ([X_{u,1}, X_{u,2}], X_{u,3}), \cdots, ([X_{u,1}, X_{u,2}, \cdots, X_{u,M-1}], X_{u,M})$，在序列中 $[X_{u,1}, X_{u,2}, \cdots, X_{u,M-1}]$ 是生成的序列，$X_{u,M}$ 是下一次单击的内容。本章的实验设置采用最后七天的用户数据作为验证集，将剩余的作为训练集。因为全量的训练集过大（2400W），本章仅使用其后面 1/4 的样本作为训练集。

本章算法利用图神经及注意力机制来对内容进行预测，为了展示算法的优越性，将其与另外两个算法进行了对比，分别是 GRU 和 SASRec[9]。GRU 适合对于时间序列数据进行建模，该模型记忆的过去信息传递到当前任务上来帮助系统预测下一时刻的内容。SASRec 使用自注意力机制来对其进行建模，从用户历史行为中寻找相关的内容来预测下一个内容。

为了评估方法的性能，本章选择了两种评价指标：Recall@30 和 MRR@30，下面将分别进行介绍。

Recall@K 衡量的是测试集中的 top-K 的预测列表中内容的比例：

$$\text{Recall}@K = \frac{1}{|U|}\sum_{u\in U}\frac{|\text{hit}_u|}{|\text{Test}_u|} \tag{9.25}$$

式中，hit_u 表示用户 u 的 top-K 推荐列表中的相关内容集合；Test_u 表示用户 u 的测试集。

$\text{MRR}@K$ 是未来每个时间戳上所有预测行为中真实标签排名倒数的平均值：

$$\text{MRR}@K = \frac{1}{|U|}\sum_{u\in U}\frac{1}{\text{rank}_u} \tag{9.26}$$

式中，rank_u 表示用户 u 的推荐列表中真实标签的位置，预测概率按照从大到小来进行排序。$\text{MRR}@K$ 是一个基于排序的指标，非常适合评估下一个预测内容的准确性，因为该指标考虑到所有的候选内容，本书在验证过程中使用该指标作为标准。

评价指标表与算法指标对比图分别如表 9.1 和图 9.6 所示。

表 9.1　评价指标表

评价指标	GNN	GRU	SASRec
Recall@30	0.1767	0.0445	0.1063
MRR@30	0.0445	0.0067	0.0161

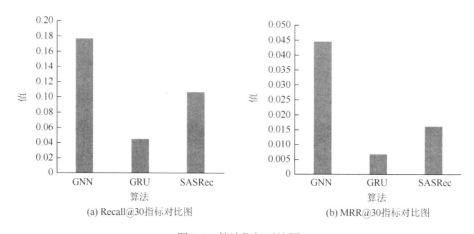

(a) Recall@30指标对比图　　　　　　(b) MRR@30指标对比图

图 9.6　算法指标对比图

由图 9.6 可以看到，本章的 GNN 在两个指标的性能上都优于另外两个对比算法，GRU 效果最差，说明在预测内容时单纯使用时间序列建模并不能很好地挖掘出用户对于内容的需求，SARSec 使用注意力机制对用户偏好进行预测，效果比 GRU 优秀，GNN 结合这两者的特性，实验结果表明 GNN 是对比算法中最优的。

9.6.2　缓存放置仿真及结果分析

在该仿真环境中，本节设定 10 个基站服务器，基站服务器之间使用链路相连，主要仿真参数如表 9.2 所示。

表 9.2　主要仿真参数

参数	数值
文件大小 len/m	20
带宽 B/MHz	1
噪声功率 σ^2 /dBm	−77
移动设备发送功率 P_c /mW	100～200
基站缓存容量 S/MB	100
远端回程链路时延 t_{server} /s	1～3
文件内容总数 L	80
基站个数 N	10

为了说明本章所提算法（内容流行度＋相似度放置缓存）的优势，将本章算法与无缓存、内容流行度＋无协作缓存、内容历史频率缓存进行对比。对比算法介绍如表 9.3 所示。

表 9.3　对比算法介绍

算法名称	算法描述
无缓存	不提供基站进行缓存，用户每次缓存都去远端服务器请求内容
内容流行度＋无协作缓存	基站根据自己预测的内容流行度进行降序排列，将排序靠前的存入缓存空间中
内容历史频率缓存	根据用户历史频率排序，将出现频率最高的内容缓存
内容流行度＋相似度放置缓存	首先预测整体及基站的内容流行度，引入相似度概念，基站进行初始化放置之后根据相似度进行调整，最终完成协作缓存

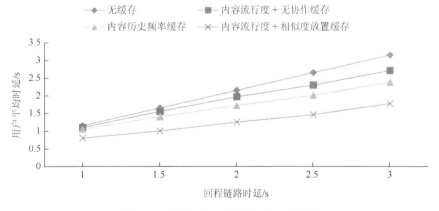

图 9.7　各算法的平均用户时延对比图

由图 9.7 可知，随着回程链路时延的增加，四种算法的平均时延都是在增大的，因为缓存空间中不能缓存所有内容，所以随着回程链路时延的增大，用户的整体时延也会增大，但是本章所提算法（内容流行度＋相似度放置缓存）的平均时延一直是所有算法中最小的，当回程链路时延为 2s 时，本章所提算法（内容流行度＋相似度放置缓存）的时延相对其他三种算法分别提升了 41%、33.2%、27.3%。本章使用的多基站协作缓存使得用户可以从关联基站及协作基站获取内容，在多基站内容共享的情况下，用户在边缘基站缓存中获得内容的概率将会提升，并且也有效地提升了缓存的利用率。相比而言，仅凭历史请求频率不能完全反馈内容的流行度变化，而仅使用流行度的算法没有充分地利用多基站的缓存空间。

由图9.8可知，当用户回程链路时延确定时，用户平均时延随着缓存空间的增大而减小，因为缓存空间的增大让基站服务器可以缓存更多内容，降低用户从远端服务器获取内容的概率，同时当缓存空间达到160MB时，用户平均时延会趋近相同，因为在该场景中，利用多基站协作缓存的策略，当缓存空间达到160MB时即可将全部内容缓存至边缘网络中，所以时延会趋近平稳。

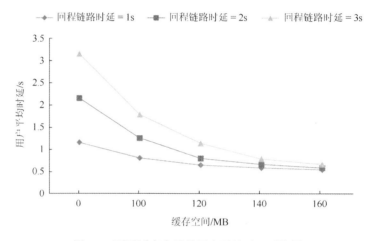

图9.8　不同缓存容量的用户平均时延对比图

图9.9为引入缓存替换前后用户平均时延对比图，其中，γ为0.5，表示内容请求的概率占据的比重，从图中可以发现引入缓存替换后，用户平均时延相比未引入来说是减小的，当回程链路时延较小时，缓存替换并不会对用户平均时延产生很大的改善效果，随着回程链路时延的增大及缓存的替换，用户平均时延的改善幅度最高可以达

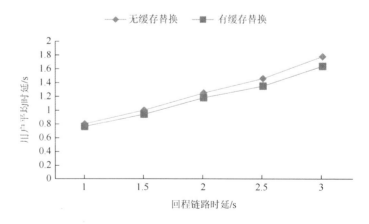

图9.9　引入缓存替换前后用户平均时延对比图

到 8%。这是因为考虑到缓存的时效性，缓存更换策略可以保证缓存中存放的总是近期请求频率较高的内容。

9.7　本　章　小　结

在基于缓存放置的研究中，将热点的内容放在合适的位置一直是研究者热衷的研究课题。针对该问题，本章将用户请求的历史内容及贪心放置策略作为解决方案。一方面，使用用户的历史请求内容来对用户预测内容进行建模，利用图神经网络及注意力机制来预测用户的下一时刻请求内容。另一方面，利用预测请求结果，以基站和边缘网络整体为单位进行预测内容的排序，提出相似度的公式来对缓存的放置进行迭代更新，使其达到最优的放置效果，同时通过实验证明了本章提出算法的有效性。

参　考　文　献

[1]　Ye Y，Xiao M，Zhang Z Q，et al. Performance analysis of mobility prediction based proactive wireless caching[C]//2018 IEEE Wireless Communications and Networking Conference，Barcelona，2018：1-6.

[2]　Zhang S，He P，Suto K，et al. Cooperative edge caching in user-centric clustered mobile networks[J]. IEEE Transactions on Mobile Computing，2017，17（8）：1791-1805.

[3]　Ahn J，Jeon S H，Park H S. A novel proactive caching strategy with community-aware learning in comp-enabled small-cell networks[J]. IEEE Communications Letters，2018，22（9）：1918-1921.

[4]　Tang S Y，Alnoman A，Anpalagan A，et al. A user-centric cooperative edge caching scheme for minimizing delay in 5G content delivery networks[J]. Transactions on Emerging Telecommunications Technologies，2018，29（8）：e3461.

[5]　Zehtabian S，Razghandi M，Bölöni L，et al. Predictive caching for ar/vr experiences in a household scenario[C]//2020 International Conference on Computing，Networking and Communications，Hawaii，2020：591-595.

[6]　Jiang Y X，Ma M L，Bennis M，et al. User preference learning-based edge caching for fog radio access network[J]. IEEE Transactions on Communications，2018，67（2）：1268-1283.

[7]　Qiao G H，Leng S P，Maharjan S，et al. Deep reinforcement learning for cooperative content caching in vehicular edge computing and networks[J]. IEEE Internet of Things Journal，2019，7（1）：247-257.

[8]　Wang Y，Cao S，Ren H S，et al. Towards cost-effective service migration in mobile edge：A Q-learning approach[J]. Journal of Parallel and Distributed Computing，2020，146（1）：175-188.

[9]　Kang W C，McAuley J. Self-attentive sequential recommendation[C]//2018 IEEE International Conference on Data Mining，Singapore，2018：197-206.

第10章 多模态智慧网络数据流资源调度

10.1 SDN 服务流分类与识别框架

在 SDN 中,业务传输的流量是以数据流形式进行传输的,如何系统化地对数据流制定满足其业务服务质量的调度策略,是本章研究的重点。本章在流量分类中的研究将采用机器学习的方法,因此,在进行分类模型训练和分类预测之前还需要通过特定方法采集到数据流的相关特征信息,然后才能通过机器学习的方式对网络流量进行进一步的分类研究。根据上述研究思路,首先设计一个服务流的分类与识别框架,该框架对数据流的特征信息采集与统计工作进行设计考虑,将机器学习中 DNN 的模型运用在该框架中并用于对统计出的数据流信息进行分类训练和预测,从而达到识别数据流所属服务流类别的目的。

10.1.1 SDN 服务流分类与识别框架结构

在设计 SDN 服务流分类与识别框架之初,由于机器学习是核心技术,因此,需要围绕机器学习来进行考虑。机器学习正是通过学习它们之间的差异来不断模拟出一个能够刻画网络流量类别的分类模型,最终通过训练出的分类模型来完成对新数据流的分类预测,从而识别出其所属的服务流类别 QoS 服务流。因此,如何有效地采集和统计数据流特征信息是一个关键,可以通过扩展 SDN 控制器的功能模块进行处理,也可以通过流量分析相关的辅助软件进行采集。直接通过控制器扩展模块来进行流量特征信息的采集和分析会增加控制器的额外负担,并影响其他功能的处理效率,再加上目前控制器能够采集的特征属性项较少,并非目前最可行的方案。而对于第二种方案而言,由于 SDN 中处理流量的方式是按流形式处理的,因此,在选用相关的流量采集与分析软件时应该考虑它是否具有统计数据流的能力,如需要它具有 NetFlow 技术[1]处理数据流的功能。

综上考虑,在本章的设计中,将通过借助流量采集与分析的软件来对数据流的特征信息进行采集和统计的工作,如 nProbe 软件工具,它具有 NetFlow 技术和将采集到的数据流信息存储在本地数据库的特点,并且易于与其他软件协同工作,可以通过将 nProbe 软件安装在配备高性能网卡的 PC 服务器上,作为网络数据流采集的服务器。因此,本章结合 SDN 控制器和流量采集与分析的工具 nProbe 的相关技术与特点,设计一个在 SDN 中以基于 DNN 的分类模型为核心的服务流分类与识别的框架,对数据流进行服务类别的识别。

图 10.1 是本章设计的一个 SDN 服务流分类与识别框架,该框架由数据转发层、控制

器和网络流量采集与分析工具三个部分组成。数据转发层由大量的 OpenFlow 交换机相连构成基本的网络拓扑，负责用户与服务器之间数据的基本传输；网络流量采集与分析工具 nProbe 位于控制器和数据转发层之间，用于完成数据流的识别和特征信息的统计工作，其工作原理是将 nProbe 与数据转发层支持 OpenFlow 的代理处理设备（或称边缘网络设备）相连，并通过在边缘网络设备的多个端口处使用端口镜像的方式采集所经过的数据流信息，该采集工作并不会影响数据流的正常传输，采集及统计好的一条数据流的相关特征信息将被发送给控制器进行处理，从而完成从数据转发层到控制器中对数据流的采集和特征信息统计的工作对接。而控制器是该框架的大脑，它通过在南向接口处使用 OpenFlow 等协议，以及基础控制器模块的相关功能完成对数据转发层中网络状态的监听和对数据流的调度工作，然后在控制器的基础功能模块之上，将 DNN 算法扩展到控制器的自定义模块中（将其命名为流分类模块），用于处理从 nProbe 发送来的流统计信息并进行分类预测，最终根据 DNN 分类模型给出的预测结果识别出该数据流属于哪种服务类别。

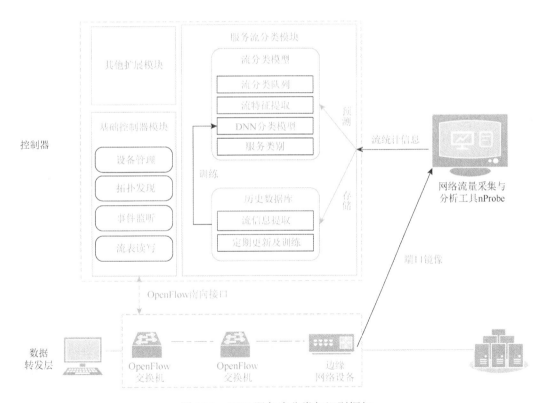

图 10.1　SDN 服务流分类与识别框架

10.1.2　SDN 服务流分类与识别工作流程

本节将结合 SDN 服务流分类与识别框架对其基本工作流程进行概述。

初始阶段：首先，控制器的历史数据中存储了大量统计收集到的数据流信息样本，该样本的来源可以是某时间段内（如几周内或者几天内）通过 nProbe 工具采集和统计到的数据，也可以是其他公开有效的网络数据集；其次，调用历史数据库中的流样本数据集并放入 DNN 分类模型中进行训练，训练之前对数据样本进行数据预处理和特征选择等工作，提高分类模型的准确性和稳定性，最终训练出一个针对网络流量的 DNN 分类模型（或称分类器）。

在网络运行阶段：首先保证控制器启用了默认的转发模块，能够对来自数据层面的请求控制器做决策的流进行基本调度，通常，控制器会依据其默认转发模块所采用的最短跳数算法或最小时延算法这一基本调度策略，为数据流计算出一条跳数最小或时延最低的路径，根据该路径生成对应流表并安装在沿途交换机中，完成基本的调度工作，以使网络能够正常运转，实现控制器对网络的基本管理和监控。

然后，将流量采集与分析工具 nProbe 配置在一些关键的边缘网络设备上，对其上所有端口使用端口镜像方式监听所经过的数据流，并通过 NetFlow 技术对数据流信息进行采集和统计，完成特征信息的采集和统计工作，每完成一条数据流的特征信息的采集和统计后，nProbe 工具便会通过对外接口将其统计信息发送给控制器做进一步处理。

最后，对控制器服务流分类模块做以下两步处理：其一，发往 DNN 分类模型中进行所属服务类别的预测，预测之前服务流分类模块会按照 DNN 分类模型的要求提取与其相关的一部分特征属性，然后输入 DNN 分类模型中做预测，从而得出该数据流属于哪一种服务类别。进一步，控制器还可以调用其他模块对识别到的 QoS 服务流做更深层次的功能处理。其二，按一定规则或概率 P 将刚才收到的这条数据流信息存储一份到历史数据库中，历史数据库中有同样精确度高的机器学习分类模型对其进行分类和类别标识，用于后期某个时段对 DNN 分类模型进行更新和重新训练，使 DNN 分类模型能够周期性地不断更新，以自适应未来网络的变化。其中概率 P 的取值依赖于网络的全局链路利用率，当全局链路利用率越低、网络空闲和控制器负荷越小时，P 的取值便越大，控制器便将流特征信息存储到历史数据库中。

通过对以上工作流程的分析，DNN 分类模型的训练和分类是整个框架的核心，本章将继续对其进行深入的介绍和分析。

10.2　基于深度神经网络的流分类模型

本书中 SDN 服务流分类与识别框架的工作核心依赖于 DNN 分类模型。因此，本节将对以流量分类为基准的 DNN 模型的结构构建和核心技术进行详细论述，有助于更好地将其运用在网络流量分类的研究中。

10.2.1　流分类模型结构构建

DNN 可以适用于分类和回归问题中，针对不同的分类和回归问题，DNN 模型的表达方式有所不同，本章研究的流分类问题属于多类分类问题，其所对应的 DNN 模型需要结合样本数据分析才能更好地进行构建。

针对流分类的 DNN 模型的构建过程：首先需要对历史数据库中用于训练的数据流样本进行数据预处理，预处理用到的方法有数据清洗和数据标准化，然后对预处理后的数据集通过特征选择的方法对输入样本的特征维度进行降维，减少模型的训练时间及提高模型的有效性；对经过预处理后的数据样本，统计最终确定的输入特征维度和输入样本数量，并根据样本本身所打标过的类别标签进行类别归类和划分，确定需要分类为多少种服务流类别，从而进行 DNN 分类模型的初步构建；然后加入数据样本到构建的 DNN 分类模型并进行训练，在训练过程中将通过数次分布式训练进行模型调整，确定模型参数调优后效果相对最好的 DNN 分类模型为最终针对流分类的模型。

基于流分类的神经网络结构如图 10.2 所示，在构建 DNN 分类模型时，需要注意以下几个方面。

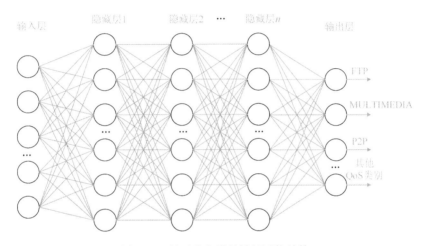

图 10.2　基于流分类的神经网络结构

（1）输入层神经元的个数与统计到的流特征属性项的个数有关。通常而言，每个训练样本中有多少个流特征属性项，神经网络的输入层就对应需要多少个输入神经元。但是，并非所有的流特征属性都是必需的，有些流特征属性可能冗余，有些甚至会使分类模型的训练效果降低，并且输入层神经元个数增多，需要每层隐藏层中神经元的个数也随之增加。因此，在进行输入层神经元个数的确定前，需要对数据集中的流特征属性进行特征处理，如通过特征提取和特征选择方法，来降低模型的输入维度和训练时间。

（2）隐藏层位于输入层与输出层之间，影响分类模型的表达能力，理论上来说神经网络的（隐藏层）深度越深其表达能力越强，能处理的训练数据也更多。但是，其深度的增加并不一定总能带来模型表达能力的提升，当模型已经达到非常好的表达效果时，再增加深度提升效果不明显，反而会带来计算成本的增加（如机器性能受到考验和模型训练时间会增加等）。对于本章的流量分类研究而言，所需划分的类别并不多，因此，不需要非常深的神经网络模型。其最终的深度可以根据统计到的流量数据样本的数量和需要分类的类别数量进行初步判定，然后再进一步通过实验进行深度方面的优化，确定最合适的深度。

（3）输出层的神经元个数与本章具体将网络流量分为多少个类别有关。分类的标准按照流量所属应用程序或业务类别之间的相似性和对每个QoS服务流的敏感程度等层面进行不同粒度的类别划分。如果将流量分为8个类别，那么输出神经元的个数对应为8个，每个输出神经元将唯一标识一种类别。当进行模型训练时，由于训练样本已经具有所属类别的标签，因此，每训练一个样本，首先将对其输出层上神经元的真实值进行赋值，赋值规则是对匹配该样本类别的输出神经元赋值为1，其他代表类别的输出神经元赋值为0。而在进行样本预测时，经过传递并到达输出层神经元的、经过激活函数处理后的概率数值均处于0~1的区间内，其中，最接近于1的那个神经元所代表的流量类别便是分类模型（或称分类器）的最终预测结果。

以上是对以DNN为基础的流分类模型的构建，下面将对该模型的核心技术进行分析[2]。

10.2.2　流分类模型的核心技术分析

为了使DNN能够表征流量分类问题，需要不同流量类别的大量数据样本对神经网络的初始模型进行前向传播和逆向反馈的迭代训练。在本节中，以 L 层神经网络为原型，使用二次代价函数作为损失函数，本节简要地介绍如何通过前向传播确定损失，并通过反向传播更新神经网络的权值 W 与偏置 b 以最小化损失函数。

如图10.3所示，BP前向传播用于求出各个神经元的 z 和 a 值，而早期模型训练出来的最终的 a 值往往与实际的 y 值（或称标签值）相差很大，所以需要通过一个合适的损失函数来度量训练样本的输出损失，接着对这个损失进行优化并求最小化的极值，一般采用的求解方法是梯度下降法，通过其损失函数对权值 W 和偏置 b 求偏导，再利用学习率 η 来一步步对前一层的权值 W 和偏置 b 做更新迭代。上述这个过程称为反向传播（或逆向反馈），每输入一个训练样本到神经网络模型中都会经历一次前向传播和逆向反馈的过程，用于不断地更新神经网络模型中所有的 W 和 b 以使其能够描述给定的问题。

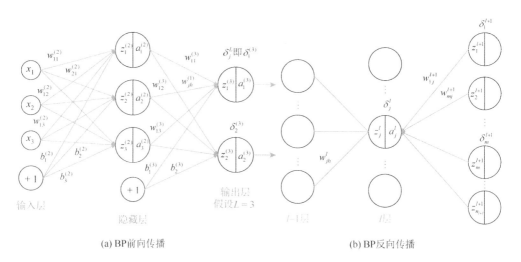

(a) BP前向传播　　　　　　　　　　　　　(b) BP反向传播

图10.3　神经网络模型核心技术

以上叙述便是神经网络模型训练的中心思路，它的具体执行步骤如下所示。

步骤 1：先对神经网络模型中的每层之间的权值 W 和偏置 b 进行初始化。通常，把 w_{ji}^l、b^l（l 为层数且 $1 < l \leqslant L$）初始化为一个很小的、接近于零的随机值。

步骤 2：利用前向传播公式计算每层的状态和激活值，即

$$z^l = w^l a^{l-1} + b^l$$
$$a^l = \theta(z^l) \tag{10.1}$$

式中，a^{l-1} 为上一层神经元的输出值；z^l 为本层神经元的计算求和值；$\theta(z^l)$ 为神经元计算求和值的激活函数。

步骤 3：计算 δ^l，首先利用式（10.3）计算输出层的 δ_j^L，以二次代价函数（式 10.2）作为损失函数：

$$C = \frac{1}{2} \sum_{i=1}^{n_L} \left(y_i - a_i^L \right)^2, \quad 1 \leqslant i \leqslant n_L \tag{10.2}$$

其中，C 表示整个神经网络的损失函数；y_i 表示真实标签。

所以

$$\delta_j^L = \frac{\partial C}{\partial a_j^L} \frac{\partial a_j^L}{\partial z_j^L} = -\left(y_j - a_j^L \right) \theta'\left(z_j^L \right), \quad 1 \leqslant j \leqslant n_L \tag{10.3}$$

式中，y_j 是期望输出（即训练数据样本的已知标签值）；a_j^L 是神经网络对训练数据产生的实际输出。然后，利用下面的公式从第 L 层到第 2 层依次计算隐藏层的 δ_j^l，其中，$l = L-1, L-2, L-2, L-3, \cdots, 2$：

$$\delta_j^l = \left(\sum_{i=1}^{n_{l+1}} \delta_i^{l+1} w_{ij}^{l+1} \right) \theta'\left(z_j^l \right), \quad 1 \leqslant j \leqslant n_l \tag{10.4}$$

步骤 4：求这个训练数据的二次代价函数（式（10.2））对参数的偏导数：

$$\frac{\partial C}{\partial w_{ji}^l} = \delta_j^l a_i^{l-1}$$
$$\frac{\partial C}{\partial b_j^l} = \delta_j^l \tag{10.5}$$

由此可以得出 BP 反向传播的四个核心公式：

$$\begin{cases} \delta_j^L = -\left(y_i - a_j^L \right) \theta'\left(z_j^L \right) \\ \delta_j^l = \left(\displaystyle\sum_{i=1}^{n_{l+1}} \delta_i^{l+1} w_{ij}^{l+1} \right) \theta'\left(z_j^l \right) \\ \dfrac{\partial C}{\partial w_{ji}^l} = \delta_j^l a_i^{l-1} \\ \dfrac{\partial C}{\partial b_j^l} = \delta_j^l \end{cases} \tag{10.6}$$

前向传播公式（式（10.1））和反向传播公式（式（10.6））构成了神经网络的基本训练方式，后续的研究者对神经网络的迭代速度、寻优方式和正则化系数等方面的研究都

是在该公式的基础上进行修改和展开的，如使用交叉熵代价函数作为损失函数，用于解决神经网络学习缓慢的问题：

$$C = -\sum_{i=1}^{n_L} \left[y_i \ln a_i^L - (1-y_i) \ln(1-a_i^L) \right], \quad 1 \leqslant i \leqslant n_L \tag{10.7}$$

同时，使用 ReLU 激活函数来避免神经网络因深度增加导致的梯度消失问题。

10.3 基于深度神经网络的自适应流分类模型的仿真实验与结果分析

本节将对流分类模型中的 DNN 分类模型进行仿真实验，验证它是否能够有效地对网络流量进行分类，并对仿真实验得出的分类结果进行详细的分析，最后与其他机器学习算法进行比较。

10.3.1 实验数据集

评价指标是用来评价机器学习算法最终训练出的模型对预测效果的好坏的，常用的评价指标包括召回率（Recall）、精确率（Precision）、准确率（Accuracy）和 F1 分数（F1-score）等。F1 分数是调和召回率和精确率的一个综合指标：

$$F1 = \frac{2 \times Recall \times Precision}{Recall + Precision} \tag{10.8}$$

F1 分数越高，说明分类模型越稳健。本节在实验的最终评价阶段采用 F1 分数可以很好地反映分类模型的效果。因此，在后面的实验阶段，本节在大多时候对分类模型的评价指标采用 F1 分数。

数据集处理：由于流量数据集的采集工作不是本节的研究重点，因此，本节使用网络公开的 Moore 数据集[3]来验证本节所提 DNN 分类模型的可行性。

图 10.4 是第三份数据集训练后的分类结果，其中，激活函数的选择和其他参数的调整与后期实验所用到的一致，在此不做过多赘述。由图 10.4 可以发现，分类模型训练所用到的数据样本量较多的 WWW 类的预测效果最好，其他数据样本量适中的如文件传输协议（file transfer protocol，FTP）、MAIL 和 MULTIMEDIA 的预测效果一般，而数据样本量少的如 P2P 分类后的预测效果就非常差了。

因此，为了保证其他数据量较少的标签样本能够得到适度且充分的利用，本节通过程序编码将 Moore 的 11 份数据集合并成一份，并做以下处理。

ATTACK 攻击类流量不属于本节需要的服务流类别，本节将其移除；对于 FTP-CONTROL、FTP-DATA、FTP-PASV 三个相关种类，本节将其组成 FTP 一种类别；对于其他数量少的类别样本都提取出来保留，以使它们在合并后的新 Moore 数据集中样本数量充足；然后删除数据集中某些特征值含有'？'的缺失值字段样本，它表示的是流量采集软件没有分析出该部分的特征值，虽然本节可以用缺失值处理方法中的插补法替代它，但为了提高训练模型的有效性，本节将这一小部分带有缺失值的样本使用数据清洗中的

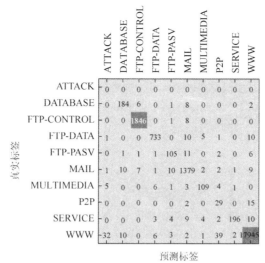

(a) 分类结果混淆矩阵

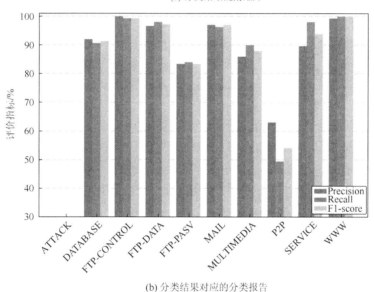

(b) 分类结果对应的分类报告

图 10.4　第三份数据集训练后的分类结果

删除法移除；而对于 WWW 类别的数据样本，由于它在每份 Moore 数据集中存在的数量特别多，因此，只从每份中随机抽取其 1/5～1/3 的样本数量即可。表 10.1 是处理后的 Moore 数据集的样本组成。

表 10.1　处理后的 Moore 数据集的样本组成

流类型	所属应用或协议	样本数量
DATABASE	Postgres，sqlnet，oracle，ingres	2645
FTP	ftp	11496
Games	Half-life	8

续表

流类型	所属应用或协议	样本数量
MAIL	Imap，pop2/2，smtp	28345
MULTIMEDIA	Windows media player，real	842
P2P	KaZaA，Bit Torrent，Gnu Tella	2104
SERVICE	X11，dns，ident，ldap，ntp	2097
WWW	www	49276

注：Games 指游戏相关的网络流类型。

其中，由于 Games 数据样本数量过少，虽然我们也将其加入 DNN 模型中进行训练，但通常无法有效地预测准确，F1 分数基本为 0%，因此，在后续的实验图中我们并不标记它。

10.3.2 数据预处理

虽然上面已经对网络公开的由 nProbe 工具采集到不同时段的 11 份 Moore 数据集进行了综合合并处理，新合并的数据集已经满足实验仿真的素材需求。但是，nProbe 工具能够采集统计到每条数据流 248 项特征属性的信息，即 Moore 数据集中每个数据流样本都含有 248 项特征属性，其中包括时间信息（如网络到达周期、交互间隔时间）、分组信息（如数据包长度）、协议信息（如端口号、协议号等）和赫斯特参数等。

然而，作为一个普遍存在于所有机器学习流量分类研究中的问题，248 项特征对于分类器的训练模型来说太多了，因为输入维度太高会增加大量的训练时间，并且其中一些特征项会干扰分类模型的训练，影响分类效果，再加上相对该特征维度来说该数据集的训练样本数量过小，这将导致分类器的训练模型过拟合并具有较差的泛化能力，最终非样本数据的分类准确性和方差不会很好。因此，本节需要使用机器学习中特征选择的方法对这些特征值做处理，选择与提取其中有效和有代表性的特征属性作为 DNN 的训练特征属性。

本节使用基于树的特征选择方法，该方法能够用来计算特征的重要程度，因此，能用来去除相关程度低和冗余的特征。本节通过该方法可以得到训练样本特征属性的重要性排名和特征重要值，并通过文本和可视化的方式输出到控制器进行统计与分析。

如图 10.5 所示，本节通过 Matplotlib 库画出重要性排在前 200 的特征条形图，从中可以观察到特征信息量的变化趋势，其中纵坐标是特征重要值，横坐标是每一项特征按特征重要性由大到小从左到右的排列。

从排在第 25 位左右的特征往后开始，它的纵坐标值呈现平稳下降的趋势，其后的特征重要值低于 0.01，对训练模型已不会产生有效的提升。因此，本节提取特征重要性在 10～24 的特征，逐步增加特征属性个数，依次进行实验比较，如图 10.6 所示，特征重要性排在前 22 位的，可以训练出稳定性较好的 DNN 分类模型。

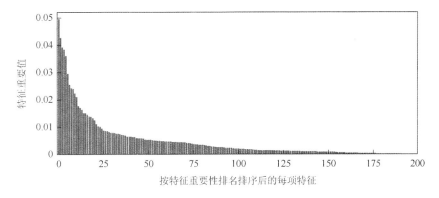

图 10.5　特征重要性分布图

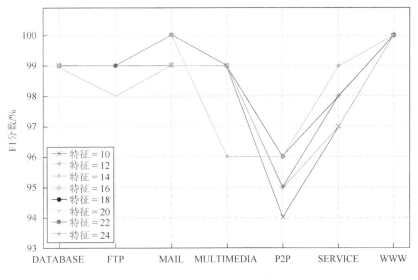

图 10.6　特征值个数对训练模型的影响

其中，前 22 个特征属性对应序号为 1、26、29、81、83、86、88、95、96、98、158、163、165、169、171、173、179、186、189、190、192、237。其序号所对应的特征可以在 Moore 数据集[3]中进行查找，如序号 1 的特征表示服务端口（Server Port），序号 26 的特征表示数据包分组中控制字节的中位数（med_data_control），序号 29 的特征表示数据包分组中的最大控制字节数（max_data_control），序号 81 的特征表示在客户端到服务器端连接的生命周期中观察到的最大网络前缀大小（max_segm_size_a b），序号 158 的特征表示以太网数据包中的最大字节数（max_data_wire_a b）等。

在上述选用的特征属性中，由于其中包含了服务端口这一项，而依然有一些应用程序产生的流量直接依赖服务端口区分。因此，本节对 DNN 的分类模型训练是否删除服务端口这项特征属性进行了仿真实验的比较，选用相同环境下相同的算法模型和参数，仅仅在输入特征属性上是否删除服务端口这一项进行了仿真实验，比较结果如图 10.7 所示。

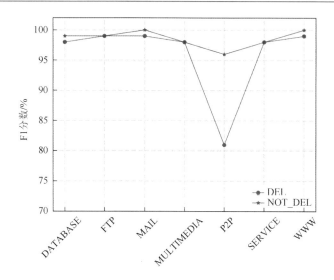

图 10.7　是否删除服务端口的分类模型效果

　　由图 10.7 的分类结果可以看出，仅仅在 P2P 流量的识别上两者出现了较大偏差，删除服务端口训练出的分类模型在 P2P 流量的识别上下降了 14%，其他 6 个类别的分类 F1 分数都达到了 98%以上，与没有删除服务端口训练出的分类模型效果极为相近。因此，本节认为需要用到服务端口这项特征属性，它对 P2P 流量的识别起一定的作用，同时又不会对其他流量的识别起过多的决定作用。

　　其他的数据处理，在输入训练样本到神经网络分类模型中进行训练之前，本节还需要对 Moore 数据集进行数据标准化，由于数据集中某些特征取值较大，会影响训练过程中更新的权重 W，如果权重 W 偏大，会把其他特征给消灭掉。对于神经网络分类模型而言，进行数据标准化，有利于初始化的进行，能够避免给梯度数值的更新带来数值问题，并且有利于学习速率数值的调整，最重要的是加快寻找最优解速度，缩短训练时间，因此，在训练初始阶段，本节对数据集进行了 Z-score 标准化处理。由于 sklearn 库提供了非常方便的标准化处理，通过调用 sklearn.preprocessing.StandardScaler()函数就可以完成相关操作，在此不做过多赘述。

10.3.3　结果分析

　　本节实验以 DNN 作为分类模型，对其中的关键参数进行了调优比较，首先 DNN 算法的激活函数采用线性整流函数（ReLU），反向传播求解方法采用基于随机梯度优化器[4]，用于动态调整针对每个参数的学习率。然后分别从神经元个数选择和隐藏层的深度选择等方面做参数优化实验，在实验过程中，采用十折交叉的方式来划分训练集和预测集，调用 sklearn 库中的 cross_validation.StratifiedKFold（y, n_folds = n_folds, shuffle = shuffle）交叉检验函数来尽量地减少过拟合的情况，最终对于分类模型的预测结果，本节通过计算其 F1 分数的方式来进行评价与判断。

表 10.2 和图 10.8（a）是以隐藏层深度为变量，神经元个数和正则化参数 α 分别取值为 30 和 10^{-3}。从该实验中发现，当隐藏层深度（hidden_depth）为 3 时，已经可以训练出较好的分类模型了，其中，有 5 个 QoS 服务流的分类精确度达到了 99%及以上，SERVICE 流可以达到 98%，P2P 流的识别也能达到 96%。而随着隐藏层深度的逐渐增加，分类模型的分类效果相对稳定，并无明显的下降和上升趋势，其中隐藏层深度为 6 时训练得到分类模型的 F1-score 相对最高，如果只是针对本节所使用的数据集，本节可以将隐藏层深度设定在 6，此时的训练模型效果最优，如果为了使模型在训练更多数据集样本时具有更好的表达能力，可以选择隐藏层深度为 8 左右。

表 10.2　隐藏层深度对分类模型的影响

协议类型	F1 分数/%				
	hidden_depth = 3	hidden_depth = 4	hidden_depth = 6	hidden_depth = 8	hidden_depth = 10
DATABASE	99	99	100	99	99
FTP	99	99	99	99	99
MAIL	100	100	100	100	100
MUTIMEDIA	99	99	99	99	99
P2P	96	96	96	96	95
SERVICE	98	98	99	98	98
WWW	100	100	100	100	100

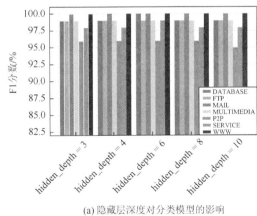

(a) 隐藏层深度对分类模型的影响

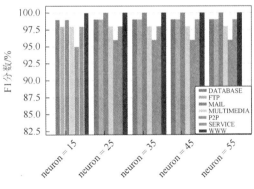

(b) 每层神经元个数对分类模型的影响

图 10.8　DNN 参数调优实验

图例从上到下依次对应图中横坐标每一个值上从左到右的柱形图

表 10.3 和图 10.8（b）是以隐藏层神经元个数（neuron）为变量，隐藏层层数与 α 分别取值为 8 和 10^{-3} 做的实验，当每层神经元个数为 15～35 个时，已经可以训练出较好的分类模型，P2P 流的识别准确率为 95%或 96%，其他流的识别准确率在 98%及以上，而当神经元个数为 45～55 个时，训练得到的分类模型相对较优，其中 SERVICE 的 F1 分数

从 98%上升到 99%，能够训练出相对更好的分类模型。因此，针对本数据集，选择 45 个神经元作为隐藏层的训练模型效果相对较好。

表 10.3　每层神经元个数对分类模型的影响

协议类型	F1 分数/%				
	neuron = 15	neuron = 25	neuron = 35	neuron = 45	neuron = 55
DATABASE	99	99	99	99	99
FTP	98	99	99	99	99
MAIL	99	100	100	100	100
MUTIMEDIA	98	98	98	98	98
P2P	95	96	96	96	96
SERVICE	98	98	98	99	99
WWW	100	100	100	100	100

最后对 L2 正则化的参数 α 做调优实验，对正则化参数的调整可以使分类模型达到更好的拟合效果。根据文献[5]得出的研究经验可知，如果正则化参数 α 的取值过高，那么会导致欠拟合，而正则化参数 α 取值过低，容易过拟合，无法对新数据进行准确的预测。如图 10.9 所示，是以 α 为变量，隐藏层层数与神经元个数分别取值为 8 和 30 做的实验。从实验结果的分析图中能够发现，当 α 的取值在 10^{-2} 以上时，分类模型准确度相对降低，尤其在 P2P 流和多媒体流类别上；而当 α 的取值为 10^{-3} 和 10^{-2} 时，分类模型拥有较好的拟合效果，分类模型准确度相对较高；当 α 取值为 10^{-4} 时，出现了过拟合状态，分类模型准确度综合相比有所下降。因此，本节认为 α 取值 10^{-3} 相对较好。

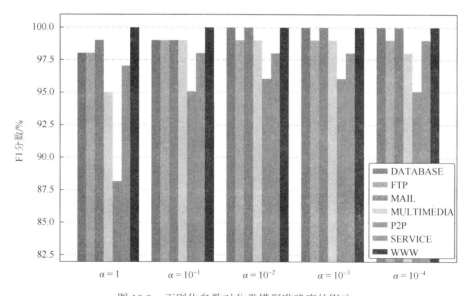

图 10.9　正则化参数对分类模型准确度的影响

　　最后，本节选择在隐藏层层数、神经元个数和 L2 正则化参数三项中分别表现最优的参数值组合进行分类模型训练，并与其他机器学习算法在相同仿真实验环境下进行了对比。如图 10.10 所示，本节的 DNN 分类模型在 P2P 流上的 F1 分数能够达到 96%以上，其他流的分类 F1 分数达到了 98%以上，与随机森林（random forest，RT）训练出的分类模型效果相近，平均只相差 1 个百分点。之所以与 RT 相比有细微的差距，是因为 DNN需要大量的数据进行训练，而本节引入的数据集在几个特殊类的数量相对来说还不够使 DNN 模型训练到最优状态，如果后续再引入更多该类别的数据样本，其分类准确度将进一步提高。与文献[3]中所用到的改进支持向量机（SVM）的分类模型相比，由于本节对数据集的处理方式与其有少许差异，数据样本数量和特征项数要相对多一些，为了统一实验环境，本节对其模型进行了相同条件的数据预处理，最终训练出的 SVM 分类模型的分类效果已在图 10.10 进行标识，除了 P2P 流的 F1 分数依然在 85%左右，其他 QoS 流的 F1-score 都有少许提升，但本节的分类模型与其相比要相对较优，大多数类别的 F1 分数都比 SVM 的分类模型高出 2 个百分点以上，因此，可以认为本节的 DNN 分类模型具有较好的分类效果。本节的数据集由于对少量噪声数据进行了移除处理，并对数据集进行了 Z-Score 标准化处理，所以分类效果会普遍稍优于文献[3]～文献[8]中所用到的算法，但由于本节所有算法比较是在相同环境下相同数据集进行的实验比较，因此，各算法之间的分类结果对比具有参考价值。进一步发现，由于 RT 算法也具有较优的分类效果，因此，RT 分类模型可以存在于服务流分类模块的历史数据库中，对存储进来的数据流进行识别分类的二次校验和打标签的操作，打完标签的流样本数据用于后续对 DNN 分类模型进行再训练，增加模型的可靠性和自适应性。

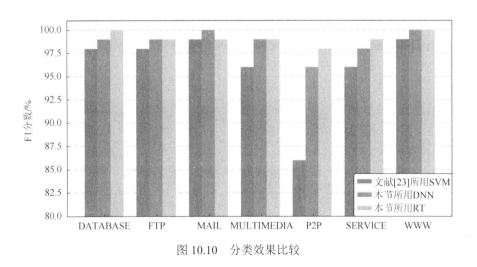

图 10.10　分类效果比较

10.4　本　章　小　结

　　本章设计了一个将机器学习方法运用于 SDN 中的用于对流量所属服务流类别进行分类与识别的框架。该框架的核心技术依赖于 DNN 分类模型，它通过对历史数据库中的数据进行学习，训练出一个适用于网络流量分类的模型，该模型具有周期性更新的能力，能够自适应未来网络的变化。然后针对该框架中的 DNN 分类模型进行系统的分析，对网络流量的分类效果进行了仿真实验，实验过程中还对 DNN 的关键参数进行了调优选择，使用 F1 分数作为评价指标对分类模型的分类结果进行综合评价，并与其他机器学习算法模型进行了比较实验，上述实验结果表明，本章的 DNN 分类模型能够较好地对网络流量进行分类与识别。

参 考 文 献

[1]　Estan C，Kcys K，Moore D，et al. Building a better NetFlow：Technical report[J]. ACM SIGCOMM Computer Communication Review，2004，34（4）：245-256.

[2]　张铃，张钹. 神经网络中 BP 算法的分析[J]. 模式识别与人工智能，1994，7（3）：191-195.

[3]　陈阳. 基于 SVM 的 P2P 流量早期识别研究[D]. 保定：河北大学，2017.

[4]　Kingma D P，Ba J. Adam：A method for stochastic optimization[J]. Computer Science，2014.

[5]　吕炜，陈永刚，沈晨. 带 L2 正则化项的神经网络逆向迭代算法收敛性分析[J]. 信息技术与信息化，2015（6）：183-184.

[6]　He L，Xu C，Luo Y. VTC：Machine learning based traffic classification as a virtual network function[C]//Proceedings of the 2016 ACM International Workshop on Security in Software Defined Networks and Network Function Virtualization，New Orleans，2016：53-56.

[7]　王洁环. 基于决策树的 P2P 流量识别方法研究[D]. 西安：西安电子科技大学，2015.

[8]　Amaral P，Dinis J，Pinto P，et al. Machine learning in software defined networks：Data collection and traffic classification[C]// International Conference on Network Protocols，Singapore，2016：1-5.

第 11 章　多模态智慧网络 DDoS 检测资源调度

本章在 SDN 背景下，针对网络中常见的分布式拒绝服务（distributed denial of service，DDoS）攻击，结合 SDN 具有全局视图的特点，设计一种基于 MIC-FCBF 特征选择和 DNN 的 DDoS 攻击检测技术，从而实现对 SDN 中发生的 DDoS 攻击实时感知，以便及时地做出相应的防御策略。同时针对 DNN 模型结构构建及参数优化过程过于依靠研究者经验的问题，使用变步长萤火虫群优化算法来帮助 DNN 寻求最优结构和参数，以提升检测模型的构建效率和准确率。并且，在 SDN 检测到 DDoS 攻击之后，对 DDoS 攻击进行溯源，以定位到攻击源，以便采取适合的防御策略。

11.1　DDoS 攻击检测框架

本章的 DDoS 攻击检测框架分为三个部分：底层拓扑模块、DDoS 预感知模块和 DDoS 攻击检测模块，如图 11.1 所示。其中，底层拓扑模块负责模拟网络仿真环境，DDoS 预

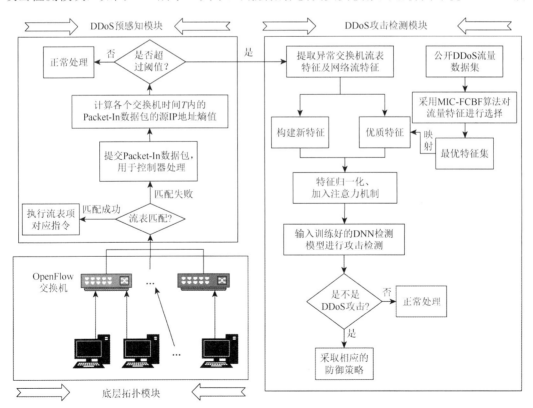

图 11.1　DDoS 攻击检测框架

感知模块负责实时地感知 SDN 中的流量是否异常，如果感知到网络中可能发生 DDoS 攻击，那么 DDoS 攻击检测模块便会收集网络流量特征进行攻击检测。

底层拓扑模块由网络拓扑搭建工具 mininet 构建而成，用于模拟 SDN 的网络拓扑环境。DDoS 预感知模块通过实时监控各个交换机时间 T 内的 Packet-In 数据包（交换机向控制器发送的数据包）的数据源熵值，并与预先设置的熵阈值进行对比，若大于熵阈值，则认为该交换机流量异常，可能遭受了 DDoS 攻击，加入待检测交换机集合，并开启 DDoS 攻击检测模块进行检测，否则不做处理。在 DDoS 预感知模块感知到网络中可能发生 DDoS 攻击之后，DDoS 攻击检测模块便开始收集网络流特征及异常交换机的流表特征，这些特征是经过 MIC-FCBF 算法选择的与 DDoS 检测相关性较大的特征，以及本章自身构建的在 DDoS 攻击发生时变化较为明显的流量特征，将以上特征进行归一化处理之后输入训练好的检测模型中，对其进行 DDoS 攻击流二分类，以判定网络中是否发生 DDoS 攻击。

11.2　基于数据源熵的 DDoS 态势感知

基于 DL 的 DDoS 检测方法通常需要收集网络流量特征，经处理之后输入检测模型进行检测，而何时收集流量特征是个值得考究的问题。传统的研究一般通过一定时间间隔内收集一次特征进行检测，该方式虽然较为简单直接，但是每隔一定时间采集会加重控制器的负载，故而本章采用基于数据源熵的预处理方法对 DDoS 攻击进行预感知，当感知到网络中可能发生 DDoS 攻击时再收集所需的网络流量特征进行检测。

本节提出的数据源熵顾名思义即数据源的信息熵，而此处的数据源本节采用数据包的源 IP 地址来度量[1]。通常来说，信息熵可以用于判定变量取值集合的不确定性，其不确定性越大，熵的取值也就越大。基于此特性，本节采用信息熵来度量 SDN 中流量数据源的不确定性程度，其计算方式如式（11.1）所示：

$$H(S_{ip}) = -\sum_{i=1}^{n} p_i \log_2 p_i \qquad (11.1)$$

式中，S_{ip} 为源 IP 地址集合，其取值集合为 $S_{ip} = \{ip_1, ip_2, ip_3, \cdots, ip_n\}$，每个取值 ip_i 的概率分布为 $P = \{p_1, p_2, p_3, \cdots, p_n\}$；$\sum_{i=1}^{n} p_i = 1$，而 $0 \leqslant p_i \leqslant 1$，$i \in \{1, 2, \cdots, n\}$。

经研究发现，当 DDoS 攻击者发起攻击时，会在短时间内发起大量伪造源 IP 地址的攻击包，以耗尽攻击目标的资源。故而，网络中会短时间内出现许多新的源 IP 地址，导致现有的流表无法成功匹配，交换机只能交由控制器处理，会产生大量新源 IP 地址的导致 Packet-In 数据包，所以短时间内 Packet-In 数据包数据源的分散程度会急剧加大，其熵值也会迅速变大。依据该特点实时计算每个交换机 S_i 在时间 T 内的 Packet-In 数据包的数据源熵 $H(S_{ip})$，并分别与设定的熵值 δ（该熵值是经过多次模拟 DDoS 攻击，统计选取的平均值）进行比较，若 $H(S_{ip}) > \delta$，则认为网络中可能正在发生 DDoS 攻击，将交换机 S_i 加入异常交换机集合 $S = \{S_1, S_2, \cdots, S_m\}$ 中，其中，m 为异常交换机的数量，并触发 DDoS 攻击检测模块运行。若 $H(S_{ip}) \leqslant \delta$，则不进行处理。

假设数据源熵阈值为 δ（例如，$\delta = 2.5$）。交换机 S_1 在 $T - T_0 \sim T_0$ 时间段的 Packet-In 数

据包的源 IP 地址集合为 $\mathrm{IP}_{\mathrm{src1}} = \{\mathrm{IP}_1, \mathrm{IP}_2, \mathrm{IP}_3, \cdots, \mathrm{IP}_k\}$（例如，$k = 4$），每个源 IP 地址出现的概率都为 P_1（如 $P_1 = 1/4$），故此时 Packet-In 数据包的数据源熵值为 2，小于 δ，故认为网络流量正常，不做处理。此时，攻击者控制交换机 S_1 下的主机发起 DDoS 攻击，网络中出现大量伪造源 IP 的 DDoS 攻击包，交换机 S_1 中的流表无法匹配新数据包，故而交给控制器处理，导致其 Packet-In 数据包包含大量新的源 IP 地址，经过时间 T 后，在 $T_0 \sim T + T_0$ 时间段内 Packet-In 数据包的源 IP 地址集合为 $\mathrm{IP}_{\mathrm{src2}} = \{\mathrm{IP}_1, \mathrm{IP}_2, \mathrm{IP}_3, \cdots, \mathrm{IP}_k\}$（如 $k = 16$），其中，每个源 IP 地址出现的概率都为 P_2（如 $P_2 = 1/16$），计算所得熵值为 4，大于 δ，则认为流经交换机 S_1 的网络流量异常，将交换机 S_1 加入异常交换机集合，触发 DDoS 攻击检测模块收集特征并进行攻击检测。通过引入基于数据源熵的 DDoS 态势感知方法，不仅可以实时地感知到网络中可能发生的 DDoS 攻击，还能在一定程度上降低控制器负载，提升工作效率。

11.3　基于 MIC-FCBF 的特征选择与构建

SDN 中有着大量的网络特征，其中，哪些特征与 DDoS 攻击检测有关，哪些特征对于 DDoS 攻击检测的效益更大，需要进一步进行筛选。本章采用 MIC-FCBF 算法筛选与 DDoS 检测相关性较大的特征，并构建一些对 DDoS 攻击较为敏感的特征，以提升检测准确率和检测效率。

11.3.1　特征选择

本章基于 CICIDS2017 数据集，使用的是 2017 年 7 月 7 日下午模拟产生的 DDoS 攻击数据集，该数据集包含了正常流信息和 DDoS 攻击流信息[2]。该数据集包含 78 个流量特征和一个分类标签，各个特征与分类标签之间的相关性大小不同，各个特征之间对流量是否为 DDoS 攻击流的二分类判断可能存在冗余影响，故本章采用 MIC-FCBF 算法选择其中的最优特征子集，将其作为后续检测模型的数据输入来源。

下面对 FCBF 算法进行较为详细的介绍，其主要分为两个步骤：去除与目标标签值不相关的特征、去除冗余特征。在 FCBF 算法中 SU 用于衡量特征之间及特征与标签值之间的相关性，其计算方式如下：

$$\mathrm{SU}(X, Y) = 2\left[\frac{\mathrm{IG}(X|Y)}{H(X) + H(Y)}\right] \tag{11.2}$$

式中，X、Y 为被衡量相关性的两个特征；$\mathrm{IG}(X|Y)$ 为变量 Y 对变量 X 的信息增益（即变量 X 和变量 Y 之间的相关性）；$H(X)$、$H(Y)$ 分别为 X、Y 的信息熵。

SU 其实是对信息增益的一种归一化方式，但经实验发现，分母可能过大，经过该方式对信息增益 $\mathrm{IG}(X|Y)$ 的归一化值过小，使得实验结果无法达到预期的效果，故本章使用最大互信息系数（maximal information coefficient，MIC）来代替 SU 作为 FCBF 算法中度量特征之间相关性的标准，MIC 计算公式如下：

$$MIC(X,Y) = \frac{IG(X|Y)}{\min(H(X),H(Y))} \quad (11.3)$$

式中，$\min(H(X),H(Y)) < (H(X)+H(Y))/2$，并且 $\min(H(X),H(Y)) \geqslant IG(X|Y)$，故而通过最大互信息系数方式归一化后的值能够变得较大，较为合理，使实验结果变得更好。

假设有一个特征集 $F = \{F_1,F_2,F_3,F_4,F_5,F_6,F_7,F_8\}$ 及与其对应的分类标签 label，分别计算每个特征 F_i 与 label 之间的最大互信息系数 $MIC(F_i,T)$，若 $MIC(F_i,T) \geqslant \alpha$（$\alpha$ 初次依据经验自行设定，后面根据模型训练结果进行优化调节，后续会详细地介绍），则认为特征 F_i 与 label 是相关的，并保留下来，将保留的 MIC 值按照从大到小进行排序，假设得到的集合为 $MIC = \{M_6,M_1,M_2,M_4,M_8\}$，其中，下标对应原特征集 F 中的下标，F_3,F_5,F_7 已被视为不相关特征剔除，以上为去除不相关特征的过程。

去除冗余特征流程如下。

（1）选取 MIC 集合中的最大值 M_6 对应的特征 F_6 作为主特征。

（2）分别计算 MIC 集合中的其他特征 F_j 与特征 F_6 之间的最大互信息系数值 $MIC(F_j,F_6)$。

（3）若 $MIC(F_j,F_6) \geqslant M_6$，则认为特征 F_j 与特征 F_6 之间存在冗余，去除特征 F_j。假设特征 F_6 和特征 F_4、F_1 之间存在冗余，则以 F_6 为主特征去除冗余特征之后存留下来的特征为 F_6,F_2,F_8，对应的 MIC 集合包含 M_6,M_2,M_8。

（4）重复步骤（1）～（3），选取 MIC 集合中除了 F_6（被选取过作为最大特征的无法再次被选取）MIC 值最大的特征继续执行算法流程。

（5）若 MIC 集合中没有元素可以被选择为最大特征，算法执行结束。此时，留下来的特征便是最优特征子集，假设为 $F_{best} = \{F_6,F_2\}$。

11.3.2 特征构建

经过对流量特征的筛选之后，可以得到原始特征集的最优特征子集，为了进一步提升模型的训练效率和检测精度，同时避免对突发流量（如在某一时间，大量合法用户同时访问某网站服务器，如淘宝"双十一"，导致该网站服务器难以承受的现象）的误检测，本节依据 DDoS 攻击发生时变化明显的流量特征及 DDoS 攻击流和突发流量的不同之处重新构建了五个特征，将该五个特征及筛选出的最优特征子集共同作为检测模型的数据输入来源。以下是对五个特征的具体描述。

（1）流表目的 IP 最大占比（maximum proportion of destination IP，MPDI）。通常来说，DDoS 攻击者都是向一台或者固定几台主机/服务器发起攻击，故而在当网络受到 DDoS 攻击时，网络中流动的数据包目的 IP 地址会比较集中在某些 IP 地址上，所以会导致交换机流表中的某些目的 IP 地址的占比会迅速地增大，对应的目的 IP 的最大占比自然也会随之变大。因此，可以将 MPDI 的变化作为判断 DDoS 攻击是否发生的一个依据，其计算方式如下：

$$MPDI = \frac{MAX\{DST_{num_1},DST_{num_2},DST_{num_3},\cdots,DST_{num_n}\}}{DST_{num_{all}}} \quad (11.4)$$

式中，$DST_{num_i}, i \in \{1, 2, 3, \cdots, n\}$ 为交换机流表项中目的地址为 DST_i 的数量；$DST_{num_{all}}$ 为交换机流表项的总数量。

（2）Packet-In 数据包平均字节数（packet average bytes，PAB）。在 DDoS 攻击发起时，攻击者为了能够在短时间内发出大量的攻击包，以提高攻击的效率，其通常会将攻击包的字节数设置得比较小（该攻击包一般只包含数据包头及极少量数据）。因此，PAB 可以较为明显地感知网络中是否发生了 DDoS 攻击，其计算方式如下：

$$PAB = \frac{\sum_{i=1}^{n} packet_{byte_i}}{packet_{num}} \tag{11.5}$$

式中，$packet_{byte_i}$ 为时间 T 内某个 Packet-In 数据包的字节数，$i \in \{1, 2, \cdots, n\}$；$packet_{num}$ 为时间 T 内 Packet-In 数据包的总数。

（3）流分布熵值（entropy of network flow，ENF）。在正常情况下，SDN 中流的状态及流的数量都是比较稳定的，并且网络中新增的流也大多是曾经出现过的流。然而，根据观察，当网络被 DDoS 攻击时，会新增大量从未出现过的流，导致整体网络流的集合不再集中于熟悉的流，会变得较为分散，其信息熵也会随之变大。故而，ENF 能够很好地体现 DDoS 发生时网络流的整体变化，可以作为区分流量是否为 DDoS 攻击流的重要特征，其计算方式如下：

$$ENF = -\sum_{i=1}^{n} \frac{flow_{i\_num}}{flow_{all\_num}} \log_2 \frac{flow_{i\_num}}{flow_{all\_num}} \tag{11.6}$$

式中，$flow_{i\_num}$ 为检测 DDoS 攻击收集流量数据阶段第 i 个数据流的数量，$i \in \{1, 2, \cdots, n\}$；$flow_{all\_num}$ 为网络中所有数据流的数量之和。

（4）流表项微分（entries differential value，EDV）。DDoS 攻击者通常会伪造攻击包的源 IP 地址，以达到掩盖真实攻击源的目的，故而在网络遭受 DDoS 攻击时，大量攻击包无法找到匹配的流表项，只能交予控制器处理，控制器通过寻求最优解决方案之后便会下发相应的流表项，所以，被攻击包轰击的交换机会在短时间内新增大量流表项。然而，当网络中产生突发流量时，虽然流经交换机的数据包数量也会急剧增加，但基本都是正常的数据包，能够在原流表中找到自身对应的转发指令，不会对流表项的数量有太大的影响。因此，EDV 不仅可以作为检测 DDoS 攻击的重要特征，还可以作为区分 DDoS 攻击流和突发流量的关键特征，其计算方式如下：

$$EDV = \frac{FE_{(t_0 + \Delta t)\_num} - FE_{t_0\_num}}{\Delta t} (\Delta t \to 0^+) \tag{11.7}$$

式中，$FE_{t_0\_num}$ 为 t_0 时间点的交换机流表项总数；$FE_{(t_0 + \Delta t)\_num}$ 为经过 Δt 时间后 $t_0 + \Delta t$ 时间点的交换机流表总数；Δt 无限趋近于 0。

（5）流表中源 IP 地址熵值（source IP address entropy，SIAE）。通过第（4）点的分析可知，DDoS 攻击者会为攻击包伪造大量的源 IP 地址，该攻击包在交换机原流表中都无法匹配成功，故控制器会在短时间内下发大量具有新源 IP 地址的流表项，导致流表中源 IP 变得很分散，其信息熵也会随之增大。然而，虽然当突发流量产生时，网络中也会新增大量的数据包，但其来源大多是曾经的老用户，并不会导致太多拥有新源 IP 地址流表项的产生。因此，SIAE 不仅可以很好地感知 DDoS 攻击，同时还能够很好地区分 DDoS 攻击流和突发流量，其计算方式如下：

$$SIAE = -\sum_{i=1}^{n} \frac{SrcIP_{i\_num}}{FE\_num} \log_2 \frac{SrcIP_{i\_num}}{FE\_num} \tag{11.8}$$

式中，$SrcIP_{i\_num}$ 为交换机流表中第 i 个源 IP 地址的数量，$i \in \{1, 2, \cdots, n\}$；$n$ 为源 IP 地址总数；FE_num 为交换机流表项总数。

11.4　特征抽取与特征归一化

11.3 节确定了检测 DDoS 攻击所需的所有网络特征，在预感知模块感知到网络中可能发生 DDoS 攻击之后，DDoS 攻击检测模块便开始抽取所需的网络流量特征及流表特征，在特征抽取完毕之后进行归一化处理，同时添加注意力机制，完成以上工作之后将特征输入检测模型中进行 DDoS 攻击检测。

11.4.1　特征抽取

SDN 中数据包基本都要流经交换机，而流经交换机时需要通过匹配流表来寻找自身的执行指令，若匹配成功，则相应的计数器会记录该数据包的相关信息和流表项的匹配次数等（可以根据自身需求来编程实现交换机流表项计数器记录的具体信息），若匹配不成功，则交换机会通过 Packet-In 方式转交控制器处理。因此，整个网络流信息的变化基本都可以通过流表的变化及 Packet-In 数据包信息来反映，检测所需的特征便是通过抽取异常交换机的流表信息和 Packet-In 数据包信息来获得的。

交换机流表分为多级流表，不同流表具有不同的优先级，而每张流表又包含很多流表项，这些流表项便是数据包转发的依据。流表项分为三个部分，即包头域、计数器和执行动作，其结构如图 11.2 所示，检测所需的特征部分便是从这些流表项中提取的。除了提取异常交换机的流表信息，还需提取异常交换机 Packet-In 数据包的信息。在 DDoS 检测模块开始执行时，控制器便开始记录异常交换机 Packet-In 数据包的数量、源 IP 地址集合等信息，存储于队列和字典结构集合之中，以便后续数据处理。

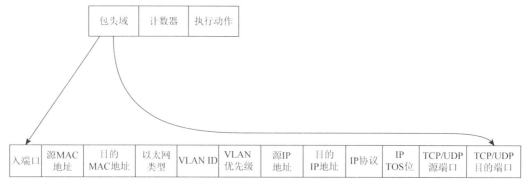

图 11.2　流表项结构

特征抽取示意图如图 11.3 所示，本节所使用的数据集相关特征，是在 SDN 中统计 DDoS 攻击发生后 10s 内异常交换机的 Packet-In 数据包相关信息而得出的，而本节所构建的五个特征在 SDN 中是基于 Packet-In 数据包信息及流表信息统计而得到的。

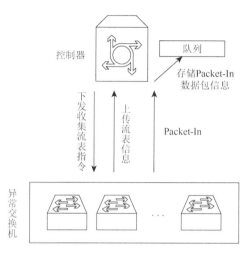

图 11.3　特征抽取示意图

11.4.2　特征归一化

在采集到异常交换机流表信息及相应的 Packet-In 数据包信息之后，便可以从中获得检测所需的网络特征。然而，每个特征的取值量级是不一样的，有些特征的取值相差比较大，不做任何处理便一起输入模型进行检测可能会影响模型训练分析的结果。为了解决这个问题，本节对特征数据进行归一化处理，以提升模型的训练效果，归一化的公式如下：

$$x_i' = \frac{x_i - \min(x_i)}{\max(x_i) - \min(x_i) + \gamma} \tag{11.9}$$

式中，x_i' 为特征集中某一特征取值集合中某个值归一化之后的值；x_i 为特征集中某一特征取值集合中的某个值；$\max(x_i)$ 为特征集中某一特征取值集合的最大值；$\min(x_i)$ 为特征集中某一特征取值集合的最小值；γ 为微大于 0 的扰动因子，为避免分母为 0，同时增加特征的波动性。

11.5　基于 DNN 的 DDoS 检测模型

本章 DDoS 攻击检测的实质是采用检测模型对网络流量是否是 DDoS 攻击流进行判断，而其中最为核心的部分便是检测模型的构建，检测模型的优劣决定着 DDoS 检测的效率和准确性。本节便主要介绍基于注意力机制和 DNN 的 DDoS 检测模型的结构、构建及训练。

11.5.1 注意力机制

通过前面的特征选择和特征构建，得到的都是与目标标签相关性大并且能有效地对 DDoS 攻击进行检测的特征。然而，虽然每个特征都有自身价值，但是各个特征对于目标标签的重要性程度还是有一定的区别的，例如，本节构建的五个特征对于 DDoS 攻击的敏感度要高于其他普通流量特征，故其重要性程度自然也要高于其他特征。为了避免在模型训练过程中花费过多的时间去寻找各特征的重要性占比，在 DNN 模型输入层之前引入注意力机制，初步计算出特征的重要性占比，以提升模型的训练效率。

图 11.4 为注意力分布计算过程示意图。

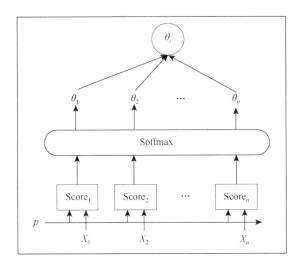

图 11.4　注意力分布计算过程示意图

本节的注意力机制主要是为了初步找出输入特征的重要性占比，其计算分为两步——计算每个特征和目标标签之间的注意力分数、计算各个特征相对目标标签的注意力分布，计算公式如下：

$$
\begin{cases}
\text{Score}(x_i, p) = \dfrac{x_i^{\mathrm{T}} p}{\sqrt{d}} \\
\text{Softmax}(x) = \dfrac{\exp(x)}{\displaystyle\sum_{j=1}^{n} \exp(x)} \\
\theta_i = \text{Softmax}(\text{Score}(x_i, p))
\end{cases}
\tag{11.10}
$$

式中，x_i 指的是第 i 个特征；p 为目标标签；T 为转置符；$\text{Score}(x_i, p)$ 为注意力打分函数；d 为特征的维度；θ_i 为各个特征的注意力分布。

假设有一特征向量集合为 $X = \{x_1, x_2, x_3, x_4\}$，目标标签向量 P，计算特征集合 X 相对标签 P 的注意力分布具体过程如下：

（1）利用注意力打分函数 $\mathrm{Score}(x_i, p)$ 计算每个特征 x_i 与目标标签 P 之间的注意力分数，假设四个特征对应分数分别为 4，2，1，3；

（2）将以上的注意力分数输入 Softmax 函数中，计算各个特征对应的注意力分布，即 $e^4/(e^4+e^2+e+e^3)$，$e^2/(e^4+e^2+e+e^3)$，$e/(e^4+e^2+e+e^3)$，$e^3/(e^4+e^2+e+e^3)$，约为 0.64，0.09，0.03，0.24。

11.5.2　融合注意力机制的 DNN 模型

本章采用 DNN 作为 DDoS 检测模型基本结构，并在其输入层中加入注意力机制，以提升模型的训练效率和准确率。DNN 可以解决复杂的多变量预测或者分类问题，对于数据量较大的问题更是具有较好的解决能力，对于本章的多特征，训练数据量较大的 DDoS 检测模型较为适合。

DNN 通常为三层结构，即输入层、隐藏层和输出层。输入层为一层结构，其神经元数量由输入的特征个数决定。隐藏层为一层或多层结构，其层数由研究者自身依据经验设定，并根据训练结果调整。一般来说，层数越多，拟合能力越强，每层的神经元个数和层数一样，由研究者自行决定。输出层为一层，其神经元数量由解决的问题为预测问题还是分类问题决定，预测问题为一个神经元，而分类问题则由分类种数决定，但是一般二分类问题也可以采用一个输出神经元。

本章在传统 DNN 模型的输入层中加入了注意力机制，在前向传播过程中，通过输入的特征向量及分类标签向量计算出注意力分布向量，然后将原特征向量同位置乘上注意力分布向量值，得到加入注意力机制的特征向量，然后乘上权重矩阵传递到隐藏层，之后的过程便和普通的 DNN 一致，加入注意力机制的 DNN 模型结构图如图 11.5 所示。

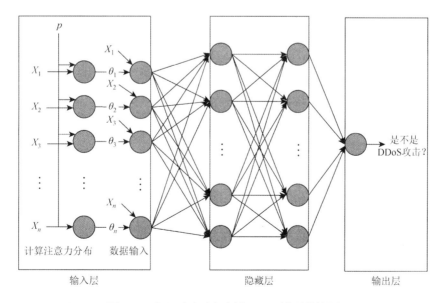

图 11.5　加入注意力机制的 DNN 模型结构图

11.5.3　DDoS 检测模型训练

DNN 训练优化的依据为研究者自身选取的评估函数，每一次训练得到的评估值反映了本次训练结果的好坏，在未达到训练效果或者训练次数之前，采用 Adam 优化方法，调整每一层的权值矩阵和偏置向量，从而使得 DNN 下一次的训练结果更优。如此，使用大量的训练数据，对加入注意力机制的 DNN 进行反复的训练，在达到指定训练次数之后利用测试集数据进行模型评估，并依据评估结果调节模型结构或参数，以获得优质的 DDoS 检测模型。DDoS 检测模型训练过程如下。

（1）模型初始化：构建模型基本结构、初始化模型相关参数，其中，包括模型各层神经元个数、隐藏层层数、学习率、训练次数、损失函数、激活函数、优化函数等。

（2）计算特征集注意力分布：将处理好的特征集和目标标签输入 DDoS 检测模型，计算出各个特征对应的注意力分布。

（3）前向传播数据：将处理好的特征和对应的注意力分布值导入输入层，依据初始的参数逐层进行计算，直至传输到输出层。

（4）反向参数调节：依据损失函数和输出结果计算损失函数值，并根据优化函数（本章采用 Adam 优化算法）逐层对参数进行逆向调节。

（5）重复训练：重复执行步骤（2）～（4），直至训练次数达到设定阈值。

（6）模型评估及优化：采用测试集数据对模型训练效果进行评估，依据评估结果调节模型参数，并重复步骤（2）～（5），直至获得优质的检测模型。

以上为加入注意力机制的 DNN 模型的训练过程，经过该训练过程，可以得到较为优质的 DDoS 检测模型。为了进一步提升模型的训练效率和检测精度，利用训练所得的优质模型帮助 MIC-FCBF 特征选择算法反向调节相关性阈值，以获取最优的优质特征子集。

11.6　仿真实验与结果分析

11.6.1　仿真环境与数据集

本章的硬件环境为 Intel®Core™i7-6700 CPU、16GB 内存。软件环境为 Ubuntu 16.04、Windows 10、网络拓扑搭建工具 mininet、远程 SDN 控制器 Ryu、模拟 DDoS 攻击工具 Hping3、DL 框架 Keras、处理数据的 Python 工具 Pandas、编程语言 Python 3.7、IDE Pycharm。

本章采用 CICIDS2017 数据集，其包含的攻击类型有 Brute Force FTP、Brute Force SSH、DoS、Heartbleed、Web Attack、Infiltration、Botnet、DDoS 等[3]。本章使用的是 2017 年 7 月 7 日下午产生的 DDoS 攻击数据集，整个数据集采集的时间为 15:30～17:02，其中，DDoS 攻击时间段为 15:56～16:16，数据集具体情况如表 11.1 所示。

表 11.1　DDoS 攻击数据集概况[4]

数据描述	数据量
数据流总条数	225746
数据包总个数	2132769
攻击流条数	128027
攻击流比例	56.7%
正常流条数	97719
正常流比例	43.3%
流量特征个数	78

本节将以上 225746 条数据流随机打乱，按照训练集与测试集为 8∶2 的比例划分，并将划分好的数据作为后续实验的数据基础。

11.6.2　结果分析

本章的检测模型是基于加入注意力机制的 DNN 构建而成的，通过不断的实验调试，本节所构建的 DNN 模型结构包含一层输入层、三层隐藏层及一层输出层，而每层隐藏层之后都加上了一层 Dropout 层，以防止模型过拟合。其中，输入层神经元个数由特征个数决定，隐藏层第一、二层神经元个数都为 64，隐藏层第三层神经元个数为 32，其激活函数都为 ReLU，输出层神经元个数为 1，其激活函数为 Sigmoid，Dropout 层取值为 0.5。模型采用的优化函数为 Adam，损失函数为均方误差（mean square error，MSE）。

特征数据对检测模型的影响如下。

本节实验主要是对特征处理方面进行了分析，其中包括 MIC-FCBF 算法的相关性阈值分析、MIC-FCBF 算法的特征选择结果、不同特征选择算法对比及特征构建对模型的影响。

特征选择算法相关性阈值的好坏决定了所选择的特征数据的优劣，为了选取适宜的相关性阈值，我们以 0.1 为步长，在 0～0.9 内对所有的相关性阈值取值进行实验。首先，根据不同的相关性阈值利用 MIC-FCBF 算法进行特征选择，其次，将选择出来的特征进行归一化处理，最后，将处理好的特征输入加入注意力机制的 DNN 中进行训练，并分别记录模型准确率、训练时间及训练效率[5]。

如图 11.6（a）所示，模型的训练效率随着相关性阈值的增大呈先增大后减小的趋势，在相关性阈值取 0.4 时达到峰值，故由此图看来，相关性阈值取值为 0.4 比较适合。如图 11.6（b）所示，当相关性阈值为 0～0.4 时，模型准确率都较高，变化微小；而在 0.4 之后，准确率便随着相关性阈值的增大而减小，故由此图看来，相关性阈值在 0～0.4 都比较适合。如图 11.6（c）所示，当相关性阈值为 0 时，模型训练时间最长，随着相关性阈值的增大，训练时间也逐渐减少；而在相关性阈值增长到 0.3 之后，训练时间便逐渐趋于平稳，故由此图看来，相关性阈值取值在 0.3～0.9 比较适合。综上所述，将相关性阈值取为 0.4 最为适宜。

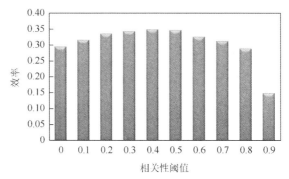

(a) 不同相关性阈值下的模型训练效率

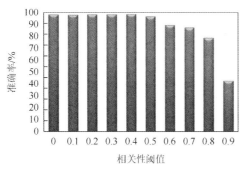

(b) 不同相关性阈值下的模型准确率

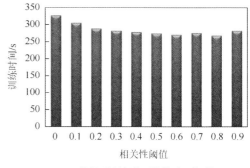

(c) 不同相关性阈值下的模型训练时间

图 11.6　MIC-FCBF 算法相关性阈值分析

　　在确定相关性阈值之后，利用 MIC-FCBF 算法对 78 个特征进行选择，首先，去除相关性值低于 0.4 的特征，剩余 37 个特征，然后，在剩余的 37 个特征之中进行冗余特征去除，除去冗余特征之后剩余 20 个特征，这 20 个特征便是检测需要的最优特征子集。

　　如图 11.7 所示，该 20 个特征是由 MIC-FCBF 算法筛选出来的最优特征子集，这些特征的最大互信息系数取值都在 0.6～1，即与分类标签的相关性较大，并且相互之间基本不存在冗余。这 20 个特征与分类标签之间的相关性从大到小的顺序如下：

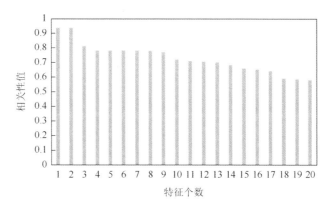

图 11.7　被选择特征子集最大互信息系数分布

Destination Port 、 Fwd IAT Max 、 Subflow Fwd Bytes 、 Fwd IAT Total 、 Total Length of Bwd Packets′、 Fwd Packet Length Mean 、 Total Length of Fwd 、 Fwd IAT Mean 、 Bwd Packet Length Mean 、 Fwd IAT Std 、 Fwd Header Length 、 Bwd Header Length 、 Average Packet Size 、 Subflow Bwd Bytes 、 Length Max 、 Avg Fwd Segment Size Packets 、 Avg Bwd Segment Size 、 Bwd Packet Length Max 、 Fwd Header Length.1 、 Init_Win_bytes_ forward 。

　　本节的特征选择算法 MIC-FCBF 结合了 MIC 和 FCBF 算法，为了证明 MIC-FCBF 算法的有效性，本节对这三种算法及不对特征进行选择的方式进行了对比。实验采用的相关性阈值为 0.4，除了特征选择算法的不同，所用数据集、其他流程及检测模型都一致。如图 11.8 所示，对于准确率来说，不对特征进行选择（即使用全特征）的算法最低，为 95.2%，MIC-FCBF 算法最高，为 99.36%，其他两个算法居中。对于模型训练时间来说，不对特征进行选择的方法最长，MIC 算法其次，MIC-FCBF 算法与 FCBF 算法接近，训练时间最短。其中，模型训练时间的数量级远大于准确率和训练效率，无法放置于同一张图中，因此这里将各个算法训练时间同比例缩小到 0～1，便于实验对比。对于模型训练效率来说，不对特征进行选择的算法最低，MIC 算法与 FCBF 算法次之，MIC-FCBF 算法最高。综上所述，MIC-FCBF 算法的效果最优。

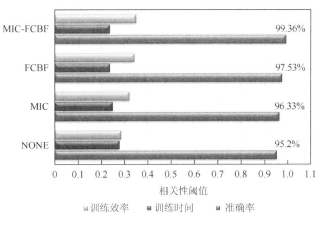

图 11.8　不同特征选择算法效果对比

　　如表 11.2 所示，本节在保证其他流程和 DDoS 检测模型一致的情况下，对是否构建 11.3.2 节所提出的 5 个特征对检测结果的影响做了实验对比。首先，本节对是否构建特征进行了多次实验，在未构建特征的情况下，模型检测准确率为 99.36%，而在构建特征的情况下，模型检测准确率为 99.52%，相对于前者提升了 0.16 个百分点。其次，使用 mininet 中的 iperf 工具在 SDN 中生成大量的正常流量，以此模拟突发流量，同时使用 Hping3 工具模拟发起 DDoS 攻击，在构建特征和不构建特征的情况下，分别进行 10 次实验，其中，突发流量和 DDoS 流都发起 5 次，并记录模型检测结果。由结果可以看到，在构建了特征的情况下，10 次实验都检测成功，并无误检测的情况，而在未构建特征的情况下，虽然 5 次 DDoS 攻击流检测正确，但是 5 次突发流量却有 2 次被误检为 DDoS 攻击流。如此看来，本节构建的特征不仅能够在一定程度上提升检测准确率，同时还能很好地区分 DDoS 流和 FC 流量。

表 11.2　特征构建对 DDoS 检测的影响

是否构建特征	检测准确率/%	突发流量误检率/%
是	99.52	0
否	99.36	20

11.7　本 章 小 结

本章介绍了一种基于 MIC-FCBF 和 DNN 的 DDoS 攻击检测技术。首先，分析了传统定时采集数据进行 DDoS 检测方式的不足，并提出了基于数据源熵的 DDoS 态势感知技术。其次，将现有的两种特征选择算法 MIC 和 FCBF 进行结合，提出了一种基于 MIC-FCBF 算法的特征选择技术，以此从量多、冗余的特征集中挑选出最适合的特征子集。与此同时，本章构建了对 DDoS 攻击敏感并且能够区分突发流量的 5 个特征，将该特征与之前所选择的优质特征进行归一化处理，共同作为后续检测模型的数据输入。最后，基于加入了注意力机制的 DNN 构建出了 DDoS 检测模型，并与其他常见的 DL 模型进行了对比，以此验证该模型的优异之处。

参 考 文 献

[1] Lü T X，Liu P Y. Multi-Agent network security audit system based on information entropy[C]//2010 IEEE 2nd Symposium on Web Society，Beijing，2010：367-371.

[2] Sharafaldin I，Lashkari A H，Ghorbani A A. Toward generating a new intrusion detection dataset and intrusion traffic characterization[C]//International Conference on Information Systems Security and Privacy，New York，2018：108-116.

[3] Miao R，Gong D W，Gao X Z. Feature selection and its use in big data：Challenges，methods，and trends[J]. IEEE Access，2019，7（3）：19709-19725.

[4] Engelen G，Rimmer V，Joosen W. Troubleshooting an intrusion detection dataset：The CICIDS2017 case study [C]//2021 IEEE Security and Privacy Workshops，San Francisco，2021：7-12.

[5] 李云鹏，侯凌燕，王超. 基于 YOLOv3 的自动驾驶中运动目标检测[J]. 计算机工程与设计，2019，40（4）：1139-1144.

第12章　多模态智慧网络路径资源调度

12.1　基于记忆模拟退火的多约束路由的路径选择算法概述

近年来，数据中心被广泛地应用于满足越来越多的苛刻的商业需求，企业、服务与内容提供商依赖数据中心资源来进行商业运作和提供网络服务。而数据中心网络（data center network，DCN）是现代数据中心重要组成部分，它必须具有很高的可靠性和令人满意的性能。首先，数据中心服务器之间的流量占据主导地位，其次，数据中心规模在快速增长。为了数据中心网络资源的高效合理利用，针对前面内容中流量管理策略的研究，利用数据中心流量的高效路由成为 DCN 中的必要和最具挑战的部分。

传统的 DCN 通常是由交换机和核心路由器将服务器连接而成的树形结构（如 Fat-tree、VL2 这类多层树结构），Fat-tree 三层结构包括核心层、聚集层和边缘层[1]。Fat-tree 结构相较于传统多根树结构解决了根节点瓶颈的问题。但是由于交换机的端口数量不容易拓展，而且也面临多层树结构共同的问题，即核心层的交换机和路由器负担较大，因此，核心层容易成为网络瓶颈，且 Fat-tree 结构拓展性和容错性比较差。

为了实现数据中心的高性能目标，以服务器为中心的数据中心（server-centric data center，SCDC）的概念被提出，在 SCDC 中服务器不仅作为终端主机而且作为中继交换机来进行多跳通信[1-3]。DCell 利用大量服务器和少量交换机迭代地组成服务器之间的连接关系，过程如下所示。

每个高层的 DCell 由多个低层的 DCell 连接组成，最低层的 DCell 由 n 个服务器和一个 n 口交换机组成，所以 DCell 的节点数量呈指数型增长的趋势，k 表示最基本单元中一个交换机连接的服务器数量，n 表示层数，如图 12.1 所示。

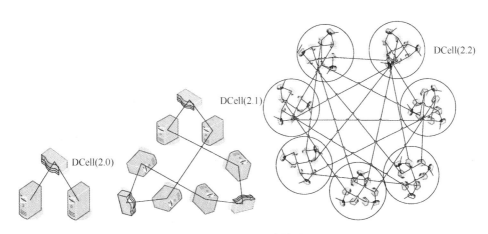

图 12.1　DCell 结构图

DCell 具有容错性是因为它没有单点故障的问题和具有分布式容错路由协议（distributed fault-tolerant routing protocol，DFR），在发生严重链路或节点错误时也表现为接近最短路径路由。

但是现在的 SCDC 的路由算法是拓扑相关的，一个特定算法只是为了一个具体的拓扑设计的，现在数据中心已经有很多的网络拓扑结构（如 Fat-tree、VL2、PortLand、Bcube 和 DCell 等），Bcube 的拓扑相关算法并不能应用于 DCell 中，而且拓扑相关路由算法只用跳数作为路由度量，没有考虑路径质量，不能保证路径服务质量。多约束 QoS 路由算法在传统网络中被广泛地研究，如多约束最短路径（multi-constrained shortest path，MCSP）[4]，但是这些算法没有利用 SCDC 的拓扑特性来进行优化，因此，将多约束多路径问题引入 SCDC 中达到克服上述限制的目的。

传统数据中心有几个主要缺点，如没有性能隔离、有限的管理灵活性等。为了解决这些问题，本节已经提出了许多网络架构和路由算法，如 BCube 拓扑相关路由算法根据位置特征来分配服务器地址，该算法通过校正先前服务器地址的一位数字来找到中继服务器，然而如前面所示，拓扑相关的路由算法仅在特定的架构中运行良好，并且仅根据跳数来选择路径。多路径选择算法需要执行很多次最短路径查找，而且每次也是仅根据跳数来查找，这样不能保证路径质量，这样的大量计算也是不需要的[5]。在一般的网络路由领域中，为了解决多约束 QoS 路由问题，本节提出多种算法。MCP 专注于寻找一种替代方案路径，所以该算法选择的路径只是可行的路径[6]。MCSP 致力于找到多约束下的最短路径。因此，它可能不能平衡网络的成本并充分地利用资源[7]。2002 年，Korkmaz 和 Krunz 提出了 H-MCOP 算法[8]。该算法具有比所有先前的多约束路由算法更高的性能，它可以以非常高的可能性找出可行的路径。然后这种问题吸引了很多人的注意。有几种改进 H-MCOP 性能的算法，如 TS-MCOP[9]和 EH-MCOP[10]。TS-MCOP 改进 H-MCOP 性能达到了最好的效果。这些算法能够很好地寻找最优路径，但是它们不提供多路径，所以它们不能直接用在以服务器为中心的网络环境。总之，目前的多路径算法在数据中心效率不高，所以一般的多约束路由算法不考虑 SCDC 中的拓扑特性并且只能提供一条可行的路径。它们都不能解决多约束多路径问题，这对于 SCDC 的性能是相当重要的。所以本章提出一种新的路由算法。

12.2　基于记忆模拟退火的多约束路由算法模型

12.2.1　多约束路由模型

QoS 保障包含以下参数，如时延、抖动、链路可靠性及带宽等，时延是指一项服务在两点之间传输的平均时间，而现代数据中心中很多应用是软超时限制的，对时延的要求很高，如搜索引擎的响应时间不能超过 300ms。抖动是指同一条路径上数据包的时延变化大小，链路可靠性指一条链路是否可靠的概率，带宽指一条链路的带宽大小。

多约束 QoS 路由不仅要计算出可用路径而且要做到将网络性能最大的优化，QoS 路由过程有多方面的问题需要解决。

（1）选择哪些参数作为度量标准，取决于具体网络的需求，不同的参数选择能满足不同的用户需求。

（2）度量标准确定后，怎样寻找到满足需求的从出发点到目标点的路径，而一个节点获取到的其他节点信息可能是不准确的，这会影响到算法的可靠性。

（3）怎样保证得到的路径是满足约束的最优路径，已知多约束路由问题是 NP 完全问题，怎样使得到的路径是全局最优解。

根据约束条件的不同特性将约束分为下面三种。

（1）可加性约束：包括跳数、时延、抖动、成本等。可加性约束的权重表示所有链路的权重，如式（12.1）所示，i 为某个可加性约束编号，P 为路径，e_l 为组成路径。

$$w_i(P) = \sum_{l=1}^{j} w_i(e_l) \tag{12.1}$$

（2）可乘性约束：包括链路可靠性、丢包率等。可以将可乘性约束的对数形式转化为可加性约束，从而权重可以表示为

$$w_i(P) = \prod_{l=1}^{j} w_i(e_l) = e^{\sum_{i=1}^{n} \ln[w_i(e_l)]} \tag{12.2}$$

（3）凹形约束：包括带宽。凹形约束标记路径的限制，能直接作为选择路径的限定条件，所以式（12.3）被用来计算凹形约束，i 代表各个约束的序列号。

$$w_i(P) = \min\{w_i(e_1), w_i(e_2), \cdots, w_i(e_j)\} \tag{12.3}$$

为了在一个函数中计算多种约束，Guo 等[3]利用线性函数来表示路径成本，具体如下：

$$\mathrm{COST}(P) = \sum_{i=1}^{k} d_i w_i(P) \tag{12.4}$$

式中，$\mathrm{COST}(P)$ 代表路径 P 的成本；d_i 是 w_i 的权值。

这个表达式被用来计算迪杰斯特拉（Dijkstra）算法的路径成本，因此，被很多以前的路由算法使用过。然而线性函数不能很好地反映真正的约束条件。为了能够更适合真正的约束，式（12.5）被用来计算路径成本：

$$\mathrm{COST}(P) = \left[\sum_{i=1}^{k} \left(\frac{w_i}{c_i} \right)^q \right]^{\frac{1}{q}} \tag{12.5}$$

当 $q \to \infty$ 时，有

$$\mathrm{COST}_{\infty}(P) = \max_{1 \leqslant i \leqslant k} \left[\frac{w_i(P)}{C_i} \right] \tag{12.6}$$

通过式（12.6），本节可以精确地求出满足多约束条件的所有可用路径，它比 Dijkstra 算法更适合计算路径成本，这样能得到有 QoS 保障的路径。

给出基本定义如下。

定义 12.1　服务器为中心的数据中心（SCDC）：在 SCDC 中，服务器不仅作为终端，也作为多跳通信的中继节点，直接链接服务器而没有可能导致网络瓶颈的传统分层开关结构[11]，每个服务器连接多个服务器或交换机。

定义 12.2　可用路径：给定一个网络加权图 $G(V,E)$，V 代表节点集合，E 代表边的集合，$n=|V| m=|E|$ 每个边 $e(v_i,v_j)$ 都有相应的由 K 个权值（表示为 w_k）组成的权重向量 W，以及由 K 个约束（表示为 c_k）组成的约束向量 C。每条路径由不重复的节点组成；即 $P=(v_1,v_2,v_3,\cdots,v_i)$，可用路径要满足 $w_k(P)\leqslant c_k$。

定义 12.3　最优路径：将所有从 v_i 到 v_j 的可行路径标记为 $P_1,P_2,P_3,\cdots,P_l$，使用式（12.5）来计算路径代价。最优路径 P_0 满足：$\text{COST}(P_0)\leqslant \text{COST}(P_i)$，$i$ 满足 $1\leqslant i\leqslant l$。

定义 12.4　邻居节点对：在 SCDC 中，如果两个服务器直接相连或者通过一个交换机间接相连，那么这两个服务器为邻居节点对。

定义 12.5　邻居节点矩阵：在有 N 个服务器的 SCDC 网络中，邻居节点矩阵 M_1 为一个 N^2 的矩阵，每个元素 $v_{i,j}$ 包含跳数、权重向量和连接 v_i 与 v_j 的邻居节点路径，若 v_i 和 v_j 不是邻居节点，则标记 $v_{i,j}$ 为 0，若是，则修改跳数。

定义 12.6　路径长度：在本节中，若 v_i 和 v_j 是邻居节点对，本节定义 (v_i,v_j) 的路径长度为 1，若 $(v_i,v_j)(v_j,v_k)$ 是邻居节点对，则表示在 v_i 和 v_k 之间有一条路径 (v_i,v_j,v_k)，该条路径长度为 2，可以套用相似定义长度 x 的路径。

12.2.2　路由方法

当多约束 QoS 路由方法有两个和两个以上的约束需要满足时是 NP 问题。NP 问题是指没有被证明能否使用多项式来解决的问题。NP 完全问题是 NP 问题的一个子集。如哈密顿回路，在一个图中找到一条经过所有点（并不重复经过点）并返回原点的路径，这个问题还没有找到多项式级的算法来解决。

而 NP 完全问题可以用启发式算法来求得接近全局最优的解，但不保证是全局最优解。启发式算法主要有模拟退火算法、遗传算法和蚁群算法等。

启发式算法无外乎局部搜索和全局搜索两种思路，局部搜索是在局部范围内找到最优解，对应的是遗传算法里的选择规则和交叉规则，但只有局部搜索容易陷入局部最优解，为了求出全局最优解需要跳出局部搜索，通过变异规则可以跳出局部搜索。

本章以模拟退火算法为基础，模拟退火算法被 Metropolis[11] 提出以解决 NP 完全问题中局部最优解问题，模拟退火算法来源于固体退火，类似一种排列过程。模拟退火算法从较高温出发，随着温度的不断下降，接受当前解的概率也在急剧下降，即使遇到局部最优解，也有一定概率跳出局部最优解，使概率向全局最优解收敛。

因为在求解邻居矩阵过程中，在各种数据中心拓扑结构中，网络规模的变化使得最大路径长度波动变化而不能确定其值，所以本章利用模拟退火算法求解多约束路由问题来使得算法收敛和求解最优路径，基本过程为接收当前路径长度为 x 的邻居矩阵中的相对最优路径为当前解，并存储当前解的路径成本，在计算下一路径长度 $x+1$ 的邻居矩阵之后，计算当前邻居矩阵中路径的目标函数，并得到最优新解，然后比较当前解和新解的目标函数值，若新解的目标函数小于当前解的目标函数，则温度下降，且接受新解为当前解，若不是，则按照梅特罗波利斯（Metropolis）准则以概率 $\exp(f/f(w))$ 接受新解为当前解，直至到达求解邻居矩阵过程的迭代次数或温度降到 0。

模拟退火算法有一定概率接受目标函数恶化的解，对于有多个极值的情况，模拟退火并不能保证最后得到的最优解是所有解中的最优解，则不能保证求解路径是全局最优路径。本章进一步利用了记忆模拟退火算法增加了记忆解的功能来求解全局最优路径，本章中记忆模拟退火应用过程是在模拟退火过程基础上增加参数 w' 和 $f(w')$ 用于存储当前遇到的最优解和它的目标函数值，算法开始时 $w' = w$，$f(w') = f(w)$，每得到一个新解就利用上述的模拟退火算法处理之后，将 $f(w')$ 和 $f(w_i)$ 进行比较，若 $f(w_i)$ 优于 $f(w')$，则 $w' = w_i$，$f(w') = f(w_i)$，算法结束时将最优解和记忆最优解进行对比，取较优的作为近似全局最优解，即取得近似全局最优路径。

在选取初始温度时，若 T_0 选得太小，则模拟退火算法一旦落入局部最优值就很难跳出来，所以 T_0 选取应该保证：

对于 $\forall\, i, j,\ \exp\left(-\dfrac{\Delta f_{i,j}}{T_0}\right) \approx \alpha_0$，一般 $\alpha_0 = 0.8$，$\Delta f_{i,j}$ 可取发生数次状态转移时函数增量的平均值，而 T_k 以速率 $\ln k$ 下降。

本章通过利用记忆模拟退火算法来求解全局最优路径，并使得算法收敛于全局最优解，保证了算法结果的稳定性。

12.3　基于记忆模拟退火的多约束路由的路径选择算法设计

在 SCDC 中单个交换机连接 k 个服务器，若两个服务器通过交换机连接，则可以通过两个服务器的位置找到交换机的 ID，所以可以着重于寻找高效服务器路由的算法。该算法最基本的思想是用路径长度为 1 和 N 的路径来找到路径长度为 $N+1$ 的路径。该算法利用了 War-shall 的基础思想来搜索备用路由，它是一种高效地求传递关系二元闭包的算法。但该算法只能分析一个网络中两个节点的关联性，且其复杂度较高。而利用 SCDC 拓扑结构特点可以降低时间复杂度。

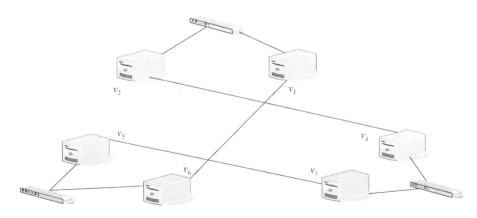

图 12.2　DCell（2, 1）结构

本节在图 12.2 中建立了一个小型 DCell 网络模型（$k = 2$，$n = 1$），其共有 6 台服务器

和 3 个交换机。本节用 4 个约束$[c_1, c_2, c_3, c_4]$，c_1 与 c_2 是可加性约束，c_3 是可乘性约束，c_4 是凹性约束。所以每条路径 P 都有相应的 4 个权值，标记权重向量为

$$W_P = [w_1(P), w_2(P), w_3(P), w_4(P)]^T \qquad (12.7)$$

若任意两个服务器 $v_i, v_j (1 \leqslant i \leqslant 6, 1 \leqslant j \leqslant 6)$ 是邻居节点对，则可以用式（12.5）来计算路径代价。然后，将跳数和相关信息（权重向量和 $v_{i,j}$ 的代价值）存储在 M_1 中。接着，根据 M_1 构建并记录了路径长度为 2 可行路径和相关信息 M_2。以 v_1 为例，为了找到路径长度为 2 的可行路径，首先在 M_1 中搜寻 v_1 的所有邻居节点，然后得到 v_2 和 v_6，本节可以通过 v_2 和 v_6 分别直接到达 v_1，v_4 和 v_1，v_5。去掉重复的路径和节点，本节得到两条从 v_1 出发的路径：(v_1, v_2, v_4) 和 (v_1, v_6, v_5)，利用式（12.1）～式（12.3）来计算路径权重，这里用 (v_1, v_2, v_4) 来做示例，由于 c_1 和 c_2 是可加性约束，c_3 是可乘性约束，c_4 是凹性约束，所以

$$w_1(v_1, v_2, v_4) = w_1(v_1, v_2) + w_1(v_2, v_4) \qquad (12.8)$$

$$w_2(v_1, v_2, v_4) = w_2(v_1, v_2) + w_2(v_2, v_4) \qquad (12.9)$$

c_3 是可乘性约束，相关权重 w_3 计算方式为

$$w_3(v_1, v_2, v_4) = e^{\ln(w_3(v_1, v_2)) + \ln(w_3(v_2, v_4))} \qquad (12.10)$$

$$w_4(v_1, v_2, v_4) = \min\{w_4(v_1, v_2), w_4(v_2, v_4)\} \qquad (12.11)$$

若所有权重都符合约束条件要求，则计算路径代价：

$$\text{COST}(v_1, v_2, v_4) = \left\{ \sum_{i=1}^{4} \left[\frac{w_i(v_1, v_2, v_4)}{c_i} \right]^q \right\}^{\frac{1}{q}} \qquad (12.12)$$

若路径不满足限制条件，则丢弃该路径，若路径 P_i 不满足要求，则包含 P_i 路径的父路径都不满足要求。在例子中，本节假设都满足约束要求，并将信息记录到 M_2 中，以此类推，可以求出 M_X，通过 M_X 可以获得长度为 X 的可用路径，由于 X 并不能确定，算法的时间复杂度过高，利用模拟退火算法来帮助它收敛，每求出一个 M_X，就判定是否达到迭代次数和温度是否降到规定温度以下，若是，则终止搜索。而记忆模拟退火则帮助获取搜索过程中的最优解，初始邻居节点 M_1 和路径长度为 2 的矩阵 M_2 如表 12.1 和表 12.2 所示。

RI 代表相关信息，包括权重向量和代价值。矩阵 $\text{Matrix}[u, I, j]$ 记录了从 v_i 到 v_j 长度为 u 的所有路径和它们的权重向量及代价。

表 12.1　初始邻居节点矩阵 M_1

M_1	v_1	v_2	v_3	v_4	v_5	v_6
v_1	0	2RI	0	0	0	1RI
v_2	2RI	0	0	1RI	0	0
v_3	0	0	0	2RI	1RI	0

续表

M_1	v_1	v_2	v_3	v_4	v_5	v_6
v_4	0	1RI	2RI	0	0	0
v_5	0	0	1RI	0	0	2RI
v_6	1RI	0	0	0	2RI	0

表 12.2　路径长度为 2 的矩阵 M_2

M_2	v_1	v_2	v_3	v_4	v_5	v_6
v_1	0	0	0	$3v_2$RI	$3v_6$RI	0
v_2	0	0	$3v_4$RI	0	0	$3v_1$RI
v_3	0	$3v_4$RI	0	0	0	$3v_5$RI
v_4	$3v_2$RI	0	0	0	$3v_3$RI	0
v_5	$3v_6$RI	0	0	$3v_3$RI	0	0

模拟退火算法对应了一个马尔可夫链，新路径的接受概率仅仅依赖于新路径的目的函数值和当前最优解的目的函数值（即 Metropolis 准则），并由温度控制，在基于 Metropolis 接受准则的优化过程中，可避免搜索过程陷入局部最优并使得算法收敛于问题的全局最优解，该理论已被证明[12]。

SCMM 算法是一个多对多的路由算法，时间复杂度为 $O((k-1)^x N)$，N 为服务器数量；k 为模拟退火迭代次数，x 为温度控制的外循环次数，在大规模的数据中心网络中，k 和 x 对于 N 来说都是相对较小的，所有邻居矩阵都要被求出来，所以需要循环 $x-1$ 次，对所有的可能路径，需要检查它的所有邻居节点，代价为 $k-1$，对一个矩阵 M_i，任意两个节点，可能路径的数量平均小于 $(k-1)^{i-1}/N$，所以总时间复杂度为 $\sum_{i=2}^{x} k(k-1)^{i-1}N \leqslant k[(k-1)^x - (k-1)/(k-1)/N] = O((k-1)^x N)$，同时还需要一个来存储各个路径长度的矩阵，所以 SCMM 算法的空间复杂度为 $O(x \times N^2)$。

12.4　基于记忆模拟退火的多约束路由的路径选择算法的仿真实验与结果分析

12.4.1　实验方法

为了验证记忆模拟退火的多约束 QoS 路由优化算法在 DCN 中的资源优化情况，本节实验设计的基本思想是基于 DCell 和 BCube 拓扑结构实现的（也可以利用相似的方式应用在其他的结构中），利用 Java 文件流对改进的邻接矩阵（即邻居矩阵）进行生成或读取，并根据和求出其值。

BCube 和 DCell 拓扑结构的节点规模如表 12.3 和表 12.4 所示，可知这两种结构节点数量随 n 和 k 呈指数型增长趋势。

表 12.3　　BCube（n, k）的节点数量

(n, k)	节点	(n, k)	节点
(3, 2)	54	(6, 3)	2160
(4, 2)	112	(5, 4)	5625
(4, 3)	512	(6, 4)	14256
(5, 3)	1125	(4, 6)	45056

表 12.4　　DCell（n, k）的节点数量

(n, k)	节点	(n, k)	节点
(2, 2)	63	(6, 2)	2107
(3, 2)	208	(8, 2)	5912
(4, 2)	525	(10, 2)	13431
(5, 2)	1116	(3, 3)	32656

由于 DCell 拓扑结构构造方式和 BCube 类似，所以以 DCell 为例。

DCell 构建过程首先创建 DCell₀ 并连接其中节点，之后利用递归方法创建并连接 DCell$_{l, s}$。

本次实验使用了四个约束条件：时延、链路可靠性、带宽和跳数。其中，将拓扑上链路带宽设置为 1Gbit/s。跳数是确定的，其余三个参数的初始值采用随机方式生成，而时延的初始值包括节点等待时间和链路传输时间，时延符合在（0, 200）上的均匀分布，链路可靠性符合在（0%，6%）上的均匀分布，带宽满足在（0, 0.6Gbit）区间上的均匀分布。将约束值设为 $1.5 w_k(p)$，p 为源节点到目的节点的最短路径，而随机选择源-目的节点对，将各约束权值设置为 $c_{时延} = 5$，$c_{链路可靠性} = 16667$，$c_{带宽} = 1670$。

SCMM 算法可以求出近似全局服务质量最优路径。SCMM 算法首先设置各约束的随机区间等并随机产生源-目的节点对，初始化原始邻居矩阵之后则计算下一阶矩阵，计算当前矩阵中的源-目的之间路径的权重向量，将不满足约束条件的路径标 0，记录当前矩阵暂时最优解并和记忆解进行比较，利用记忆模拟退火算法求搜索过程中的最优解。

12.4.2　结果与分析

实验一比较 TS_MCOP、H_MCOP 和基于模拟退火多约束路由的路径资源管理算法（SCMM）搜索到的最优路径。在不同的 DCN 结构（BCube 和 DCell）中分别运行上述算法，确定各权值之后则计算出各个算法最优路径代价，运行 50 次后取路径代价平均值作为评估标准，结果如图 12.3 和图 12.4 所示。

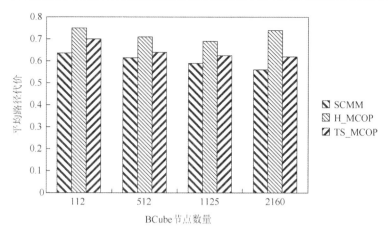

图 12.3　BCube 中各个算法平均路径代价

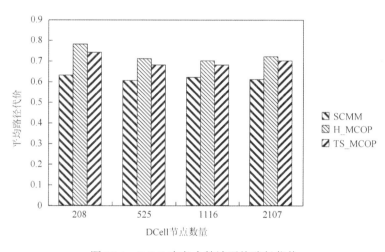

图 12.4　DCell 中各个算法平均路径代价

由图 12.3 和图 12.4 可知,SCMM 在 BCube 中平均路径代价低于 TS_MCOP（8.2%）,而在 DCell 中 SCMM 平均路径代价低于 TS_MCOP（12%）,该实验证明了在较大的 DCN 结构中 SCMM 在解决多约束最优路径问题上的有效性。

实验二为了证明算法求出的最优路径是否是全局最优或者接近全局最优,而 NP 完全问题在大型拓扑结构中很难求出,所以实验二在较小一些的 BCube 和 DCell 结构（BCube（3, 2）,BCube（4, 2）,BCube（4, 3）和 DCell（2, 2）,DCell（3, 2）,DCell（4, 2））中进行,首先根据源-目的节点对求出所有路径并计算出最优路径代价 $C_{optimal}$,然后根据各个算法返回的最优路径的代价 C_{SCMM}, C_{H_MCOP}, C_{TS_MCOP} 来计算 $C_{SCMM}/C_{optimal}$,$C_{H\_MCOP}/C_{optimal}$, $C_{TS\_MCOP}/C_{optimal}$ 并将其作为评估标准。

由图 12.5 与图 12.6 可知,H_MCOP 在 DCN 结构增大时搜索出的最优路径和全局最优路径差距越来越大,算法效果急剧下降,而 SCMM 和 TS_MCOP 表现比较稳定,只是缓慢下降,SCMM 在两种结构中对 TS_MCOP 的效果都占优,所以在大型 DCN 结构中,SCMM 也能表现良好。

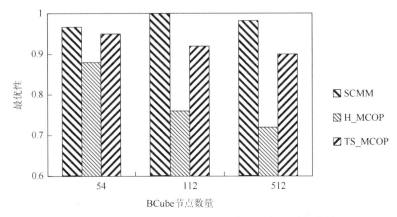

图 12.5 较小 BCube 中各算法最优路径和全局最优的差距

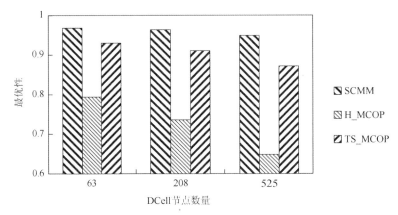

图 12.6 较小 DCell 中各算法最优路径和全局最优的差距

实验三建立在两种结构的多路径传输上，将单个流分成对应路径数目 n 的小流进行传输，在 SCMM 求出的最优路径和次优路径中，选出代价最小的前几条路径，将 n 个小流在这 n 条路径上进行传输。多路径的时延为几条路径中的最大时延，链路传输时延会缓慢减小，而节点等待时间会显著地减少。结果如图 12.7 和图 12.8 所示。

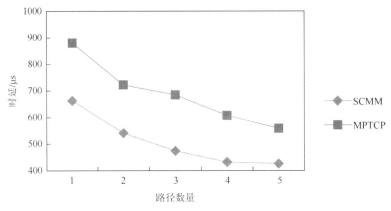

图 12.7 BCube（6，4）中多路径传输时延

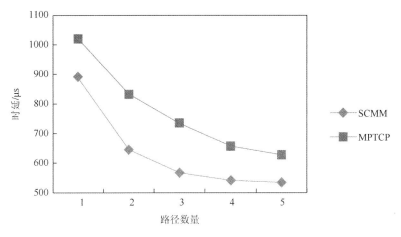

图 12.8　DCell（10, 2）中多路径传输时延

可以看出 SCMM 对于多路径传输控制协议（multipath TCP，MPTCP）在多路径传输上的优势，其中，SCMM 在 BCube（6, 4）中相对于 MPTCP 时延平均降低了 26%，而在 DCell（10, 2）中平均时延也降低了 19%，可见 SCMM 在选择最优路径和次优路径的多路径上的优越性。

12.5　本章小结

MCOP 问题和 MCMP 问题是 SCDC 中很重要的且还没有被很好解决的两个难题，针对传统网络中的多约束路由算法没有利用 SCDC 的拓扑特性、当前 SCDC 中多约束路由算法并没有提供多路径和 SCDC 为基础的多路径选择算法只考虑跳数约束等不能保证路径良好的性能的现象，将多约束多路径问题和多约束最优路径问题引入 SCDC 结构中。本章提出一个基于 SCDC 的多约束路由算法来解决 MCOP、MCMP 问题，该算法利用 SCDC 拓扑结构来减小算法复杂度以简化路由过程，并有很大的可能性找到最优路径，这个最优路径的代价小于其他路由算法的最优路径的代价，而在多路径方面找到的最优及次优路径集合也证明了比 MPTCP 的时延低至少 19%。

参 考 文 献

[1] Leiserson C E. Fat-trees：Universal networks for hardware-efficient super computing[J]. IEEE Transactions on Computers，1985，C-34（10）：892-901.

[2] Guo C X，Lu G H，Li D，et al. BCube: A high performance，server-centric network architecture for modular data centers[J]. ACM SIGCOMM Computer Communication Review，Barcelona，2009：63-74.

[3] Guo C，Wu H，Tan K，et al. DCell: A scalable and fault-tolerant network structure for data centers[J]. ACM SIGCOMM Computer Communication Review，2008，38（4）：75-86.

[4] Feng G，Korkmaz T. Finding multi-constrained multiple shortest paths[J]. IEEE Transactions on Computers，2015，64（9）：2559-2572.

[5] Dominguez-Folgueras M，Castro-Martin T. Cohabitation in Spain：No longer a marginal path to family formation[J]. Journal of Marriage and Family，2013，75（2）：422-437.

[6]　　Zheng J，Zhao J，Qu H，et al. Penalty factor based multi-constraint pruning QOS routing algorithm[C]//International Conference on E-Business and E-Government，New York，2012：642-646.

[7]　　Feng G，Korkmaz T. Finding multi-constrained multiple shortest paths[J]. IEEE Transactions on Computers，2015，64（9）：2559-2572.

[8]　　Feng G. On the performance of heuristic H-MCOP for multi-constrained optimal-path QOS routing[C]//International Conference on Advanced Information Networking and Applications，Fukuoka，2004：50-53.

[9]　　Lin H，Du X W，Jin X. Multi-constrained routing based on tabu search[C]//IEEE International Conference on Control and Automation，Guangzhou，2007：157-161.

[10]　Masuda N，Kawamura Y，Kori H. 2TP3-01 Structure of networks determines the system size dependency of noise intensity in collective dynamics[C]//Networking 2011：International IFIP Tc 6 Networking Conference，Valencia，2011：238-249.

[11]　魏祥麟，陈鸣，范建华，等. 数据中心网络的体系结构[J]. 软件学报，2013（2）：295-316.

[12]　Bertsimas D，Tsitsiklis J. Simulated annealing[J]. Statistical Science，1993，8（1）：10-15.

第 13 章　多模态智慧网络同步技术

13.1　基于蚁群算法的路由规划同步技术

数据的传输离不开设备的转发，设备的转发又离不开底层的路由转发。在公有的路由算法中路由信息协议（RIP）和开放式最短路径优先（open shortest path first，OSPF）通过同步各个节点的信息来完成路由的建立。在软件定义网络中需要经过各个节点的数据同步之后使得节点拥有全局的拓扑信息，如同 OSPF 一样在本地构建出全局的拓扑。在软件定义网络中需要构建出的是全局逻辑拓扑，然后为传递数据进行全局逻辑拓扑端到端的路径计算，本节在第 3 章网络同步已经完成的基础上，讨论并构建在全局逻辑拓扑上的路由。

在单个 SDN 控制器中计算两点之间的最短路径可以使用最短路径算法如迪杰斯特拉（Dijkstra）算法和蚁群算法等，也可以计算多条路径来达到负载均衡的效果。但是在多 SDN 控制器下往往只会计算最短径原因之一是底层的交换机拓扑图太大，导致负载均衡的路径难以在令人接受的时间内计算出来。

本章将单个 SDN 控制器内部的端到端所有可行链路加入权重计算中，然后分层分节点进行计算。其中分层指的是全局逻辑层和本地交换机层，分节点指的是各个节点计算自己的端到端路径。将上面提出的计算全局交换机拓扑所带来的庞大的计算量缩减为计算全局控制节点拓扑，由每一个节点自行计算当前节点在全局路由中的端到端路径数然后下发流表。

13.2　面向 SDN 多域的全局路由动态计算模型

13.2.1　框架设计思路

本章主要研究的是在分布式 SDN 架构中，利用基于域内拓扑点到点路径数作为新的权值改进的蚁群算法来解决点到点路由计算过程中分布式域内链路不可知的问题。

我们可以将分布式 SDN 架构中的控制层面的逻辑拓扑抽象为一个无向图 $G = \langle V, E \rangle$，其中，V 表示控制器节点集，E 表示控制域之间底层交换机的链路集合。在图 13.1 中，n〈一〉$m{:}k$ 表示一个域的交换机 n 到交换机 m 有 k 条不同路径可以互通。那么在带宽、时延和控制器负载都相同的情况下从 A 点到 D 点的路径会是 $A{-}{>}B{-}{>}D$，这样选出的全局层面的路径能够很好地感知到每一个控制器域内的拓扑情况而不是仅仅依靠带宽、时延和控制器负载等来计算全局路径。

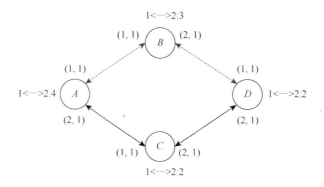

图 13.1　简单网络示意图

13.2.2　全局路由动态计算模型构建

针对上述场景，在本节提到的 SDN 中有同步信息解析模块处理同步信息以获取负载和带宽、内部拓扑点到点连接数，有内部链路收集线程和同步信息收集线程分别收集内部拓扑和发送同步信息以进行同步。所以本章需要在之前的基础上加上全局路由动态计算模型。

如图 13.2 所示，全局路由动态计算模型是在原 SDN 基础上添加的功能模型，其主要包含四个模块：同步信息分类模块、本域端到端路径计算模块、ARP 响应模块、全局路由计算模块。控制器的全局路由动态计算模型首先会完善全局逻辑拓扑，在全局逻辑拓扑完善的基础上处理 ARP 请求，并根据目的地址计算全局路由，最后将计算出来的全局

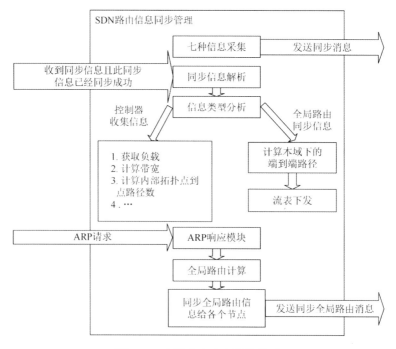

图 13.2　全局路由动态计算模型

路由信息同步给其他节点。当一个节点收到的同步信息是全局路由类型时，它会计算全局拓扑中属于自己那一部分的内部路径并将计算出来的路径通过流表的形式下发给各个交换机。

接下来对全局路由动态计算模型中的每个功能模块做详细的介绍。

1. 同步信息分类模块

当 SDN 收到同步信息时会提取出其中的信息类型。如果类型为控制器收集信息，那么就按照正常的同步信息来处理数据。如果类型为全局路由同步信息，那么就交给本域端到端路径计算模块进行处理。

2. 本域端到端路径计算模块

系统收到全局路由信息后，需要进行以下的判断和处理。

（1）本节点是全局路由的起始节点，提取出本节点和下一个节点的连接信息。这个连接信息的有效部分其实只有本节点的出端口，因为本节点是起始节点，所以它一定知道 ARP 请求数据包的入端口地址，就可以计算出从这个入端口到其出端口的所有路径，然后下发流表。

（2）本节点是全局路由的末尾节点，提取出本节点和上一节点的连接信息。获取到入端口后，由于本节点是最后一个节点，那么最终的目的地一定在本域，所以一定可以提取出出端口，然后计算出从入端口到出端口的所有路径，最后下发流表。

（3）本节点是全局路由的中间节点，提取出本节点、上节点和下节点的连接信息。先提取出入端口和出端口，然后计算从入端口到出端口的所有路径，最后下发流表。

三个控制域的简单拓扑如图 13.3 所示，其中，大圆圈为控制器的控制域，小圆圈为 OpenFlow 交换机，正方形为主机。

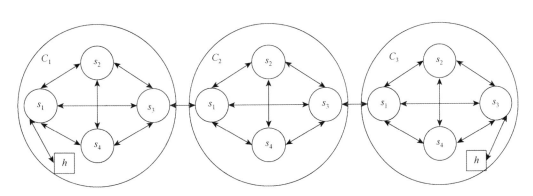

图 13.3　三个控制域的简单拓扑

3. ARP 响应模块

当控制器收到 ARP 请求数据包后先提取其目的 IP 地址，然后通过 IP 地址在本地的主机信息容器中查找对应的信息并获取其对应的 MAC 地址，最后构造 ARP 响应包并通过 ARP 请求数据包的入端口发送出去。收集入端口、目的 IP 地址、源 IP 地址、源 MAC 地址、目的 MAC 地址、本域 ID 和目的域 ID 并将其作为参数交付给全局路由计算模块。

4. 全局路由计算模块

以本域 ID 作为源地址，目的域 ID 为目的地址使用改进蚁群算法计算全局路由。将目的 IP 地址、源 IP 地址、源 MAC 地址和目的 MAC 地址作为备份信息和全局路由一起组成全局路由信息并将其同步给各个节点。使用入端口、目的 IP 地址、源 IP 地址、源 MAC 地址、目的 MAC 地址和出端口计算本域的路由。

13.3　蚁群算法的改进

13.3.1　启发信息设计和相关定义

在基本的蚁群算法中使用的启发信息是节点之间的距离，这个是其解决的问题决定的。在路由选择过程中所使用的启发信息应该是节点之间的权重，而节点之间的距离是其中的一种且有对应的算法，如 RIP 协议。但是现在的路由选择算法不会仅仅依靠节点之间的距离来决定一条路由，更多的是结合多种因素来综合考虑决定一条路由的好坏，如增强型内部网关路由协议（enhanced interior gateway routing protocol，EIGRP）使用带宽、时延等来计算权重从而选出路由。

在分布式 SDN 里计算全局路由不仅要考虑节点的带宽还要考虑节点的负载信息和节点所管控的交换机信息。其中节点的负载信息很好理解，就是节点当前的处理能力，节点的负载越轻，处理数据也就越快，反之就越慢。节点所管控的交换机信息是本节详述的重点。

首先我们选择计算全局逻辑拓扑而不是计算全局真实拓扑（所有交换机组成的数据），在表 13.1 中进行了全局真实拓扑和全局逻辑拓扑优缺点对比。

表 13.1　全局真实拓扑和全局逻辑拓扑优缺点对比

优缺点	全局真实拓扑	全局逻辑拓扑
优点	计算好一条直接的路径，具体节点直接下发相应的路由	只计算逻辑上的控制器节点拓扑，这个拓扑的规模相对于全局真实拓扑来说会非常小
缺点	节点数非常多时计算一条路径的收敛时间和空间都会很大，节点的负载重	在具体的节点上需要在逻辑路由上计算相应路由，再下发流表

从表 13.1 中可以看出将所有的数据都放在一个节点上计算会导致节点的负载变重，甚至可能会影响节点的性能，节点只计算全局逻辑路由，由每一个节点计算自己部分的路由，虽然会有二次路由的计算，但是相对于前一种来说这种开销是值得的。

其次当一个未知的数据包到达交换机时交换机会在本地的流表中匹配该数据包，如果没有一个能匹配上，那么就将该数据包发送给控制器去处理。假设控制器已经收到了全局逻辑路由，那么会有以下三种情况出现。

（1）控制器收到了交换机上报的含有未知数据包的 Packet-In 数据包，此时控制器还没有开始计算本地的路由，那么直接计算本地路由，然后下发流表。

（2）控制器收到了交换机上报的含有未知数据包的 Packet-In 数据包，此时控制器正在计算本地路由，先不处理这个 Packet-In 数据包，等本地路由计算完毕后下发流表。

（3）控制器收到了交换机上报的含有未知数据包的 Packet-In 数据包，此时控制器已经下发了关于本地路由的流表，可以有两个处理办法：①如果控制器有本地路由流表下发的记录，那么忽略此 Packet-In 数据包；②控制器再下发一遍关于此 Packet-In 中未知数据包的流表。

综上分析，全局逻辑路由和全局真实路由只差一个 Pakcet-In 数据包处理和本地路由计算带来的开销，这种开销对于控制器这种高性能的设备来说可以忽略不计。

在全局逻辑路由中，在节点内部实现多条流表下发可以实现负载均衡，这一点是全局逻辑路由的优势，但是如何发现这种优势是本章研究的重点。我们发现在以往的路由计算中都是通过带宽、负载、时延和丢包率等来计算节点的权重，对于真实拓扑而言这是有效的，但是对于逻辑拓扑而言确实有所欠缺，因为在逻辑节点下面还隐藏着真实的交换机拓扑。所以为了能够体现出逻辑节点下隐藏的真实交换机拓扑，我们引入了新的权重计算因子——端到端路径数。

定义 13.1　任意两端之间的所有可行路径，去掉重复链路后得到的链路称为可行路径集，记为 acrossList。

$$acrossList = f(topo, src, dst) \tag{13.1}$$

式中，topo 为底层交换机拓扑；src 为源；dst 为目的。

定义 13.2　AllacrossList 为控制域下所有边缘交换机到其他边缘交换机的可行路径集合。AllacrossList 的大小称为端到端路径数，记为 PTPNum，将 AllacrossList 中第 i 个 acrossList 的大小记为 len_i。

$$AllacrossList = \{acrossList_1, acrossList_2, \\ \cdots, acrossList_i, \cdots, acrossList_{边缘交换机总数}\} \tag{13.2}$$

$$PTPNum = count(AllacrossList)$$

$$len_i = count(acrossList_i) \tag{13.3}$$

定义 13.3　将 AllacrossList 中所有的 len_i 加起来，记为 sum。用 sum 除以 PTPNum 作为平均值，记为 ave。一个控制域下的所有端到端可行路径数的标准差用于形容该控制域下所有端到端可行路径数的离散程度，用 bzc 来表示离散程度的值。

$$sum = \sum_{i}^{AllacrossList} len_i \tag{13.4}$$

$$ave = \frac{sum}{PTPNum} \tag{13.5}$$

$$bzc = \sqrt{\frac{\sum_{i}^{PTPNum} (len_i - ave)^2}{PTPNum}} \tag{13.6}$$

虽然 c_1 和 c_2 的可行路径集的总和是一样的，但是与 c_1 相比 c_2 更加聚集，所以更趋向于选择 c_2 而不是 c_1。

定义 13.4 所有端到端可行路径数的离散程度值和所有端到端可行路径数平均值乘积的倒数可以计算出一个控制域下的端到端链路数比率，记为 $\text{PTPNum}_{\text{rate}}$。

$$\text{PTPNum}_{\text{rate}} = \begin{cases} \dfrac{1}{\text{ave}}, & \text{bzc} = 0 \\[3mm] \dfrac{1}{\text{ave}^{1+\text{bzc}}}, & 0 < \text{bzc} \leqslant 1 \\[3mm] \dfrac{1}{\text{ave}^{1+\frac{1}{\text{bzc}}}}, & \text{bzc} > 1 \end{cases} \tag{13.7}$$

$\text{PTPNum}_{\text{rate}}$ 和其他两个权重都是越小越好。

离散程度值在 $(0, 1]$ 之间时表示可行路径集中数据是聚集的。离散程度值在 $(1, +\infty)$ 时表示可行路径集中数据是分散的，所以采用了其倒数，数据越离散，其倒数越小。

定义 13.5 AllLinks 为拓扑中的所有链路数，nodes 为拓扑中的节点数。各个链路的已用带宽之和除以 AllLinks 为平均已用带宽，记为 B_{used}。各个链路的最大带宽之和除以 AllLinks 为平均最大带宽，记为 B_{max}。平均已用带宽除以平均最大带宽为平均已用带宽率，记为 B_{rate}。

$$B_{\text{rate}} = \frac{B_{\text{used}}}{B_{\text{max}}} \tag{13.8}$$

$$B_{\text{used}} = \frac{\displaystyle\sum_{i}^{\text{nodes}} \sum_{j}^{\text{nodes}} \begin{cases} B_{\text{used}}^{ij}, & i <-> j \\ 0, & \text{其他} \end{cases}}{\text{AllLinks}} \tag{13.9}$$

$$B_{\text{max}} = \frac{\displaystyle\sum_{i}^{\text{nodes}} \sum_{j}^{\text{nodes}} \begin{cases} B_{\text{max}}^{ij}, & i <-> j \\ 0, & \text{其他} \end{cases}}{\text{AllLinks}} \tag{13.10}$$

式中，$i<->j$ 表示节点 i 和节点 j 之间是直连的；B_{used}^{ij} 为节点 i 到节点 j 链路上的已用带宽；B_{max}^{ij} 为节点 i 到节点 j 链路上的最大带宽。

定义 13.6 fuzai 为当前程序所占系统 cpu 和内存归一化值 mem，将 fuzai、$\text{PTPNum}_{\text{rate}}$ 和 B_{rate} 归一化方式累加起来的值作为权重，记为 Q。

$$\text{fuzai} = \frac{\text{cpu}^2}{\text{cpu}+\text{mem}} + \frac{\text{mem}^2}{\text{cpu}+\text{mem}} \tag{13.11}$$

$$\text{sum} = \text{fuzai} + \text{PTPNum}_{\text{rate}} + B_{\text{rate}}$$
$$x = \frac{\text{fuzai}}{\text{sum}}, \quad y = \frac{\text{PTPNum}_{\text{rate}}}{\text{sum}}, \quad z = \frac{B_{\text{rate}}}{\text{sum}} \tag{13.12}$$

$$Q = x \times \text{fuzai} + y \times \text{PTPNum}_{\text{rate}} + z \times B_{\text{rate}} \tag{13.13}$$

在基本的蚁群算法中启动信息为节点之间的距离，在逻辑拓扑中就需要将启动信息更改为式（13.12）计算的权重，以适应逻辑拓扑。

定义 13.7　Q_i 表示第 i 个节点的权重，将节点 i 和节点 j 之间权重的绝对值作为启发信息，记为 η_{ij}。

$$\eta_{ij} = |Q_i - Q_j| \tag{13.14}$$

13.3.2　状态转移方程改进

1. 构建适用于蚁群算法的可行拓扑

在一张网络拓扑（这个拓扑是全局逻辑拓扑）中并不是所有的路径都需要使用蚁群算法，只有可达并且与最终的目的地是相关的路径才是我们所关注的，具体如图 13.4 所示。

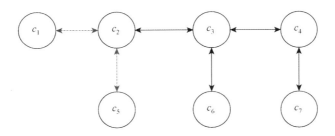

图 13.4　关键路径演示图

现在 c_1 要去往 c_5，那么在 c_2 后面的所有节点都不是我们需要的，我们需要的只有 c_1，c_2，c_5。因为 c_2 后面的节点没有第二条路径可以到达 c_5。

所以在运行蚁群算法之前需要先构建蚁群算法所适应的拓扑，已知源和目的就可以运用查找算法找到源和目的之间所有的可行路径，然后将所有可行路径中的重复路径去掉，剩下的路径就是我们需要的可行拓扑。

2. 额外信息素更新方式

本节在自适应编码和流传输（ACS）的基础上添加了一个新的信息素更新方式，该方式其实和最大最小蚁群算法有着异曲同工的效果，主要是避免某些节点的信息素会变得很小导致陷入局部最优解，并且设置了信息素的最大值防止信息素过大，导致即使随机性发现了该节点但由于信息素太大而不会被选中。这里和正常的算法不一样的是信息素越小越好，主要依托于权重计算，权重越小越好，因此在计算时也应适当地选择信息素越小越好，这是由于后期随着新的信息素不断地叠加会使得每一个节点的信息素变大，最终会接近于设定的信息素的最大值。

定义 13.8　将第 k 只蚂蚁遍历拓扑后所有可行路径上的信息素之和记为 τsum_k，N 为节点的数量，将第 k 只蚂蚁所拥有的信息素图中节点 i 到节点 j 路径上的信息素记为 τ_{ij}^k，$i<\text{—}>j$ 表示节点 i 和节点 j 是直连。

$$\tau\text{sum}_k = \sum_i^N \sum_j^N \tau_{ij}^k, \quad i! = j \,\&\, i<\text{—}>j \tag{13.15}$$

定义 13.9 将第 k 只蚂蚁遍历拓扑后所有可行路径上的信息素之和的平均值记为 ave_k，lens 为拓扑中所有可行路径的数量。

$$\text{ave}_k = \frac{\tau\text{sum}_k}{\text{lens}} \tag{13.16}$$

定义 13.10 将所有蚂蚁的 ave_k 的平均值记为 $\text{new}\tau\text{ave}$，antNum 为蚂蚁的数量。

$$\text{new}\tau\text{ave} = \frac{\sum_k^{\text{antNum}} \text{ave}_k}{\text{antNum}} \tag{13.17}$$

当前的信息素加上 $\text{new}\tau\text{ave}$ 的倒数为新的信息素更新方式，如下：

$$\tau_{ij} = \tau_{ij} + \frac{1}{\text{new}\tau\text{ave}} \tag{13.18}$$

3. 局部更新方式

为了避免在通过信息素选择路径时陷入局部最优解，本节引入了局部更新的方式：

$$\tau_{ij} = (1-\rho)\tau_{ij} + \tau_0, \; i<\text{—}>j \in \text{localpath} \tag{13.19}$$

式中，ρ 为常数，范围为 0～1；τ_0 为常数；localpath 为当前蚂蚁遍历拓扑后所选择的路径，只有当节点 i 和节点 j 之间的路径在 localpath 中时才会更新这条路径上的信息素。

4. 全局更新方式

$$\tau_{ij} = (1-\delta)\tau_{ij} + \delta\Delta\tau_{ij}, \quad i<\text{—}>j \in \text{globalbestpath} \tag{13.20}$$

式（13.20）表示为全局更新信息素的方式；δ 为常数，范围为 0～1。

定义 13.11 当 $i<\text{—}>j$ 在全局最优路径中时，计算当前 $\Delta\tau_{ij}$ 的方式为全局最优路径长度除以拓扑中的节点数。

$$\Delta\tau_{ij} = \begin{cases} \dfrac{L}{\text{nodes}}, & i<\text{—}>j \in \text{globalbestpath} \\ 0, & \text{其他} \end{cases} \tag{13.21}$$

在计算式（13.13）时，目标是使结果越小越好。因此，为了确保式（13.21）的计算结果越小越好，我们选择了式（13.13）的计算方式。

5. 状态转移方程改进

ACS 和自适应蚁群法都是使用了随机变量来定义当前选择下一节点的方式是随机方式还是最大结果方式。其中，在自适应蚁群算法中，所选择的方式中三种方式的边界定义较为模糊。随机蚂蚁既可以选择最大结果也可以选择最小结果，异常蚂蚁选择的是最小信息素，正常蚂蚁选择的是最大信息素。ACS 只定义了正常方式和随机方式，其中，随机方式也包含了最大的信息素。所以本节综合了两种算法的优缺点，采用了正常方式和随机方式，并且在执行随机方式之前将最优解刨去。

定义 13.12　在式（13.22）中 r_k 为当前计算的随机数，r 为常数，范围为 0～1。当 r_k 的值小于等于 r 时，在第 k 只蚂蚁的可选列表中去除信息素最小的那个节点，然后再在剩下的可选节点中随机选中一个作为下一个节点，如果 r_k 的值大于 r，那么就在可选列表中选取信息素最小的那个节点作为下一节点。采用基于随机值选取计算方法，并据此寻找下一节点的方式，将其记为 S。

$$S = \begin{cases} \text{random}(\text{allowedList}_k - \text{min}_k), & r_k \leqslant r \\ \text{min}(P_{ij}^k(t)), & \text{其他} \end{cases} \quad (13.22)$$

$$P_{ij}^k(t) = \frac{\tau_{ij}^\alpha(t)\eta_{ij}^\beta(t)}{\sum_{r \in \text{allowedList}_k}(\tau_{ir}^\alpha(t)\eta_{ir}^\beta(t))} \quad (13.23)$$

式中，η_{ij} 为时刻 t 时，节点 i 到节点 j 的启发式信息，如路径的期望程度、距离的倒数等 β 是指数参数，用于调节启发式信息在计算中的作用大小。

在式（13.22）中，其 r_k 的值小于等于 r 时，从第 k 只蚂蚁的可选列表中去除信息素最小的节点，这样做是为了避免与 r_k 的值大于 r 时所选中的结果出现重合。式（13.23）是基本蚁群算法中的状态转移方程。

13.4　仿真实验与结果分析

本节对本章提出的基于端到端链路数作为启发因子之一的改进蚁群算法进行仿真和性能分析。由于网络中流量的变化，网络链路中的各项指标也会随之改变，本节选取带宽利用率、算法加入自定义启发因子和算法不加入自定义启发因子作为评价本章算法的指标。文献[1]指出 ACS 算法要好于最大最小蚁群算法，所以本节通过 ACS 和自适应蚁群算法，与本节算法在同样的仿真环境下进行对比，从这三个方面验证本节算法的性能，以下是对不同性能指标的分析。在仿真过程中随机生成 10 个逻辑控制节点，每个逻辑控制节点下面再随机生成若干个交换机节点。参数设置：$\alpha = 1$，$\beta = 1$，$r = 0.5$，$\rho = 0.1$，$\delta = 0.1$，$\tau_0 = 0.5$，$m = 50$，$n = 1000$。

1. 加入自定义启发因子的 10 次实验算法对比

从图 13.5 中可以看出本节所提算法 10 次实验的收敛速度保持在一个比较平稳的且高速的水平。从图 13.5 中可以明显地看出来三种算法选择的路径是一样的，计算出来的路径权重和也是一样的，但是对于平均收敛值，本节所提算法占优。其中，平均收敛值是图 13.5 中 10 次收敛值和的平均值。

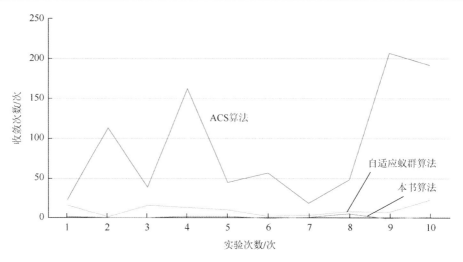

图 13.5　加入自定义启发因子的各算法对比图

2. 带宽利用率

假设每一条链路的带宽为 1000MB，初始注入量为 10MB，以每秒 40%的增速向网络注入流量，连续注入 10 次流量。

在图 13.6 中显示了四条曲线，其中，曲线（4，2，3，6，9）是加入了自定义启发因子后的三种算法选择路径的带宽变化曲线，曲线（4，2，3，8，7，1，9）是不加入自定义启发因子的 ACS 算法选择路径的带宽变化曲线，曲线（4，2，3，8，9）是不加入自定义启发因子的本节所提算法选择路径的带宽变化曲线，曲线（4，2，3，1，8，9）是不加入自定义启发因子的自适应蚁群算法选择路径的带宽变化曲线。从图 13.6 可以看出在注入量为 19.6MB 后带自定义启发因子的算法选择的路径开始凸显优势，需声明的是每一个节点内部的路径均是将所有的端到端路径都考虑进去了，即不是只考虑端到端的最短路径。其中，不带

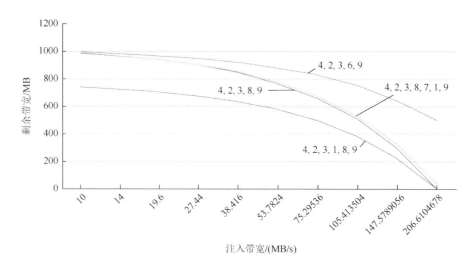

图 13.6　算法加入自定义启发因子和算法不加入自定义启发因子路径处理带宽对比图

自定义启发因子的本节所提算法和 ACS 的算法相差很小。我们只设置了 10 次注入，每一次的注入都是在上一次的剩余带宽上进行的，所以当我们进行到 11 次或者更多时可能会出现带宽为负的情况。

从表 13.2 和表 13.3 可以看出，加入自定义启发因子的算法选择路径的平均带宽率要高于不加入自定义启发因子的算法选择路径的平均带宽率，加入自定义启发因子的算法对于相同流量的平均处理能力比不加入自定义启发因子的算法中最好的路径提高约 20.48%。

表 13.2　加入自定义启发因子和不加入自定义启发因子处理带宽对比

注入带宽/MB/s	剩余带宽/MB			
	4，2，3，6，9	4，2，3，8，9	4，2，3，8，7，1，9	4，2，3，1，8，9
10	993.2407407	985.6944444	986.35	739.2708333
14	982.8703704	965.6666667	967.24	724.25
19.6	968.7148148	937.6277778	940.486	703.2208333
27.44	950.1674074	898.3733333	903.0304	673.78
38.416	921.7111111	843.4171111	850.59256	632.5628333
53.7824	882.8682667	766.4784	777.179584	574.8588
75.29536	831.9741807	658.7642044	674.4014176	494.0731533
105.413504	753.8901037	507.9643307	530.5119846	380.973248
147.5789056	647.3053385	296.8445074	329.0667785	222.6333805
206.6104678	507.6519668	1.276754773	47.04348989	0.95756608

表 13.3　各算法选择路径处理带宽的平均值和注入量的平均值

参数	平均值/(MB/s)
带宽注入量	69.81366374
4，2，3，6，9	844.0394301
4，2，3，8，9	686.2107531
4，2，3，8，7，1，9	700.5902215
4，2，3，1，8，9	514.6580648

13.5　本　章　小　结

本章利用分布式 SDN 的控制域内部链路、带宽和负载设计了启发因子并用于在蚁群算法中计算一条全局逻辑路由。取控制域内所有端到端路径数离散程度值和平均值计算出一个合理的参数，即该参数能保证平均值大小和端到端路径数之间的离散程度。将计算的权重用于改进后的蚁群算法中，计算最终的全局逻辑路由并同步给网络中的其他节点。通过仿真对比，该算法在带宽利用率、算法加入自定义启发因子和算法不加入自定义启发因子三个方面进行对比，验证了该算法的有效性。

参 考 文 献

[1]　　Jangra R，Kait R. Analysis and comparison among ant system；Ant colony system and max-min ant system with different parameters setting[C]//2017 3rd International Conference on Computational Intelligence and Communication Technology，Ghaziabad，2017：1-4.

第14章　多模态智慧网络跨域可信通信资源调度

14.1　安全通信架构

14.1.1　基本通信架构

SDN 多域架构在互连方式上采用软件边界路由，将其作为控制平面中的应用程序。而将连接两个 SDN 自治域的 OpenFlow 边界交换机作为域间代理，通过建立控制器到边界交换机的连接，以及边界交换机之间的连接来形成不同自治域控制器间的安全通信隧道。分布式控制器通信架构如图 14.1 所示。

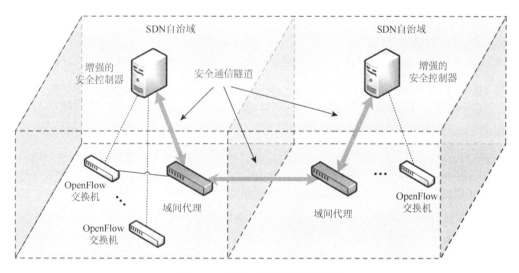

图 14.1　分布式控制器通信架构

在该架构中，各个 SDN 自治域采用的控制器基于第 13 章中设计的安全控制器架构。在仅管理自己域内的 OpenFlow 交换机时，安全控制器可以提高网络安全性。但是由于之前的安全控制器架构仅考虑了域内的安全问题，所以在 SDN 多域网络的环境下，采用增强的安全控制器。该控制器在基础的安全架构中加入东西向接口，以实现域间路由和控制器间安全通信等功能。

域间代理作为 SDN 多域网络中的边界交换机，不仅仅需要完成普通的域间数据包转发任务，还需要建立域间控制器的安全通信隧道。由于 SDN 将控制平面和数据平面分离，目前的 OpenFlow 交换机只实现了基于流表的数据包转发功能和与控制器的信息交互功能，所以其无法满足与控制器协同建立域间安全通信隧道的需求。因此，域间代理在普通 OpenFlow 交换机中添加额外的模块。

14.1.2　增强的安全控制器

根据在 SDN 多域网络中控制器互联的需求，在安全控制器架构基础上增加域间模块，构建增强的安全控制器架构。域间模块主要包括安全配置模块、连接管理模块、邻域管理模块和域间路由模块。增强的安全控制器架构如图 14.2 所示。

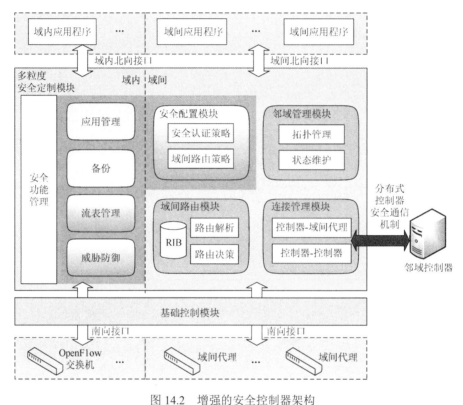

图 14.2　增强的安全控制器架构

路由信息库（routing information base，RIB）

安全配置模块主要提供可自定义的域间路由策略，并管理控制器间的安全认证策略。在该模块中的域间路由策略将影响控制器向相邻域发送的信息内容。而安全认证策略则与连接管理模块共同完成对相邻自治域控制器的认证。安全配置模块与域内的安全模块一样，共同被安全功能管理模块管理。

连接管理模块处理控制器和域间代理之间，以及控制器与相邻自治域控制器之间的网络连接。当自治域的边界交换机不具有域间代理功能时，两个自治域的控制器之间直接建立连接，由"控制器-控制器"连接管理子模块来处理。否则将采用控制器与具有域间代理功能的边界交换机建立连接，由"控制器-域间代理"连接管理子模块来处理。

邻域管理模块管理所有相邻自治域信息。如果从相邻自治得到了拓扑信息，那么需要解析、存储并不断更新。同时，该模块也要维护相邻自治域的身份认证状态和网络运行状态等信息。相邻自治域的信息不仅可以提供直观的网络管理，而且上层应用和其他模块可以利用这些信息做更多的创新。

域间路由模块主要基于 BGP 的思路，以软件路由器的方式处理域间控制器交互的路由报文。功能主要包括路由通告的生成和路由的解析及决策。

基于本章的多粒度安全服务设计，将增强的安全控制器中域间安全功能进行粒化。如图 14.3 所示，在中间粒层将域间安全服务划分为控制器通信安全服务和信息共享安全服务。底部粒层进一步划分为四个粒子。

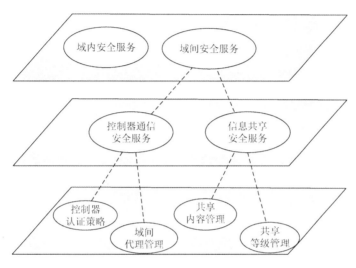

图 14.3　域间安全服务粒度划分

14.1.3　域间代理

域间代理即增加域间互联功能的 OpenFlow 交换机。作为自治域的边界交换机，域间代理是控制器与相邻自治域之间消息传递的中转站。其需要与本域的控制器完成信息交互，同时也要与相邻域的边界交换机互相传递数据包。域间代理功能结构如图 14.4 所示。

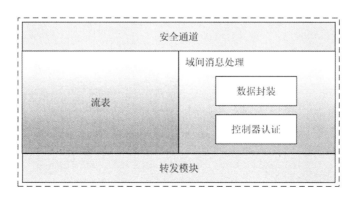

图 14.4　域间代理功能结构

在域间控制器安全通信架构中，域间代理作为安全通信隧道的对外节点，要对控制器向相邻域控制器发送的数据进行封装，以完成信息在数据平面的传递。此外，当控制器面对多个相邻自治域时，也有可能面对更多的威胁。所以域间代理要完成对即将传递到控制器数据包的过滤。

14.2　安全通信机制

在控制器的安全通信机制中，安全连接的建立要经过邻居发现、可信认证和隧道建立三个步骤。控制器向邻居广播信息后由任意一方发起安全隧道连接，双方身份验证完成后建立起安全通信隧道。

14.2.1　消息格式

在所有控制器间的数据传递采用专用的以太网数据包类型标识 0xEFEF，载荷部分保留 IP 数据包格式，而传输层采用 UDP 协议。专用的以太网标识主要用于将控制器之间的数据包和普通的数据包加以区分，以免数据包在传输过程中混淆在数据平面中。保留 IP 数据包的格式是为了便于控制器之间完成网络层的通信。UDP 虽然是无连接不可靠的传输协议，但是在控制器之间只有较短的链路，网速也不是传输的瓶颈，可靠性不是关键问题。而相比 TCP，UDP 不需要建立的过程，也没有复杂的拥塞控制、重传策略等额外开销，所以可以完成快速的数据包收发，提高域间信息传递的实时性。

如图 14.5 所示，在 UDP 数据包的载荷部分就是域间消息的数据格式。前 8 位为消息的类型，接着为 16 位的消息长度（整个 UDP 载荷部分，位为字节），其余部分则是具体的消息内容。消息类型分为邻居发现消息、Keepalive 消息、安全隧道消息，其类型标识分别为 0x01、0x02、0x03。

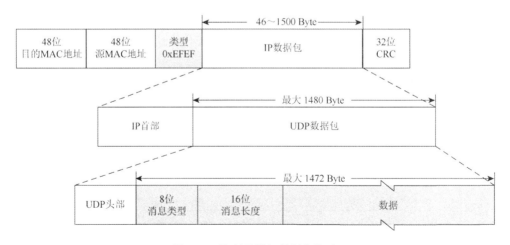

图 14.5　控制器域间数据包格式

CRC 为循环冗余码。

14.2.2　邻居发现

在传统网络中，自治域之间的路由器经过配置直接建立连接。而在 SDN 多域网络中，控制平面有必要掌握与自己相邻的自治域的信息。但是控制平面无法直接相连，所以控制器需要通过域间代理来发现和学习相邻自治域的信息。

邻居发现采用广播式的发现方式，每个自治域的控制器通过域间代理广播自己的信息。文献[1]设计了控制器之间的发现方式，但是通过向中央注册服务器注册来获取其他控制器的信息。在大规模的 SDN 多域网络中，控制器的广泛分布使集中注册的方式不再适用。

在本节中，控制器将自治域的自治系统号（AS）号、是否支持安全隧道和安全隧道服务端口号等信息下发给域间代理，域间代理封装成以太网数据包后转发给相邻自治域。邻居发现消息格式如图 14.6 所示。

消息类型 0x01	消息长度 0x000A	32位AS号	安全隧道支持	16位端口号

图 14.6　邻居发现消息格式

消息类型字段为 0x01，消息长度一般为 10 字节（即 0x000A）。后面的字段为 AS 号（32 位）、安全隧道支持（8 位，0x00 表示不支持，0x01 表示支持）、端口号（16 位，如果表示不支持，那么忽略此字段）。

在邻居发现完成后，控制器不断更新和维护相邻自治域的信息，当在长时间内没有收到相邻自治域的消息时，需要发送 Keepalive 消息以确认邻居是否还存在。相邻自治域的控制器收到消息后也返回一条 Keepalive 消息，如果在一定时间内没有收到返回的消息，那么认为邻居已经不存在。消息超时和保活超时由各个自治域根据情况自行设定。Keepalive 消息只包含消息类型和长度字段，其消息格式如图 14.7 所示。

消息类型 0x02	消息长度 0x0003

图 14.7　Keepalive 消息格式

14.2.3　两步认证

在 OpenFlow 协议中，控制器与 OpenFlow 交换之间具有传输层安全协议（transport layer security，TLS）连接选项，但是并非严格要求使用。在域间控制器通信时，需要保证控制器到域间代理和域间代理之间的通信安全，所以必须完成控制器之间的身份认证。在本节的域间通信架构中，基于 Client Puzzle 思想与数据包传输层安全协议（datagram transport layer security，DTLS）给出了两步认证协议完成控制器之间的身份认证和加密传输[2]。

1. 认证过程

两步认证包括域间代理认证和证书认证，域间代理在接收到发起请求的控制器的握手消息后，不会在第一时间转发到本自治域的控制器，而是先缓存起来。随后域间代理对请求端发起认证请求，用于验证请求方的非攻击意图。请求方控制器完成解答并通过验证后，域间代理才开始将数据包转发到本自治域控制器，接着进行握手过程，完成基于证书的身份认证。在 DTLS 协议握手过程中，一般只对服务端进行身份验证，但是在本节的架构中，控制器双方都需要明确对方是否可信，所以采用严格的双向认证。

2. 域间代理认证方案

域间代理认证主要依赖三个关键问题：随机数 R、难度系数 D、解答 A。所以本节的认证方案主要针对随机数 R 的产生和解答 A 的正确性验证。

本方案通过单项散列函数产生随机数 R，由于 MD5、SHA-1 的安全性受到越来越多的挑战，本节采用 SHA-256 算法。随机数的产生依赖于发起请求的域间代理所在自治域的 AS 号 AS_I 和网卡物理地址 MAC_I、应答方的 AS 号 AS_R 和网卡物理地址 MAC_R，以及一个随机数 M。

$$R = \text{SHA-256}(MAC_I \| MAC_R \| AS_I \| AS_R \| M) \tag{14.1}$$

应答方解决认证请求的方式为利用求解函数重复尝试，求解函数会根据难度系数 D、随机数 R、双方的 AS 号（AS_I、AS_R），运用 SHA-1 算法不断进行尝试，直至得到正确的解答 A。

$$\text{Psolve}(\text{SHA-1}(R \| AS_I \| AS_R \| A), D) = 0 \tag{14.2}$$

对于认证解答的验证，首先确认随机数 R 是否符合，若不符合，则表明不是对相应请求的应答，然后根据求解算法验证解答 A 的正确性。

请求方生成认证请求的步骤如下：

（1）生成难度系数 D；

（2）从邻居列表提取应答方 AS 号 AS_R，并产生随机数 M；

（3）根据式（14.1）计算随机数 R；

（4）将 R、D 填入认证请求报文，并发送到应答方。

解答认证请求的步骤如下：

（1）提取请求报文中的随机数 R 和难度系数 D；

（2）根据求解函数（式（14.2））穷举符合要求的解答 A；

（3）将 R、D、A 填入认证应答报文并发送回请求方。

验证认证解答的过程如下：

（1）提取应答报文中的随机数 R、难度系数 D 和解答 A；

（2）验证随机数 R 是否与发出的一致，如果不一致，那么忽略该响应，否则继续；

（3）根据式（14.2）验证解答 A 的正确性。

14.2.4　隧道建立

在 SDN 多域网络运行过程中，各个自治域的控制器不断地广播自己的信息，其他自治域的控制器收到广播消息后，向发送消息的控制器发起连接。安全通信隧道建立过程如下。

（1）控制器构造邻居发现数据包，将自己的 AS 号、安全隧道的支持情况和服务端口写入数据包，随后将数据包下发到所有的域间代理，由域间代理封装为类型标识为 0xEFEF 的以太网帧并转发。

（2）控制器收到广播后根据对方的广播消息，解析出相邻自治域的 AS 号和安全隧道支持情况。如果对方不支持安全隧道，那么根据安全配置采用普通 UDP 数据发送方式来发送允许共享的信息。连接发起可以由任意一方发起，如果没有收到对方发来的连接请求就构造安全隧道握手消息，那么作为客户端向对方发起安全隧道连接请求。

（3）对方作为服务端收到安全隧道握手消息后，也不再作为客户端向对方发起请求。双方基于域间代理认证与数字证书完成两步身份验证和加密协商，当双方都证实对方身份后，安全通信隧道建立完成，否则隧道建立失败，转而采用普通 UDP。

（4）从控制器收到相邻自治域控制器的广播消息开始，将开启消息超时计时 Message Timeout（即长时间未收到来自该邻居的任何消息）。超时后向对方发送 Keepalive 消息，如果对方没有在 Keepalive 时限内返回 Keepalive 消息，那么就认为对方已经不存在并停止维护安全隧道。

14.3　安全性分析

本节的控制器安全通信机制基于域间代理的认证机制来防止攻击并缓解控制器的请求处理压力，完成基于证书的身份认证和加密传输。下面将从控制器认证安全性和消息安全性两方面来分析本节的安全通信机制。

14.3.1　认证安全性

1. 安全性分析

在控制器之间的通信过程中，控制器的安全性主要依赖于两步认证方案，通过两步认证来防御针对控制器的攻击。为分析方便，本节将认证机制的两个阶段分别用 δ 和 φ 来表示。δ 为域间代理认证，φ 为证书身份认证。

认证协议 δ 的过程描述如下所示。

（1）连接请求：C_I 向 C_R 发送连接建立请求。

（2）认证请求：A_R 收到请求后生成随机数 M 并计算 $R = \text{SHA-256}(\text{MAC}_I \| \text{MAC}_R \| \text{AS}_I \| \text{AS}_R \| M)$，根据难度 D 发送消息（R, D）给 C_I。

（3）认证响应：C_I 计算解答 A，使其满足 $\text{Psolve}(\text{SHA-1}(R \| \text{AS}_I \| \text{AS}_R \| A), D) = 0$，发送消息（$R$，$D$，$A$）给 A_R。

（4）可信验证：A_R 验证 R 与 D 的一致性和 A 的正确性。

认证协议 φ 的过程描述如下所示。

（1）证书传输：C_R 向 C_I 发送数字证书 $\text{Cert}_R = (\text{Info}_R \| \text{Sign}_R)$，$\text{Sign}_R = \text{Enc}(\text{SHA}(\text{Info}_R), \text{PriK}_R)$。

（2）身份验证：C_I 向 CA_R 请求公钥 PubK_R，验证解密的签名 $\text{Dec}(\text{Sign}_R, \text{PubK}_R)$ 和证书散列 $\text{SHA}(\text{Info}_R)$ 是否相同。

（3）证书传输：C_I 向 C_R 发送数字证书 $\text{Cert}_I = (\text{Info}_I \| \text{Sign}_I)$，$\text{Sign}_I = \text{Enc}(\text{SHA}(\text{Info}_I), \text{PriK}_I)$。

（4）身份验证：C_R 向 CA_I 请求公钥 PubK_I，验证解密的签名 $\text{Dec}(\text{Sign}_I, \text{PubK}_I)$ 和证书散列 $\text{SHA}(\text{Info}_I)$ 是否相同。

在协议 δ 中，生成随机数 R 的输入为 AS_I、MAC_I、AS_R、MAC_R 及随机数 M 连接运算的结果。假设在 IPv4 环境下，AS_I、MAC_I、AS_R、MAC_R 均为 32 位，而随机数 M 为变化的随机 N 位比特串。那么（$\text{MAC}_I \| \text{MAC}_R \| \text{AS}_I \| \text{AS}_R \| M$）的二进制长度就是 $2 \times 32 + 2 \times 48 + N = 160 + N$ 位。而 A 的值有 2^D 种可能，所以攻击者在采用随机破解时只有 $2^{D-(160+N)}$ 的概率成功。同时根据目前对 SHA-256 的安全分析，完成碰撞攻击也非常困难。因此，δ 满足安全性要求。

在协议 φ 中，Cert 的可靠性依赖于 CA 私钥 PriK 的保密性和加密的签名 Sign。由于 Sign 基于非对称加密，因此，可以在 PriK 不公开的情况下使用 PubK 解密 Sign。在攻击者证书内容恶意修改后，SHA(Info) 发生变化，Dec(Sign, PubK) 的结果便无法与 SHA(Info) 匹配，因此，在 PriK 严格保密的情况下，φ 的可靠性非常高。

综上，协议 δ 的抗攻击能力和协议 φ 的可靠性，不仅保证了两步认证机制的有效性，也保证了该机制的安全性。

2. 认证时间对比

文献[3]为 TLS 协议设计了 Client Puzzle 方案，利用服务端和客户端的 ID 及随机数进行认证。该方案中认证应答的生成依赖于 $\text{Hash}(C, N_S, N_C, X) = (000\cdots000 \| Y)$，$C$、$N_S$、$N_C$、$X$ 分别为客户端 ID、服务端随机数、客户端随机数和 puzzle 解答。文献[4]为 IEEE802.11i 协议设计了 Client Puzzle 方案，该方案可以表示为 $\text{puzzle} = \text{Hash}(X \| r \| Ni \| \text{mac\_add} \| L)$。$X$、$r$、$Ni$、$\text{mac\_add}$、$L$ 分别为认证解答、接入端随机数、无线接入点（access point，AP）随机数、AP 物理地址和难度系数。

在难度 D 取不同值时，本节对 δ 及文献[3]和文献[4]的方案进行了认证时间测试。在测试中，D 为 $1 \sim 20$，每一种难度取值做 100 次测试，最后取计算时间的平均值。在 δ 中随机数 M 的位数为 $[8, 120]$。为保持一致性，文献[3]和文献[4]的方案均使用 SHA-1 函数。从测试结果可以看出求解时间基本上随着 D 的增加呈指数增长趋势。并且本节所提方案的求解时间在 D 大于 12 以后明显地高于文献[3]和文献[4]的方案，并且增加较快。由于在本节所提方案中，认证请求包含的因素更多，并且应答方无法根据难度系数直接构造解答，所以认证时间较长。较长的认证时间表明了本节所提方案的有效性和抗攻击性。认证方案求解时间如图 14.8 所示。

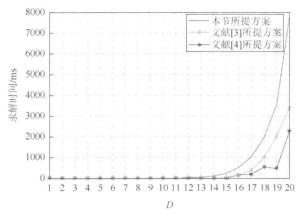

图 14.8　认证方案求解时间

14.3.2　消息安全性

在控制器通信过程中，消息的传递由安全隧道完成，安全隧道依赖 DTLS 的传输机制。其安全性主要体现在通过传输数据的加密来保证机密性、通过消息认证码来保证数据完整性。由于安全隧道采用无连接的传输，所以使用了数据包返回计时，以处理丢包问题，并且在数据包中增加序号防止乱序，增强了传输的可靠性。安全隧道在检测到错误时可以通知对方，也一定程度上提高了安全性。

14.4　实现和测试

基于控制器安全通信机制，本节在开源控制器软件 Floodlight 上设计并实现控制器安全通信功能，并在网络仿真环境 mininet 中进行测试。

14.4.1　功能设计

Floodlight 基于 Java 语言编写，在 Floodlight 中，所有功能以较独立的模块形式来运行。每个模块在程序启动时以单例模式实现控制器应用程序，利用模块配置文件可以方便地加载控制器模块。在本节的安全通信机制中，需要基于 Floodlight 基本功能实现控制器的通信方式并实现安全隧道的建立。

根据需求，需要在控制器基础功能之上设计控制器通信模块和安全隧道模块，自定义模块的实现依赖于 Floodlight 的核心服务和提供的接口，功能架构如图 14.9 所示。

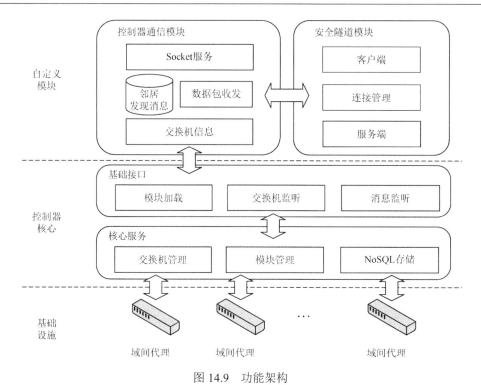

图 14.9　功能架构

NoSQL（not noly SQL），即非关系型数据库。

1. 控制器通信模块

控制器通信模块为控制器提供控制器之间的数据包收发功能。由于控制器之间的数据包通过边界交换机的消息转发，所以需要实现 IOFMessageListener 接口以接收交换机发送的 OpenFlow 消息。在安全通信机制中，邻居发现消息需要通过交换机来广播，所以控制器通信模块需要能够向交换机发送信息，IOFSwitchListener 接口可以提供交换机的连接信息。

2. 安全隧道模块

安全隧道的实现基于 Bouncy Castle 开源密码工具包，分别实现了服务端和客户端。客户端和服务端均以多线程的方式，允许多个客户端发起连接，也允许接收多个连接。客户端和服务端的数据包收发都是基于控制器通信模块提供的 IC2CManagerService 实现的。

14.4.2　运行测试

本节首先对控制器安全通信机制的实现进行了测试，以验证方案的可行性和设计的正确性。在测试环境中有两个 Floodlight 控制器，每个控制器连接了三台交换机，两个管控域之间有一对边界交换机相连。网络拓扑如图 14.10 所示。

两个控制器都同时支持安全通信机制，在网络建立后控制器 1 和控制器 2 应当发送邻居发现消息，在发现邻居节点后，会指定其中一端作为客户端来请求建立安全隧道。

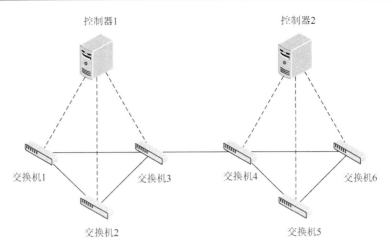

图 14.10 网络拓扑

通过 Wireshark 抓包，我们捕获了控制器之间通信的数据包，如图 14.11 所示。安全隧道消息和邻居发现消息如图 14.12 和图 14.13 所示。

```
▲ OpenFlow 1.3
    Version: 1.3 (0x04)
    Type: OFPT_PACKET_IN (10)
    Length: 94
    Transaction ID: 0
    Buffer ID: OFP_NO_BUFFER (0xffffffff)
    Total length: 52
    Reason: OFPR_ACTION (1)
    Table ID: 0
    Cookie: 0x0000000000000000
  ▷ Match
    Pad: 0000
  ▲ Data
    ▲ Ethernet II, Src: SonyCorp_ea:98:8c (f0:bf:97:ea:98:8c), Dst: Broadcast (ff:ff:ff:ff:ff:ff)
      ▷ Destination: Broadcast (ff:ff:ff:ff:ff:ff)
      ▷ Source: SonyCorp_ea:98:8c (f0:bf:97:ea:98:8c)
        Type: Unknown (0xefef)
    ▷ Data (38 bytes)
```

图 14.11 控制器消息抓包

```
0000   f0 bf 97 ea 98 8c 08 00   27 86 4b 94 08 00 45 c0
0010   01 35 3b 40 40 00 40 06   78 5d ac 17 16 c2 ac 17
0020   16 75 ec e1 19 fd e4 a8   32 28 05 2c e7 2a 80 18
0030   00 3c 3a d3 00 00 01 01   08 0a 01 6b 36 18 00 0a
0040   03 cc 04 0a 01 01 00 00   00 00 ff ff ff ff 00 d7
0050   01 00 00 00 00 00 00 00   00 00 00 01 00 0c 80 00
0060   00 04 00 00 00 03 00 00   00 00 00 00 f0 bf 97 ea
0070   98 8c 84 2b 2b 18 ae 58   ef ef 45 00 00 c9 00 00
0080   00 00 40 11 f5 10 ac 17   16 70 ac 17 16 75 dd 74
0090   15 b4 00 b5 9b 2a 03 00   ad 16 fe ff 00 00 00 00
00a0   00 00 00 00 00 00 9d 01   00 00 91 00 00 00 00 00
00b0   00 91 fe fd f6 f1 ab 73   c7 29 d1 03 8d a2 07 05
00c0   0a cb 75 f1 ad d4 1f 31   3b 0f 14 3c 1f 2a 47 d4
00d0   4d 8c 17 42 00 00 00 20   c0 2b c0 23 c0 09 c0 2f
00e0   c0 27 c0 13 00 a2 00 40   00 32 00 9e 00 67 00 33
00f0   00 9c 00 3c 00 2f 00 ff   01 00 00 47 00 0a 00 06
0100   00 04 00 17 00 18 00 04   00 00 00 0d 00 20 00 1e
0110   02 01 03 01 04 01 05 01   06 01 02 02 03 02 04 02
0120   05 02 06 02 02 03 03 03   04 03 05 03 06 03 00 01
0130   00 01 01 00 17 00 00 00   16 00 00 00 0b 00 04 03
0140   00 01 02
```

图 14.12 安全隧道消息

```
0000    f0 bf 97 ea 98 8c 08 00   27 86 4b 94 08 00 45 c0
0010    00 92 29 17 40 00 40 06   8b 29 ac 17 16 c2 ac 17
0020    16 75 ec dd 19 fd 5f e4   16 fe 2c f9 18 fb 80 18
0030    00 3c 37 a6 00 00 01 01   08 0a 01 6b 23 68 00 09
0040    fc 5a 04 0a 00 5e 00 00   00 00 ff ff ff ff 00 34
0050    01 00 00 00 00 00 00 00   00 00 00 0c 80 00
0060    00 04 00 00 00 02 00 00   00 00 00 00 ff ff ff ff
0070    ff ff f0 bf 97 ea 98 8c   ef ef 45 00 00 26 00 00
0080    00 00 40 11 b8 3b ac 17   16 75 ff ff ff ff 15 b3
0090    15 b3 00 12 4c 16 01 00   0a 00 00 0c a5 01 15 b4
```

图 14.13　邻居发现消息

由图 14.11 框出的部分可以看到控制器消息的数据包类型 0xefef；图 14.12 消息内容第一个字节 0x03 代表了安全隧道消息；图 14.13 框出的部分为控制器消息内容，第一个字节为 0x01，表明消息类型为邻居发现消息，接着的两个字节为 0x000a，表明消息长度为 10 字节，第四字节到第七字节为 0x00000ca5，代表 AS 号为 3237，倒数第三个字节为 0x01，表示支持安全隧道协议，最后两个字节 0x15b4 指定了端口号 5556。

最后，本节对控制器安全隧道的建立时间进行了测试，由一个控制器向另一个控制器发起多次连接建立，以测试安全通信机制对传输性能的影响。在 200 次隧道建立中，安全隧道建立时间如图 14.14 所示。

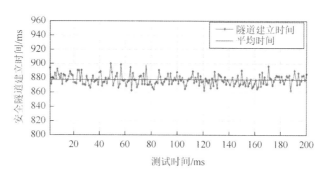

图 14.14　安全隧道建立时间

通过安全隧道建立测试，从图 14.14 中可以看到隧道建立的时间一般为 860~900ms，平均为 877ms。由此本节的控制器安全通信机制对于网络传输性能来说带来了一定的开销，但是并不会大幅度地降低数据传输的实时性。

14.5　本 章 小 结

本章首先分析了大规模多区域 SDN 的区域互联研究现状，在目前的 SDN 发展状态下，采用控制平面作为互联的实现是比较可靠也比较符合 SDN 特点的方法。而多控制平面之间的安全通信是多区域互联的基础，因此，本章设计了分布式控制器之间的安全通信机制。在本章安全通信机制中，基础设施基于安全控制器和域间代理，通过域间代理把控制平面的消息下发到数据平面传输，解决了独立控制平面之间的通信问题。同时，基于挑战响应机制和 DTLS 协议给出了控制器通信的两步认证方案，可以防御拒绝服务攻击并完成身份认证，提高了安全性。最后，在开源环境中，设计实现了该方案并进行了测试。实验表明了该方案的可行性。

参 考 文 献

[1]　Lin P，Bi J，Wang Y. WEBridge: West-east bridge for distributed heterogeneous SDN NOSes peering [J]. Security and Communication Networks，2014，8（10）：1926-1942.

[2]　Tang Q，Jeckmans A. Efficient client puzzle schemes to mitigate DoS attacks[C]//2010 International Conference on Computational Intelligence and Security，Nanning，2010：293-297.

[3]　Raluca C，Monica B. TLS protocol: Secure protocol with client puzzles[C]//2010 9th International Symposium on Electronics and Telecommunications，Timisoara，2010：149-152.

[4]　Dong Q，Gao L，Li X. A new client-puzzle based DoS-resistant scheme of IEEE 802.11i wireless authentication protocol[C]// International Conference on Biomedical Engineering and Informatics，Yantai，2010：2712-2716.

第15章　多模态智慧网络故障检测技术

15.1　概　念　定　义

定义 15.1　故障类型。本章将 SDN 中控制器故障类型分为突发性故障和异常导致的故障。突发性故障一般指控制器因某种原因突然变成完全不可用状态，如控制器硬件故障或断电等情况。而异常导致的故障一般指持续性性能下降引起的控制器故障。

突发性故障和异常导致的故障共同影响着网络的可靠性，针对突发性故障的预测是比较难以实现的，这是因为故障的发生是突发性的、随机性的，但突发性故障所造成的后果却是非常严重的。突发性故障使得时延无限增加，因此，可以根据网络状态的突变来检测故障的发生。

为了保证网络的可靠性，同时也为了网络能及时地从故障中进行恢复，需要更进一步将 SDN 中的控制器状态进行细化。本节将 SDN 控制器状态分为 3 种：正常状态、异常状态和故障状态。

正常状态：控制器正常运行。

异常状态：SDN 出现波动，如时延增加、丢包率增大、流量减少和吞吐量降低等情况，但控制器依然能为网络提供相应的服务。具体原因可能是访问流量突然地增加、内存不足或软硬件问题，异常状态可能会持续很长时间，但也可能短时间从异常状态变成正常状态或者故障状态。

故障状态：时延变得无限大，控制器的所有功能都不可用，不能再为 SDN 提供相应的服务。

控制器状态转移图如图 15.1 所示，正常的控制器可能会因某种情况变成异常状态或故障状态，当然正常的控制器也可能一直保持正常。异常状态的控制器可能短时间内性能持续恶化导致控制器故障，也可能因为相应的处理策略使得控制器恢复到正常的工作状态。

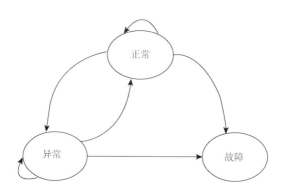

图 15.1　控制器状态转移图

定义 15.2　正常数据和异常数据。本节为了检测出网络中是否发生故障，可以通过网络中的 KPI 与日志文件进行监测和分析。KPI 一般包括丢包率、吞吐量、时延和网络利用率等信息，往往能够反映出网络性能，根据网络状态进而判断控制器是否发生故障。因此，可以将这些数据分为正常数据和异常数据，其定义如下：

$$X_n \sim p_n(x) = p(x|y = 0) \tag{15.1}$$

$$X_a \sim p_a(x) = p(x|y = 1) \tag{15.2}$$

式中，$x \in X_n$ 代表正常数据；$x \in X_a$ 代表异常数据；$y \in [0,1]$ 是标签，当 $y = 0$ 时，代表正常，当 $y = 1$ 时，代表异常。

定义 15.3　本节对重构概率的结果进行定义，首先定义正确检测。正确检测分为两种，由于测试数据包括正常数据和异常数据，第一种是对于正常数据，模型正确地重构了正常数据。第二种是对于异常数据，模型没有很好地重构异常数据。错误检测同样分为两种，第一种对于正常数据，模型没有正确地重构正常数据。第二种对于异常数据，模型却很好地重构了异常数据。MAFGMVAE[①]模型结果分类如图 15.2 所示。

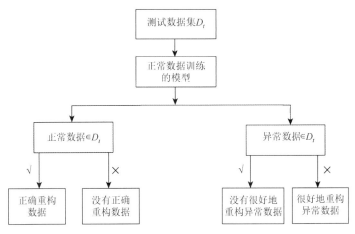

图 15.2　MAFGMVAE 模型结果分类

这是因为变分自编码器（variational auto，VAE）模型采用重构概率来判断样本是否发生故障，因此，重构概率的结果对故障检测结果起到决定性因素。模型在训练阶段仅使用正常数据，在测试阶段不仅输入正常数据也输入异常数据，而故障检测模型一般而言准确率是不会达到 100% 的，会出现正确的检测和错误的检测结果。

15.2　基于自回归流的高斯混合变分自编码器的故障检测模型

15.2.1　模型架构

通过前面的问题梳理，本节明确在基于变分自编码器的故障检测算法模型中存在的几点

---

① 掩码自回归流（masked autoregressive flow，MAF）；高斯混合变分自编码器（Gaussian mixture variational autoencoder，GMVEA）。

不足之处。针对这些问题，本节提出基于自回归流的高斯混合变分自编码器（autoregressive flow Gaussian mixture variational autoencoder，AFGMVAE）模型。AFGMVAE 模型首先对 VAE 的编码器和解码器进行了优化，通过定义 15.1 发现除了突发性故障还有持续性故障。VAE 模型并不能很好地满足持续性故障对时间序列的需求，因此，AFGMVAE 模型对 VAE 的编码器和解码器都引入门控循环单元（gated recurrent unit，GRU）网络，目的是挖掘时间序列数据之间的相关性。

同时，基础的 VAE 模型的近似后验分布是单个高斯分布，而现实的数据是非常复杂的，而潜在空间的分布可以是多峰分布的，也可以是任意复杂的。因此，往往单个高斯分布不能满足现实的需求。则 AFGMVAE 模型的潜在空间融合了高斯混合模型（Gaussian mixture model，GMM），使其满足了高斯混合分布。不仅如此，本节还利用自回归流（autoregressive flow，AF）技术对近似后验分布进行可逆的变换，使得其呈现出高斯混合分布。AFGMVAE 模型的故障检测模型整体架构图如图 15.3 所示。

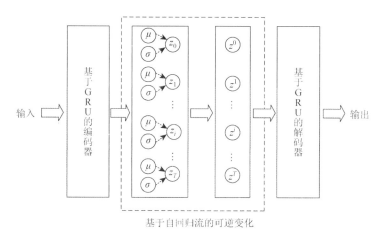

图 15.3 AFGMVAE 模型的故障检测模型整体架构图

如图 15.3 所示，AFGMVAE 模型的第一部分是基于 GRU 网络的编码器。由于高斯混合模型的引入，所以编码器网络会生成多个高斯分布的均值和方差，即会生成高斯混合模型多个相关的组件，且每个组件都满足高斯分布。AFGMVAE 模型的第二部分就是自回归流的整个过程，它的目的是提高后验分布的灵活性，同时将高斯混合模型一般化。AFGMVAE 模型的第三部分就是解码器，主要是生成原始数据集。

15.2.2 基于 GRU 网络的编码器和解码器

由于基础的变分自编码的编码器和解码器缺乏对时间序列的考虑，本节对 VAE 的编码器和解码器进行改进。VAE 的编码器和解码器可以根据需求进行一定程度上的改进，理论上编码器和解码器的实现可以是单个神经网络，也可以是多种神经网络，但需要满足重构样本的生成条件，或者确定其对应的分布参数。由于故障检测需要对时间的相关性进行考虑，因此，本节需要对时间序列数据进行处理，而 GRU 网络擅长处理这种序列数据。

本节进一步对 GRU 网络进行了改进。在 GRU 网络中引入引力搜索算法（gravitational search algorithm，GSA）。GSA 的算法主题思想是首先将解空间的解当作质点，则两个质点存在相互吸引力，即两个解之间存在相互吸引力。质量（评估函数）越大的解在运动时拥有越大的引力从而获得加速度，使得解以这种方式逐渐接近最优解。

假设解空间维度为 d，个体的总数为 N，则第 c 个个体的位置和速度表达式为

$$X_c = \{x_c^1 \cdots x_c^i \cdots x_c^N\} \tag{15.3}$$

$$V_c = \{v_c^1 \cdots v_c^i \cdots v_c^N\} \tag{15.4}$$

式中，x_c^i 与 v_c^i 表示第 c 个个体在 i 维的位置和速度。

有了位置和速度表示，接下来需要定义个体的质量，其表示式如下：

$$m_i(t) = \frac{f_i(t) - w(t)}{b(t) - w(t)} \tag{15.5}$$

$$M_i(t) = \frac{m_i(t)}{\sum_{i=1}^{N} m_j(t)} \tag{15.6}$$

式中，$f_i(t)$、$M_i(t)$ 分别表示第 i 个个体在第 t 次迭代的适应度函数值、质量。其中，$b(t)$、$w(t)$ 表示最好和最坏适应度，其表达式为

$$b(t) = \min_{i \in \{1,2,\cdots,N\}} f_i(t) \tag{15.7}$$

$$w(t) = \max_{i \in \{1,2,\cdots,N\}} f_i(t) \tag{15.8}$$

两个体之间的吸引力表达式为

$$F_{ij}^d(t) = G(t) \frac{M_{pi}(t) \times M_{aj}(t)}{R_{ij}(t) + \varepsilon} (x_j^d(t) - x_i^d(t)) \tag{15.9}$$

式中，$M_{pi}(t)$ 和 $M_{aj}(t)$ 分别表示个体 i 和 j 在 t 次的引力质量；ε 表示常量；$G(t)$ 表示万有引力常数；$R_{ij}(t)$ 表示个体 i 和 j 之间的欧氏距离，即 $R_{ij}(t) = \|X_i(t), X_j(t)\|$。

在 GSA 中，个体在第 d 维上所受的合力为

$$F_i^d(t) = \sum_{j=1, j \neq i}^{n} \mathrm{rand}_j F_{ij}^d(t) \tag{15.10}$$

式中，rand_j 为 $[0,1]$。GRU 权值粒子在 d 维上的最终加速度可以表示为

$$a_i^d(t) = \frac{F_i^d(t)}{M_i(t)} \tag{15.11}$$

接下来就可以对位置和速度进行更新了，其表达式如下：

$$x_i^d(t+1) = x_i^d(t) + v_i^d(t+1) \tag{15.12}$$

$$v_i^d(t+1) = \mathrm{rand}_i \times v_i^d(t) + a_i^d(t) \tag{15.13}$$

本节引入 GSA 算法后，GRU 网络的权值都被当作一个个体，首先对输入的序列数据进行归一化处理，并初始化 GRU 网络权值，将个体的初始速度置为 0。然后模型会计

算个体的适应度函数值，从而更新 $G(t)$、$b(t)$、$w(t)$。进而模型会计算个体所受的合力和加速度，并对位置 $x_i^d(t)$ 和速度 $v_i^d(t)$ 进行更新。最终返回最优解，最优解就是 GRU 网络的权值。在引力的持续作用下，空间中的整体会逐渐向质量大的个体移动，从而搜索到问题的最优解。最终会得到最优 GRU 权值。基于此，本节完成了对编码器和解码器的优化，使得 AFGMVAE 模型的编码器和解码器能够处理时间序列的数据。进一步地，为了优化 GRU 网络权值的搜索，本节引入 GSA，在寻找最优权值方面得到了提升。

当 GSA 对 GRU 网络中的权值进行最优搜索时，需要对位置和初始速度进行初始化，然后会通过适应度去计算合力和加速，并且会更新速度。则最终根据速度去更新位置，并判断位置是否达到最优并输出。在搜索中最理想的状态是一次就能够找到最优的权值，即时间复杂度为 $O(1)$。但现实中一次搜索往往是不能够满足的，最坏的情况则是进行 N 次迭代才能找到最优权值，即 $O(N)$。

15.2.3　模型的变分下界

在机器学习中，往往需要设置一个目标函数并且目标函数在无监督学习中是不可或缺的。一般而言，目标函数主要有两种，第一种是分类任务的，第二种是回归任务的。通过对变分自编码器的介绍，可以知道变分自编码器是生成模型，它将原始的数据通过编码器映射到潜在中间，得到对应的潜在变量，再通过解码器进行重构，使重构数据尽可能地接近原始数据。在此过程中，需要不断地学习和训练，因此，变分自编码的目标函数属于第二种，即回归任务的目标函数。

VAE 的目标函数主要由两项构成，分别是正则化项和重构误差项。针对正则化项，在模型训练过程中是约束作用，可以防止过拟合。针对重构误差项，需要计算输入数据和输出数据之间的差异，即原始数据和重构数据。重点是本节需要将这种差异降到最小。

本节使用蒙特卡罗评估对重构误差项进行求解。使用蒙特卡罗评估核心思想是求解函数 $f(z)$ 关于 $q_\varphi(z|x)$ 的期望，从 $q_\varphi(z|x)$ 中采样 T 个潜在变量 z，$T = 1, 2, \cdots, T$，最后求解函数 $f(z)$ 的期望，公式为

$$E_{q_\varphi(z|x)}[f(z)] = \frac{1}{T} \sum_{t=1}^{T} f(g_\varphi(\varepsilon, x)) \tag{15.14}$$

这里使用了重参数化技巧，通过使用噪声变量 ε，使其能重参数化随机变量 $z = g_\varphi(\varepsilon, x)$。

由于本节引入自回归流技术，通过一系列的可逆变换将近似后验分布 D 变换成高斯混合分布。因此，本节需要优化的变分下界 $\mathcal{L}$ 变成：

$$\mathcal{L}(\theta, \varphi; x) = -D_{\mathrm{KL}}[q_\varphi(z|x) \| p_\theta(z)] + E_{q_\varphi(z|x)}\left[\log p_\theta(x|z) + \sum_{t=1}^{T} \log\left|\det \frac{\partial f_t}{\partial z^{t-1}}\right|\right] \tag{15.15}$$

其中，p 为先验分布。对于等号右边第二项，由于使用自回归流技术，所以就等于式（15.15）的重构误差项，即式（15.14）。

通过引入自回归流技术后将近似后验分布变换成高斯混合模型，但目前的潜在空间仍然是单个高斯分布，而单个高斯分布与现实中收集到的复杂数据相比，表示往往过于简单。

为此，本节在潜在空间中融入了高斯混合模型，使得潜在空间能满足高斯混合分布。

现实中所收集到的数据是非常复杂的，并非所有的都是高斯分布，往往是一些高度扭曲的多峰分布，因此，单个高斯分布是不能满足的。在计算上，高斯函数也有很多优势，其对应的熵是跟协方差矩阵行列式成正比的闭环式解。因此，我们在基础的 VAE 中融入了高斯混合模型。在此基础上，我们需要计算多个 GMM 的 KL 散度（Kullback-Leibler divergence）。因此，需要求解式（15.15）的第一项。

现假设 $f(x)$ 和 $f'(x)$ 表示两个高斯混合模型，具体公式如下：

$$f(x) = \sum_{i=1}^{K} \alpha_i N(x; \mu_i, \sigma_i) \tag{15.16}$$

$$f'(x) = \sum_{i=1}^{K} \alpha_i' N(x; \mu_i', \sigma_i') \tag{15.17}$$

式中，α_i 和 α_i' 表示高斯混合模型的系数，且 $\sum_{i=1}^{K} \alpha_i = 1$ 和 $\sum_{i=1}^{K} \alpha_i' = 1$；$\mu_i$ 和 μ_i' 表示均值；σ_i 和 σ_i' 表示协方差。$f(x)$ 和 $f'(x)$ 之间的 KL 散度如下：

$$D_{KL}(f(x) \| f'(x)) = \sum_{i=1}^{K} \alpha_i \left(\log\left(\frac{\alpha_i}{\alpha_i'} \right) + D_{KL}(f_i(x) \| f'(x)) \right) \tag{15.18}$$

有了以上基础，就可以对式（15.27）中的第一项进行求解，如下：

$$D_{KL}[q_\varphi(z|x) \| p_\theta(z)] \leqslant \sum_{i=1}^{K} \alpha_i D_{KL}\left(N\left(z; \mu_z, \mathrm{diag}\left(\sigma_z^2\right)\right) \| N'(0, I) \right) \tag{15.19}$$

式中，N' 为标准高斯分布。式中的符号含义同上。进一步地，则变分下界可以表示为

$$\mathcal{L}(\theta, \varphi; x) = E_{q_\varphi(z|x)}\left[\log p_\theta(x|z) \right] - \sum_{i=1}^{K} \alpha_i D_{KL}\left(N\left(z; \mu_z, \mathrm{diag}\left(\sigma_z^2\right)\right) \| N'(0, I) \right) \tag{15.20}$$

至此基于自回归流的高斯混合变分自编码器的变分下界也推导出来了。AFGMVAE 模型首先将 GRU 网络引入编码器和解码器，同时也对 GRU 网络进行了改进。在此基础上，本节融入了标准化流技术，使得近似后验分布是高斯混合分布。为了使模型的潜在空间更加符合现实，本节又融入高斯混合模型，使得潜在空间是高斯混合分布。

由于模型在训练阶段时的数据是没有标签的，因此，需要一种不使用类别标签的损失函数。在自编码器（autoencoder，AE）模型中使用重构误差来代表损失函数，即在 AE 模型输入原始数据，将模型进行训练，最后输出一个与原始数据相同维度的数据，目的是输出的数据尽可能地与原始数据相同。重构误差的度量是异常分数，首先需要提前定义一个阈值来判断故障是否发生，当异常分数较高时被定义为异常数据。但阈值的精准定义往往不是这么容易的，因此，VAE 模型使用重构概率来判断故障是否发生。VAE 模型提供了一个概率而非 AE 的异常分数进行度量。正常的数据分布能在低维的空间进行表示，但异常的数据在低维空间的分布是不同的，因此，正常数据的重构概率必然跟异常数据重构概率不一样，所以以重构概率作为度量更加客观。

本节将故障检测看作一个二分类问题，但是又比普通的二分类问题更加复杂，这是

因为异常数据中的特征可能未知或类别严重不平衡等。因此，无监督故障检测算法更加符合该问题特征，同时也具有研究的意义。一般而言，有监督故障检测的数据集都是带有标签的，无论是训练数据还是测试数据，但是，这样做的工作量是庞大的，同时，训练出来的模型虽然有很好的效果，但欠缺泛化性。但无监督故障检测方式针对的训练数据是没有标签的，也就是说模型的训练仅使用正常数据，当模型收敛后再使用带有标签的测试数据进行检测。本节将其进行公式化表示，公式如下：

$$D_s = \{(x_1),(x_2),\cdots,(x_i),\cdots,(x_n)\} \tag{15.21}$$

$$D_t = \{(x_1,y_1),(x_2,y_2),\cdots,(x_i,y_i),\cdots,(x_n,y_n)\} \tag{15.22}$$

式中，D_s 表示训练数据集且没有类别标签；D_t 表示测试数据集且有类别标签。本节希望模型通过无标签数据的训练后，在测试数据中能正确地重构出所有正常的数据以达到检测目的。

在训练模型时，训练的目标就是找到最优的参数 θ 和 φ，即式（15.20）中的参数。一般而言，希望重构误差项变为 0，然后将 $\log p_\theta(x|z)$ 最大化。但是在 VAE 中无法直接计算后验分布，因此，使用近似，所以无法直接计算出 $\varphi = \theta$ 的值让重构误差项恰好为 0，只能让它趋近于 0。同样地，在训练时需要搜索最合适的 θ 使 $\log p_\theta(x|z)$ 最大化。因此，AFGMVAE 模型中的参数是非常重要的，故参数训练过程如表 15.1 所示。

表 15.1　AFGMVAE 模型的参数训练

输入：训练数据集 D_t，GMM 中的高斯组件个数为 K，迭代次数为 N

输出：参数 θ 和 φ

初始化：随机参数 θ 和 φ

while epoch≤N

　　　　D_t^M /*从数据集 D_t 中采样 M 个样本*/

　　　while sampling≤K

　　　　　ε /*随机地从噪声分布 $p(\varepsilon)$ 中采样*/

　　　　　z/*随机地从高斯分布 $p(z)$ 中采样*/

　　　end while

　　　z^T /*从自回归流中获取*/

　　　g/*变分下界 $\mathcal{L}(\theta,\varphi;x)$ 对应的梯度*/

　　　θ,φ /*用梯度 g 更新参数*/

end while

return θ,φ

从表 15.1 中可以看出，模型首先要进行 N 次迭代，在每次迭代中再分别采样 ε 和 z。故模型的时间复杂度都为 $O(KN)$。

15.3　仿真实验与结果分析

为了验证本章所提出基于 AFGMVAE 模型的 SDN 控制器故障检测算法的有效性和准确性，本节将进行仿真实验的验证。首先，本节使用 mininet + RYU 进行 SDN 仿真环境的搭建。利用仿真环境所产生的正常数据进行收集，同时，也人为地制造一些故障，使得控制器不能正常地工作并对故障数据进行收集。在此之后，AFGMVAE 模型在训练时仅使用正常数据，在实验阶段除了正常数据还有故障数据。

15.3.1　实验环境与数据收集

1. 仿真工具

本节用到的所有数据均来自 SDN 仿真环境。因此，在正式介绍仿真环境之前，需要了解一下 RYU[1]和 mininet[2]。

图 15.4 为 mininet 创建成功图。

```
*** Creating network
*** Adding controller
*** Adding hosts:
h1 h2 h3 h4
*** Adding switches:
s1 s2
*** Adding links:
(h1, s1) (h2, s1) (h3,s2) (h4,s2)
*** Configuring hosts
h1 h2 h3 h4
*** Starting controller
c0 c1 c2
*** Starting 2 switches
s1 s2 ...
*** Starting CLI
```

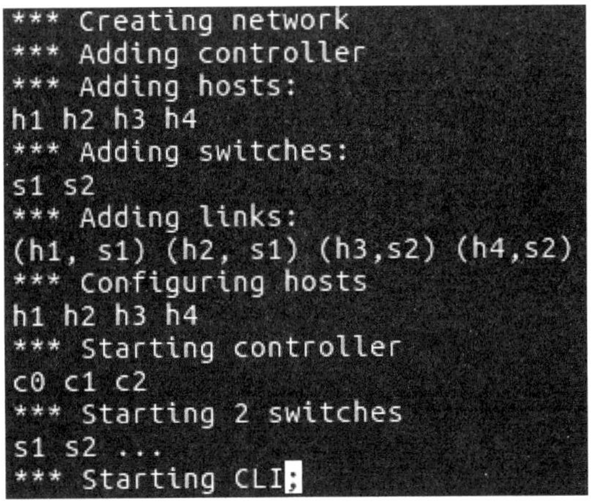

图 15.4　mininet 创建成功图

2. 仿真环境

针对 SDN 进行仿真环境的搭建。具体的配置如下所示。

物理主机配置：Intel® Core™ i7-4790 CPU @ 3.60GHz，8GB 内存，64 位操作系统。

虚拟机的配置：使用的是 VMware 平台，搭载了 Ubantu16.04.7，内存为 4GB，处理器数量是 2，硬盘为 40GB。mininet 版本为 2.3.0，RYU 控制器版本为 4.3.4，Python 版本为 3.5，搭载了 tensorflow1.8，keras 2.2.4。mysql 版本为 5.7.30。

首先，本节通过 mininet + RYU 搭建 SDN 仿真环境，具体的拓扑如图 15.5 所示。在mininet 仿真实验中，一共配置了三台控制器，其中，两台是奴隶控制器（slaver），即 c0

和 c1，一台主人控制器（master），还有两个 OpenFlow 的交换机及四台主机。为了能够专注于控制器的故障检测，本节尽可能地减少主机和交换机数量。

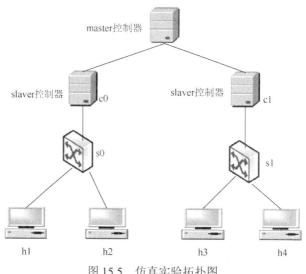

图 15.5　仿真实验拓扑图

3. 数据的收集与处理

在 SDN 中，控制器的健康状态取决于时延、带宽和拓扑等网络状态。若控制器发生故障，则响应时延无限增长，因此，时延是衡量控制器性能的重要指标。但是，通过 15.1 节问题的定义可以看出，许多控制器故障并不是突发性故障，也存在持续性异常导致的故障。也就是当前时刻的网络故障是由上一时刻的网络性能数据所影响的，如带宽、吞吐量、丢包率等。故时延并不是衡量控制器好坏的唯一因素。

首先对数据的故障进行定义。当数据属于正常数据时，将其标记为 0。当数据属于故障数据时，将其标记为 1。因此，0 代表正常数据，1 代表故障数据。

本节搭建了一个基于树形拓扑结构的 SDN。由于控制器是 SDN 中的核心，因此，本节设计一个 master 控制器和两个 slaver 控制器。master 控制器主要跟两个 slaver 控制器进行交互，这样当模拟控制器故障时，master 控制器依然能保证网络正常运行，同时还能将此时网络状态进行收集并用作后面的分析。具体来说，收集的数据中不仅仅包括时延，虽然时延是很重要的，但是其他网络状态跟故障之间也存在某种的相关性。因此，本节需要对此时 SDN 中的带宽、吞吐量、丢包率等数据进行收集。master 负责 SDN 的正常运行，同时也包括收集控制器 c0 和 c1 的数据。为了模拟控制器故障，本节使用故障注入的方式来获得相应的故障数据，master 控制器不仅管理 SDN 同时也负责故障数据的收集，本节将收集到的数据存入数据库中，每个控制器收集 2048 条数据。

在数据采集过程中可能会出现重复数据、缺失数据或者无效数据等情况，所以本节需要对这些数据进行一些预处理。对于重复数据，在数据库中直接去重，而缺失部分特征的数据，在本节中则采用前后两次数据的均值来补充。每个故障检测样本数据都包含当前时刻前 2min 的故障数据。即每个故障检测样本数据包括了 24 次采样的数据。

在本章中，从 SDN 控制器中采集到的数据属于原始数据，而原始数据可能存在较大的差异。因此，本节需要对不同数据进行归一化操作，即处理后的故障数据具有可比性。本节采用的是最大最小值方法（min-max）。min-max 公式如下：

$$x^* = \frac{x - x_{\min}}{x_{\max} - x_{\min}} \tag{15.23}$$

由于使用的是 AFGMVAE 模型，因此，在模型训练阶段时只需要正常的数据，即无故障的数据。目的是让模型能更好地对数据进行正确地重构。而测试数据是包括正常数据和故障数据的。因此，本节将以上采集到的数据按照 7∶3 的形式去划分。将正常数据中的 70%数据进行 AFGMVAE 模型的训练。正常数据中的 30%和故障数据用于测试阶段。

15.3.2　结果分析

由于故障检测可以看作一个二分类问题，因此，可以使用分类模型的评估标准 F1-score 值。混淆矩阵值如表 15.2 所示。

表 15.2　混淆矩阵值

真实情况	预测结果	
	正例	反例
正例	TP（真正例）	FN（假反例）
反例	FP（假正例）	TN（真反例）

本节将正常数据标记为 0，故障数据标记为 1。因此，对于一个正常数据经过 AFGMVAE 模型后，若输出的标签为 0，则认为是一个真正例，即 TP。若输出的标签为 1，则认为是一个假正例，即 FP。同理，对于一个故障数据，经过 AFGMVAE 模型后，输出的标签为 0，则认为是一个假反例，即 FN。若输出的标签为 1，则认为是一个真反例，即 TN。准确率（Accuracy）、精确率（Precision）、召回率（Recall）、F1 分数（F1-score）的计算公式如下：

$$\text{Accuracy} = \frac{\text{TP} + \text{TN}}{\text{TP} + \text{TN} + \text{FP} + \text{FN}} \tag{15.24}$$

$$\text{Precision} = \frac{\text{TP}}{\text{TP} + \text{FP}} \tag{15.25}$$

$$\text{Pecall} = \frac{\text{TP}}{\text{TP} + \text{FN}} \tag{15.26}$$

$$\text{F1-score} = \frac{2 \times \text{TP}}{2 \times \text{TP} + \text{FN} + \text{FP}} \tag{15.27}$$

通过以上的分析，时延、带宽、吞吐量及丢包率等网络性能都能导致控制器的故障，因此，我们需要可以支持多元时间序列的故障检测模型。AFGMVAE 模型在提高了 VAE 后验分布的同时也融入了高斯混合模型，因此，该模型可以支持多元时间序列的故障检测。由图 15.6 可知，在训练中由于采样的不同，则 AFGMVAE 最终的损失函数会有波动，但是波动是小范围的，且最终趋于平稳。

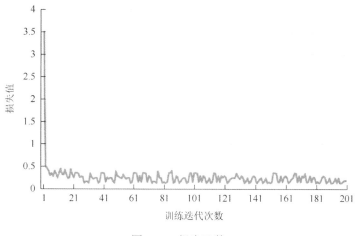

图 15.6　损失函数

为了验证本节所提算法（AFGMVAE）在实际应用中时间开销的性能，本节使用单个样本平均执行时间跟 AE 和 VAE 两种算法进行了对比。如图 15.7 所示，AFGMVAE 方法更加耗时，这是因为在本节内容中引入了自回归流进行可逆变换，使得变分自编码器中的后验分布为高斯混合分布。因此，在自回归流进行可逆变换时，VAE 潜在空间的潜在变量的生成比基础的 VAE 要慢，耗时要更久一点。但时间开销的增加是为了让模型在故障检测时有更高的准确率、精确率和 F1 分数。

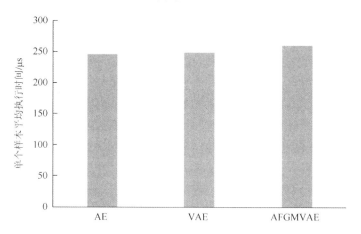

图 15.7　基于 AFGMVAE 的故障检测算法对比图

如表 15.3 所示，将 AFGMVAE 模型跟其他模型进行比较。可以直观地看到该模型在准确率、精确率、F1 分数方面要比其他几个模型要好。但是在召回率方面，该模型不如 LSTM-AE 和 IG-GRU。这表示这两种模型算法找回了最多的异常数据，但是通过图 15.8 所示，可以发现这两种模型算法的精确率并不高，则表明 LSTM-AE 和 IG-GRU 将许多正常的数据也当成故障数据。因此，这并不能说明 LSTM-AE 和 IG-GRU 在故障检测方面具有很好的故障检测效果。相较之前最高的模型算法，AFGMVAE 模型算法在准确率、精确率、F1 分数方面分别提高了 1.33%、1.3%和 1.23%。

表 15.3　基于 AFGMVAE 的故障检测算法对比

模型	评价指标			
	准确率	精确率	召回率	F1 分数
LSTM-AE	0.7748	0.7102	0.9636*	0.8177
VAE	0.8077	0.7732	0.9182	0.8395
GRU-VAE	0.8533	0.8225	0.9136	0.8656
IG-GRU	0.9136	0.9125	0.9345	0.9233
AFGMVAE	0.9269*	0.9255*	0.9326	0.9356*

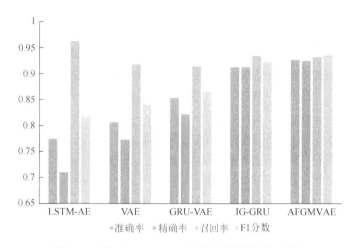

图 15.8　基于 AFGMVAE 的故障检测算法对比图

对于控制器故障检测而言，故障检测模型的稳定性也是十分重要的。因此，本节采用测试样本对 VAE、GRU-VAE、IG-GRU、AFGMVAE 四个模型进行 10 次准确率的评估，如图 15.9 所示。在 AFGMVAE 中引入了自回归流和高斯混合模型后使得该算法的稳定性较好。

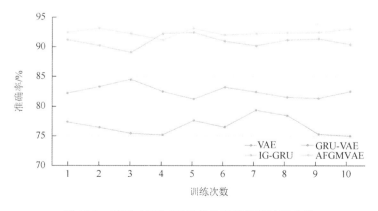

图 15.9　基于 AFGMVAE 的故障检测算法稳定性

15.4　本章小结

针对基础 VAE 的编码器和解码器并未考虑时间特性，本章在编码器和解码器中引入 GRU 网络来发现时间序列的相关性。之后，使用自回归流来进行可逆变换，提高 VAE 后验分布的同时也能满足高斯混合分布。但是，目前 VAE 的潜在空间还是单个高斯分布的，因此，本章在此基础上引入了高斯混合模型，使其潜在空间是高斯混合分布。基于此，本章提出了 AFGMVAE 模型。仿真实验表明，该模型针对 SDN 中控制器的故障检测具有良好的准确率。

参 考 文 献

[1]　Gaur P，McCreadie K，Pachori R B，et al. Tangent space features-based transfer learning classification model for two-class motor imagery brain-computer interface[J]. International Journal of Neural Systems，2019，29（10）：1950025.

[2]　Babbar H，Rani S. Performance evaluation of QoS metrics in software defined networking using ryu controller[C]//IOP Conference Series：Materials Science and Engineering，Orlando，2021：1022-1025.

第16章 多模态智慧网络快速通信资源恢复

16.1 基于贪婪电场力动态平衡的 UAV-BS 三维部署算法概述

洪水、地震、海啸等自然灾害发生后，通信设施往往会遭受重大破坏。针对灾后通信中断的问题，卫星通信系统曾经被广泛使用。但是，卫星通信系统的有限负载无法保证大量用户实时通信。此外，应急通信车的机动性较弱，很难深入灾区进行全方面覆盖。这些都是灾后通信恢复的巨大挑战。而无人机具有高机动性、高经济型和高可控性等优势，可以用来快速恢复通信网络。越来越多研究表明，可通过使用无人机搭载微型基站给灾后环境中的地面用户设备提供通信覆盖。与应急通信车相比，无人机基站（unmanned aerial vehicle base station，UAV-BS）因其在高空可以实现与用户设备（user equipment，UE）的视距（line of sight，LOS）通信，并且由于其机动性和高度可调节，无人机可以向潜在的 UE 移动，并以低发射功率建立可靠的连接。因此，如何在满足相关约束下确定 UAV-BS 的最佳位置是一个关键问题。

本章提出一种自适应 UAV-BS 三维动态部署方案，利用 UAV-BS 位置信息使覆盖最大化，达到无人机部署数量最小化的目的，以解决快速通信恢复问题。

16.2 三维部署模型

图 16.1 描述了灾后通信恢复中部署 UAV-BS 的系统模型，在所考虑的场景中有三种通信对象：UE（地面用户的用户设备）、UAV-BS（无人机-基站）和地面基站。在图示区域发生了自然灾害，地面基站损坏，大量 UE 无法通信。为了保障救援工作的开展，需要快速部署 UAV-BS，为 UE 提供无线接入服务。本节假设 UAV-BS 在传输功率、飞行高度限制和可实现的最大并发连接数方面是相同的。部署后的 UAV-BS 提供了蜂窝网络和由飞行自组网（flying network，FANET）组成的异构网络以恢复网络通信，其中，UAV-BS 的回程链路连接到灾区外固定地面基站以保证广域网连通。在该异构网络场景中共有 3 种通信方式：UAV-BS 与地面基站（UAV-BS to base station，U2B）通信，UAV-BS 与 UAV-BS（U2U）通信及 UAV-BS 与地面用户设备（UAV-BS to device，U2D）通信。考虑灾害区域的实际场景，进一步假设 UE 在地面上分布不均匀，位置已知。

一方面，所有 UAV-BS 构建了一个强大的骨干网，协同服务于目标区域的 UE。另一方面，地面基站可以为 UAV-BS 提供广域网接入，UAV-BS 可以获取所有地面 UE 信息。这里假设所有的 UAV-BS 和 UE 都配备了全向天线，使得它们在高移动环境下发射和接收信号方面具有天然的优势。所有 UE 之间需要通过 UAV-BS 之间的回程链路进行通信（或与远程服务器通信），这就要求所有 UAV-BS 之间保持连通性。图 16.1 中 ω_i 为布尔值，表示是否连接到广域网。多 UAV-BS 网络既考虑了 UE 与 UAV（U2E）接入链路，也考虑了 U2U 回程链路，为所有 UE 提供无缝覆盖。

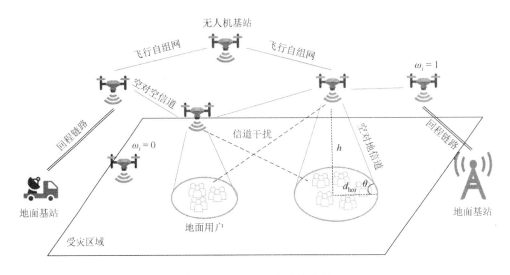

图 16.1　　UAV-BS 的系统模型

在多无人机网络中，回程链路上相邻的 UAV-BS 借助正交的频率信道实现互不干扰通信[1]。这是一种用于地面蜂窝网络典型的频率规划方法。如果两个 UAV-BS 在网络拓扑中不相邻，那么可以重复使用相同的频率通道和频谱波段。对于接入链路，可以使用相同频率的信道，但有不同的频分/时分多址信道资源调度协议，从而保证两个 UE 之间没有或很少有同信道干扰。即使在采用适当的频率规划和多频/时分接入方案后，也应该知晓这两种通信链路都是无线的，容易受到信道干扰和其他因素的影响。信道传输模型和干扰分析将在下面进行讨论说明。

16.3　部署模型优化

对于基于演化计算技术的 UAV-BS 三维部署方法，在构建目标函数的同时，还要尽可能地考虑实际环境约束，从而设计不同的优化策略。如作为灾后通信恢复，应考虑对地面用户的全覆盖约束。在已有的研究中通常将 UAV-BS 的数量和通信链路质量作为优化的目标函数。另外，部署模型应该满足一些条件。首先，不应该存在孤立的 UAV-BS，从而保持有效的回程链路。其次，任何两架 UAV-BS 之间的距离不应太近，以免发生碰撞。然后，由于没有中央控制设施，每架 UAV-BS 都应该自主调整自己的飞行状态。这是因为遗传算法、粒子群优化等集中式优化控制方法会带来极高的计算复杂度和大流量，使得对 UAV-BS 网络节点的实时控制变得不可行[2, 3]。

在提出优化问题之前，应当定义相关约束条件。首先，定义一个 $1 \times N$ 的 UAV-BS 部署状态矩阵，其定义如式（16.1）所示。

$$u_i = \begin{cases} 1, & \text{UAV-BS } i \text{ 被部署} \\ 0, & \text{否则} \end{cases}, \quad \forall i \qquad (16.1)$$

其次，定义一个 $N \times M$ 的 UAV-BS 和 UE 的关联矩阵，其定义如式（16.2）所示。

$$g_{i,k} = \begin{cases} 1, & \text{UE } k \text{ 关联到 UAV-BS } i \\ 0, & \text{否则} \end{cases}, \quad \forall i,k \qquad (16.2)$$

进一步给出 $N \times N$ 的 UAV-BS 到 UAV-BS 关联矩阵，其定义如式（16.3）所示。

$$l_{i,j} = \begin{cases} 1, & \gamma_{i,k} \geqslant \Lambda_{\text{th}} \\ 0, & \text{否则} \end{cases}, \quad \forall i,k \qquad (16.3)$$

式中，$\gamma_{i,k}$ 为第 i 个和第 k 个 UAV-BS 无线传输的信号与干扰加噪声比（signal to interference plus noise ratio，SINR）。考虑回程链路的公式化定义，在所有的 UAV-BS 中，有一部分能够直接接入广域网（wide area network，WAN）并进行数据上传。设布尔变量 ω_i 表示第 i 个 UAV-BS 是否可以连接到 WAN，其定义如式（16.4）所示。

$$\omega_i = \begin{cases} 1, & \text{UAV-BS } i \text{ 连接到WAN} \\ 0, & \text{否则} \end{cases}, \quad \forall i \qquad (16.4)$$

基于连接矩阵 $l_{i,j}$，可得第 i 个 UAV-BS 的单跳邻居集 Ne_i^1，其定义如式（16.5）所示。

$$j \in Ne_i^1, \ l_{i,j} = 1, \ \forall i,j \qquad (16.5)$$

同理，假设认为第 k 个 UAV-BS 属于第 i 个 UAV-BS 的两跳邻居集合 Ne_i^2，那么有定义式：

$$k \in Ne_i^2, \ k \in Ne_j^1, \ j \in Ne_i^1, \ \forall i,j,k \qquad (16.6)$$

类似的定义可以很容易地扩展到 UAV-BS 的多跳邻居集。如果一个 UAV-BS 属于至少一个可访问 WAN 的多跳邻居集，那么该 UAV-BS 能够访问 WAN。

综上所述，优化目标可以归纳表示如下：

$$\text{MIN} = \min \sum_{i=1}^{N} u_i \qquad (16.7)$$

$$\text{s.t.} \ \sum_{i=1}^{N} g_{i,k} \leqslant 1, \ \forall k \qquad (16.8)$$

$$\sum_{k=1}^{M} \sum_{i=1}^{N} g_{i,k} = M \qquad (16.9)$$

$$\sum_{k \in Ne_i^*, i \in N, * \in \mathbb{Z}} \omega_i \geqslant 1, \ \forall k \qquad (16.10)$$

$$\sum_{k=1}^{M} g_{i,k} \leqslant C_i, \ \forall i \qquad (16.11)$$

$$g_{i,k} \leqslant u_i, \ \forall i,k \qquad (16.12)$$

$$\delta_{i,k} \geqslant \Lambda_{\text{th}}, \ \forall g_{i,k} = 1, \ \forall i,k \qquad (16.13)$$

式中，式（16.7）是优化目标，即在相关约束下求解所需最小数量的 UAV-BS；式（16.8）约束了每个 UE 最多只能关联到一个 UAV-BS；式（16.9）约束了灾区内 UE 的全覆盖，即所有被发现用户均可获得 UAV-BS 的通信恢复覆盖；式（16.10）约束了每个 UAV-BS

都需要连接到 WAN，即保障提供覆盖的 UAV-BS 有可靠的回程链路；式（16.11）约束了关联到每个 UAV-BS 的 UE 数量不超过其服务容量上限 C_i；式（16.12）约束了 UE 不能关联到未被选择部署的 UAV-BS；式（16.13）约束了每个 UE 接收到的 SINR 大于阈值 Λ_{th}。

16.4　贪婪电场力动态平衡三维部署算法

UAV-BS 的三维部署问题是一个 NP 问题，启发式算法适用于解决此类问题。其中，人工电场算法可以有效地解决此场景问题。但是，启发式算法的运行时间难以满足要求，特别是面对动态环境。因此，受人工电场算法的物理概念启发，本节将三维部署问题建模为静电场，提出电场力动态平衡算法。另外，本节引入基于图的贪婪算法，省去了该算法初期的低效迭代，加速收敛。

具体而言，我们分析 UAV-BS 部署的相关研究，发现存在以下问题：单个 UAV-BS 容易单点故障和覆盖范围有限、使用固定统一高度部署 UAV-BS 不能获得最优性能、未考虑回程链路的约束和静态场景部署方法不能适应实际环境等。本章将从这几方面进行分析讨论，针对存在的问题提出解决方法。本章的主要工作是通过优化 UAV-BS 的三维部署位置，以最小化 UAV-BS 的数量。

首先，运行基于图的贪婪算法来求解 UAV-BS 的最小数量和位置初始解。具体来讲，①通过部署足够多 UAV-BS 来保障存在较优 UAV-BS 的位置。②根据通信阈值是否满足服务要求来判断 UE 是否被 UAV-BS 覆盖，从而构建关联图。③删除空闲和可被替代的 UAV-BS，可被替代 UAV-BS 定义为其关联的 UE 都可以重新关联到其他 UAV-BS 上。

然后，基于贪婪算法输出的初始解，运行分布式电场力动态平衡算法使 UAV-BS 自主运动到最优位置。具体来讲，将 UAV-BS 和 UE 建模为带有相反电荷的带电粒子，根据服务容量和通信需求设置初始电荷。由于带有相反电荷，UAV-BS 会受到 UE 对 UAV-BS 的引力而自主运动至最优位置，其引力的大小跟 UE 的距离和通信需求有关。同理，UAV-BS 之间存在相同电荷产生的排斥力，满足了负载均衡和保持安全距离的需求。UAV-BS 通过计算受到吸引力和排斥力之和，来确定运动方向和速度，从而运动至最优水平位置。最后，根据当前部署位置的环境参数计算 ACQ（acquisition），并尝试调整部署高度以最大化 ACQ。当地面 UE 发生移动时可以自主适应变化进行动态部署，无须重新开始。电场力动态平衡算法使用动态库仑常数来控制运动步长，以实现初期大步伐运动，加快探索和收敛后小步伐运动以到达精确力平衡点。为了避免部署中可能出现的速度失衡和越界等局部恶化情况，我们加入了速度和运动边界限制。

16.4.1　基于图的贪婪算法

本节引入图的概念，设计求最小 UAV-BS 数量和初始位置的贪婪算法。首先，根据容量约束部署足够多的 UAV-BS 以保障每个 UE 都能被覆盖，并且不存在孤立的 UAV-BS，至少存在一个 UAV-BS 直接连接到 WAN，以保证回程链路。然后，根据关联关系计算 UAV-BS 和 UE 的度，基于此依次迭代删除冗余 UAV-BS（即删除后依然满足优化目标的约束）。当不存在多余的 UAV-BS 可以删除时，得到 UAV-BS 最小部署数量和位置初始解，将结果输出作为下一步电场力动态平衡算法输入。该算法原理是足够多的初始位置，保障了存在足够优异的水平位置，该位置可以关联到大量 UE。从度的概念进行贪婪计算，可以快速构建关联关系以方便计算，在保证服务数量的前提下，尽可能地删去可被替代的 UAV-BS。

为了进行优化问题，本节需要对能够满足服务所有用户的 UAV-BS 的数量进行初步估计。UAV-BS 的数量应根据覆盖范围和容量需求进行估算[2]。在灾后场景中，主要是 UE 的数量 M 导致需要使用更多的 UAV-BS，而并非高数据速率，因为在灾区要优先考虑的是保障通信恢复和全覆盖，而非高宽带链路。因此，对于 UAV-BS 数量的初始估计只考虑 UAV-BS 的服务容量约束。UAV-BS 满足全覆盖的数量下限：

$$N_{\min} = \left\lceil \frac{M}{C_i} \right\rceil \tag{16.14}$$

贪婪算法求解 UAV-BS 数量和初始解位置的算法步骤如下所示。

1. 初始化参数

本节根据 $N_{\min}$ 在区域部署足够多的候选 UAV-BS，根据信道模型分析，初始高度可以设置为满足通信质量的最大高度，即获得最大覆盖半径，从而实现贪心关联到尽可能多的 UE，实现最小化 UAV-BS 数量。在分布式电场力平衡算法中再进一步优化高度。令 $u_i = 1$，表示所有候选 UAV-BS 默认都是活跃的。设 $\mathbb{U}_r$ 为未尝试删除的集合，$\mathbb{U}_d$ 是被删除的 UAV-BS 集合，U_i^D 与 G_i^D 分别是第 i 个 UAV-BS 和第 i 个 UE 的度，令 $\mathbb{U}_r = \mathbb{U}$，$\mathbb{U}_d = \varnothing$。将所有 UAV-BS 和 UE 的度都初始化为 0。

2. 构建连接图

计算各 UAV-BS 之间的 SINR，通过判断是否大于 $\varLambda_{\mathrm{th}}$ 来得到 UAV-BS 之间的关联矩阵。同理得到 UAV-BS 和 UE 之间的关联矩阵，要注意的是，建立连接前首先判断建立连接后是否满足式（16.11）。同时，也可以得到所有 UAV-BS 的度 U_i^D 和 UE 的度 G_i^D。

3. 删除冗余和空闲连接

如果存在 G_i^D 大于 1 的 UE，那么说明存在冗余连接。为了满足式（16.8），从度最大的 UE 开始，只保留与其关联的 UAV-BS 中度最大的连接。经过以上迭代、删除冗余连接后，对于度为 0 且删除后与其关联的其他 UAV-BS 满足式（16.9）即可认为是空闲 UAV-BS，将其状态 u_i 置为 0，同时更新 $\mathbb{U}_r$、$\mathbb{U}_d$、U_i^D、G_i^D 和关联矩阵。

4. 再次尝试删除可被替代 UAV-BS

与一个 $\mathbb{U}_r$ 中的 UAV-BS 相关的 UE 有可能在不违反上述定义约束的情况下全部重新关联到其他邻近 UAV-BS。在这种情况下，可以删除这个 UAV-BS，以减少需要的数量。

因此，将依次从 $\mathbb{U}_r$ 中选取最小度的 UAV-BS，并将其发射功率设置为 0，以此来进一步优化，然后回到步骤 2 进行一次新的迭代。

当 $\mathbb{U}_r = \varnothing$ 时，整个算法结束，这意味着所有候选 UAV-BS 都至少被尝试删除过一次，此时不存在处于活动状态的 UAV-BS 可以被删除。虽然基于图的贪婪算法难以计算出最优三维位置，但在给定 UE 总数、位置和一个 UAV-BS 可服务终端的最大数量的情况下，可以得到实际理论上最终部署 UAV-BS 的最小数量和接近最优水平位置的初始解。将贪婪算法的输出结果作为分布式电场力动态平衡算法的输入，进一步求精确解。

16.4.2　分布式电场力动态平衡算法

分布式电场力动态平衡算法的原理是库仑定律。一个通信对象被视为一个带电粒子，通过电场中各个带电粒子的相互力作用以自主运动至力平衡。由相关物理知识可知两个带电粒子之间的作用力正比于它们的电荷量，并且与它们之间的距离成反比。显而易见，在三维部署中 UAV-BS 与 UE 之间的关系和电场中带电粒子的关系十分相似。具体而言，该算法可以使 UAV-BS 分布式自适应地根据来自其他 UAV-BS 的排斥力和 UE 的吸引力来实时调整自身位置，这两种力与信号强度和需求有关。当部署 UAV-BS 给 UE 提供通信时，可以发现 UE 聚集的区域对 UAV-BS 更有吸引力，而随着其服务 UE 数量的增加，其受到的吸引力逐步减小。可以假设 UE 为物理中一个静止的电子（这里指 UE 不会受静电力而移动，只会自发性地随机移动），而 UAV-BS 为一个移动的质子，UAV-BS 受 UE 的吸引力而移动。UAV-BS 和 UE 之间的虚拟力与它们之间的传输需求成正比，这与物理中粒子间作用力受到电荷量和距离的影响相一致。因此，为了提高整个系统的网络性能，UAV-BS 应该更靠近通信链路差或者用户聚集的位置，从而达到平衡的位置。对优化目标，先通过贪婪电场力动态平衡算法求解 UAV-BS 的最优水平位置后，再通过调整部署高度来最大化 ACQ，在满足全覆盖及其他约束条件的情况下，实现用户通信链路质量的最大化。当达到最优解后，UAV-BS 将继续定期获取灾区用户的信息。根据获取到的信息计算被施加的合力，一旦发现力平衡状态被打破，说明最优解发生了变化，相应的 UAV-BS 会根据电场力动态平衡算法重新计算出合适的移动方向和距离，自行调整其自身位置，直到再次达到最优解。算法步骤如下所示。

1. 初始化

根据基于图的贪婪算法输出的 UAV-BS 数量和初始位置进行初始化。首先，将 UAV-BS 建模为质子，其正电荷数量等同于自身服务容量，将 UE 建模为一个电子，从而形成一个非平衡电场。这里假设每个 UE 的通信需求是相同的，都设置为单位电荷量大小。但是，UAV-BS 的吸引力总是更新的，并且与用户数量成反比。也就是说，拥有大量用户的 UAV-BS 很难吸引更多的用户。因此，通过该算法得出的部署位置是具备负载均衡的。这里提出电荷更新方法，如下：

$$\mathbb{Q}_i = \frac{C_i}{\sum\limits_{k=1}^{M} g_{i,k} + \psi} \tag{16.15}$$

式中，$\mathbb{Q}$ 为电荷量；ψ 为小的、大于 0 的常数；C_i 为第 i 个 UAV-BS 的服务容量。

分配电荷后，不同的 UAV-BS 之间形成的力是排斥力，可以让 UAV-BS 保持相对之间的安全距离，避免过于集中使负载均衡，而 UAV-BS 与 UE 之间形成的力是吸引力。这两种力使 UAV-BS 自主向最优水平位置运动。两个带电粒子之间（UAV-BS 和 UAV-BS 之间或 UAV-BS 和 UE 之间）的力计算如下：

$$F_{i,j} = Ku(t)\frac{\mathbb{Q}_i\mathbb{Q}_j}{d_{i,j}^2} \tag{16.16}$$

式中，$F_{i,j}$ 为静电力的大小；$Ku(t)$ 为库仑函数；$\mathbb{Q}_i$ 与 $\mathbb{Q}_j$ 分别为第 i 个和第 j 个带电粒子的电荷；$d_{i,j}$ 为两个电荷之间的距离。为了获得更好的收敛效果，这里引入动态库仑常数，其定义如下：

$$Ku(t) = \begin{cases} K_0\exp\left(-\dfrac{itr}{maxitr}\right), & \text{未达到首次平衡} \\ K_0, & \text{否则} \end{cases} \tag{16.17}$$

式中，K_0 为常数；maxitr 为最大迭代次数；itr 为当前迭代次数。根据迭代次数计算出来的库仑常数使得在求解初期具有较长的运动步伐，可以快速收敛，收敛后以小步伐运动获得精准最优解。当达到首次平衡后，库仑常数固定为 K_0，因为之后最优位置只会跟随 UE 移动而发生一定幅度内的位移，所以使用小步伐运动至最优解。

2. 力计算

对每个 UAV-BS 计算其他 UAV-BS 施加的排斥力和地面 UE 施加的吸引力之和，其定义如下[4]：

$$F_i(t) = \sum_{j=1}^{N} F_{i,j}(t) + \sum_{k=1}^{M} F_{i,k}(t), \cdots, j \neq i \tag{16.18}$$

式中，$F_{i,j}$ 为第 j 个 UAV-BS 作用在第 i 个 UAV-BS 上的排斥力；$F_{i,k}$ 为第 k 个 UE 作用在第 i 个 UAV-BS 上的吸引力。这里定义 $F_{i,j}$ 只在水平方向的分力有效，即只改变水平位置。

3. 运动

由牛顿第二定律可知，物体加速度的大小跟作用力成正比，跟物体的质量成反比，加速度方向跟作用力的方向相同，而本节考虑的 UAV-BS 是相同规格，可以认为质量相等，都设置为单位质量。那么可以得出现在任意 UAV-BS 的加速度 α_{F_i}，其定义如下：

$$\alpha_{F_i}(t) = F_i(t)/1 \tag{16.19}$$

每个 UAV-BS 的速度由其先前的速度和当前加速度更新，然后这个速度用于更新 UAV-BS 的位置。速度和位置更新方程如式（16.20）和式（16.21）所示。

$$\mathbb{V}_i(t+1) = \mathbb{V}_i(t) + \alpha_{F_i}(t) \tag{16.20}$$

$$X_i(t+1) = X_i(t) + \mathbb{V}_i(t+1) \tag{16.21}$$

其中，$\mathbb{V}$ 为速度；X 为位置。

不断重复步骤 2 和步骤 3，直到力平衡，即达到最优水平位置。

4. 垂直高度优化

由 16.2.1 节得出了 ACQ 与部署高度和覆盖半径之间的关系，即给定覆盖半径和部署高度可以得出 ACQ，可以将其定义为二元函数 $f(h, d_{hor})$。由本文提出的算法（GEFFDB）可知以上步骤已经确定与 UAV-BS 关联的 UE，对于第 i 个 UAV-BS，可以认为在其覆盖 UE 中，最大水平距离 d_{hor} 就是其覆盖半径。由图 16.2 可知，由于 LOS 的增加，更高的海拔拥有更好的 ACQ。然而，当海拔超过一定水平时，信道路径损耗导致接收功率水平显著减弱，因此，ACQ 开始下降。因此，在确保已关联 UE 数量不会减少的约束条件下，随着调整高度 $f(h, d_{hor})$ 的变化，存在一个 ACQ 的最大值。对于最佳高度可以采用二分查找法进行求解。

另外，在对约束优化问题进行仿真实验时发现，位置更新中的较大跳跃对 UAV-BS 的优化性和可行性产生了影响，可以解释为：电场是力和电荷的函数，速度可能在力作用下达到较高速度从而使 UAV-BS 越过它们的搜索边界，远离目标区域。本节为了解决这一问题，将搜索空间中的速度与基于搜索区域提出的速度边界相结合。如果任何 UAV-BS 的速度超过最大速度限制，那么将其设置为最大速度 $\mathbb{V}_{max}$，类似地，如果任何 UAV-BS 的速度低于最小速度限制，那么将其设置为最小速度 $\mathbb{V}_{min}$。速度上限促进全局勘探，速度下限促进局部勘探。速度的边界定义如式（16.22）所示。

$$\mathbb{V}_i(t+1) = \begin{cases} \mathbb{V}_{max}, & \mathbb{V}_i(t+1) > \mathbb{V}_{max} \\ \mathbb{V}_{min}, & \mathbb{V}_i(t+1) < \mathbb{V}_{min} \end{cases} \tag{16.22}$$

式中，$\mathbb{V}_i(t+1)$ 是任意 UAV-BS 的速度；$\mathbb{V}_{max}$ 和 $\mathbb{V}_{min}$ 是在同一方向上允许的最大速度和最小速度。

再次观察到 UAV-BS 仍然可能跨越它们的搜索边界。为了克服这种情况，可以利用搜索空间的上下界信息，确保搜索过程保持在有效的搜索空间内。具体来讲，如果任意一个 UAV-BS 越过边界，靠近搜索空间的下界，那么取其位置的最大值和搜索空间的下界，将其拉回搜索空间。越过上边界的约束同理。UAV-BS 的位置边界定义如下：

$$X_i(t+1) = \begin{cases} X_{max}, & X_i(t+1) > X_{max} \\ X_{min}, & X_i(t+1) < X_{min} \end{cases} \tag{16.23}$$

式中，X_{max} 为搜索空间的上边界；X_{min} 为搜索空间的下边界。

16.5　仿真实验与结果分析

16.5.1　实验设计

1. 实验环境

为了验证 GEFFDB 算法的有效性，将本节所提模型进行实验设计及仿真验证。仿真实验在一台装载 Ubuntu 20.04 系统的台式计算机上完成，处理器型号为 Intel® Core™ i7-6700 CPU@3.40GHz，内存大小为 8GB，编程语言为 Python 3.8。

本节的研究目标是灾后区域的通信恢复，考虑一般情况下所处环境既不是空旷的郊区，也不是密集而且存在高层建筑的区域，因此，本节选用普通密集城区的环境影响因子[4-6]。在仿真实验中，目标区域为边长 4000m 的正方形，500 个地面用户水平随机分布在该区域，高度为 0。地面用户有概率发生位移，运动位置不超出目标区域。

2. 对比基准

本节将分别从 UAV-BS 部署数量、算法运行时间、部署质量和动态部署时间来评价各个算法的性能。将本章提出的 GEFFDB 算法与前面提到的部署算法进行分析对比，分别是螺旋放置算法（spiral placement algorithm，SPA）、k-means 算法、粒子群优化（particle swarm optimization，PSO）算法和基于人工蜂群算法的有序放置算法（ordered artificial bee colony algorithm，OAP）。本节特别考虑全覆盖恢复约束，为了确保实验对比具有公平性，在对比算法中也加入全覆盖约束。

16.5.2　结果与分析

1. GEFFDB 算法仿真结果

根据以上各项实验参数设置实验环境，对本节所提算法进行仿真验证。图 16.2 是 GEFFDB 算法的初始化示意图，可以看到在地面随机生成了 500 个地面用户，在空中部署足够多的 UAV-BS 以保证通过基于图的贪婪算法可以运算出最小化数量和位置初始解。图 16.2 中圆点表示随机分布在地面的 UE，五角星表示部署在最大高度的 UAV-BS。

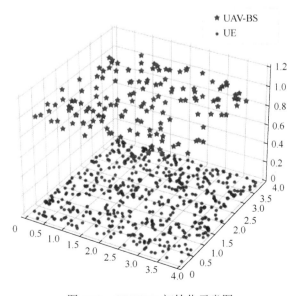

图 16.2　GEFFDB 初始化示意图

基于图的贪婪算法的时间复杂度是对数线性阶，可以根据初始化位置快速运算出最小 UAV-BS 数量和初始三维位置，具体结果如图 16.3 所示。在图 16.3 中以相同颜色代表 UAV-BS 与 UE 的关联关系。

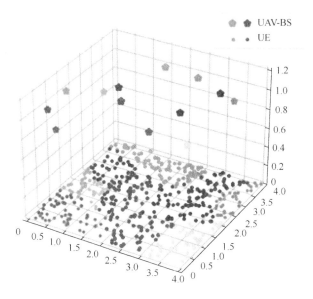

图 16.3　基于图的贪婪算法运行结果

基于以上运行结果，每个 UAV-BS 根据分布式电场力平衡算法计算所受到的合力并向水平最优解位置运动，然后再通过二分搜索调整至最优高度以得出最优三维位置。最终，GEFFDB 算法的部署结果示意图如图 16.4 所示，可以从图中看出，经过 GEFFDB 算法，UAV-BS 部署满足了在全覆盖的前提下，同时具有较好的负载均衡性能的需求。

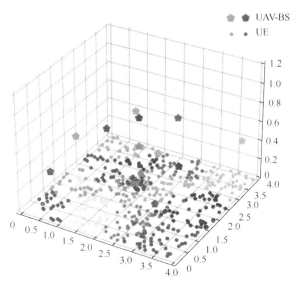

图 16.4　GEFFDB 算法的部署结果示意图

2. 算法对比

相关工作大多没有考虑全覆盖约束，而是使用中断概率来优化目标。为了保证对比实验的有效性，这里将对比算法统一加入了全覆盖约束。求解的目标是在保证全覆盖的前提下，尽可能地提高经济性和部署效率，即最小化部署数量和提高部署速度。

1）平均信道质量

在相同场景及不同 UE 数量下，本节对 5 种算法的平均信道质量进行了仿真对比，结果如图 16.5 所示。

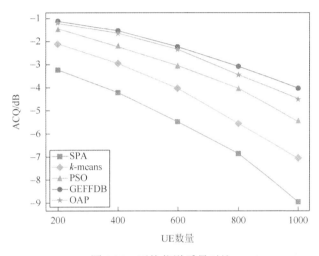

图 16.5　平均信道质量对比

从图 16.5 可以看出，随着 UE 数量的增长，各个算法都出现了 ACQ 下降的趋势，这是由于干扰增大和 UE 所能分配到的带宽降低。其中，SPA 的 ACQ 指标最差，其未能充分地兼顾 UE 分布情况并且未优化最佳高度，进而导致相当一部分 UE 被接近满负载的 UAV-BS 所服务，甚至处于满足通信阈值条件的边缘。k-means 算法根据地面 UE 密度进行分簇，设置簇中心，所以 ACQ 性能有一定提升，但是相比最优值仍相差较大。这是因为 k-means 算法对初始聚类中心的选择比较敏感，容易收敛到局部最优解，而且对异常值很敏感。PSO 算法和 OAP 算法是一种基于群体智能的优化算法，其主要思想是通过模拟粒子或生物体在解空间的运动来协同寻找全局最优解，不容易陷入局部最优解，因此，具有较好的 ACQ 性能。而本节所提的 GEFFDB 算法通过不断地调整 UAV-BS 的电荷量使其具备负载均衡特性，而且在达到最优二维部署时，以 ACQ 为标准调整至最优高度，所以具有最优性能。

2）动态部署时间

在真实环境中，地面用户的位置不是一成不变的，而是随着时间的变化而发生位移。为了验证动态部署场景的性能，本节设置地面 UE 发生了一定范围的随机位移，统计 5 种算法从上一次部署完成的位置到新一次部署完成的位置所耗费的时间，如图 16.6 所示。

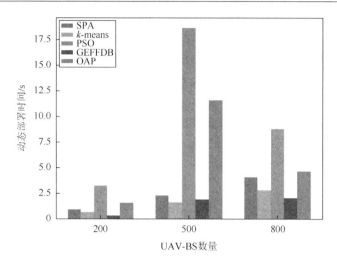

图 16.6 动态部署时间

由图 16.6 可以看出，在动态部署 UAV-BS 的情况下，5 种算法的性能表现有所不同。动态部署 UAV-BS 通常涉及在运行过程中对 UAV-BS 的位置和数量进行调整，以适应用户需求和环境变化。SPA 在动态部署 UAV-BS 时表现较差，因为该算法是通过固定的螺旋放置方式来确定 UAV-BS 位置的，无法根据环境的变化进行调整，只能重新运行算法。PSO 算法在动态部署 UAV-BS 时会存在局限性，虽然该算法具有全局搜索和自适应性等优点，但是在 UE 位移较大的动态环境下，粒子群算法可能需要重新初始化粒子群，以适应基站数量和位置的变化，这样会导致算法的运行时间增加。OAP 算法综合了分簇算法和启发式算法的优点，因此，相比 PSO 算法的动态部署时间有所下降。GEFFDB 算法和 k-means 算法在动态部署 UAV-BS 时会更具有优势。k-means 算法可以通过迭代调整簇的中心来达到调整 UAV-BS 的位置和数量的目的，因此，具有一定的动态适应性。GEFFDB 算法取得了最优效果，这是因为 GEFFDB 算法具备动态部署的特性，在 UAV-BS 服务 UE 期间会一直运行该算法，一旦出现因 UE 移动而力失衡的情况，就会重新自主运动至最优解，无须重新开始整个算法。GEFFDB 算法在动态部署时间指标上平均降低了 12.13%。

16.6　本　章　小　结

首先，本章通过介绍现有工作存在的不足，引入我们所做的工作。其次，对部署场景进行了介绍说明，对场景中两种信道模型进行了讨论分析，根据应用场景综合多个约束对部署目标进行了公式化定义和优化。再次，提出了贪婪电场力动态平衡算法以求解该目标，并详细地介绍了算法流程和优化过程。最后，设计仿真实验，给出了仿真运行结果，并从部署数量、算法运行时间、平均信道质量和动态部署时间进行了对比分析，说明了本章所提算法的有效性。

参 考 文 献

[1]　Li P M，Xu J. Fundamental rate limits of UAV-enabled multiple access channel with trajectory optimization[J]. IEEE Transactions on Wireless Communications，2020，19（1）：458-474.

[2]　Al-hourani A，Kandeepan S，Lardner S. Optimal LAP altitude for maximum coverage[J]. IEEE Wireless Communications Letters，2014，3（6）：569-572.

[3]　Huang C，Fei J Y. UAV path planning based on particle swarm optimization with global best path competition[J]. International Journal of Pattern Recognition and Artificial Intelligence，2018，32（6）：1859008.

[4]　王峻伟，魏祥麟，范建华，等. 基于改进虚拟力算法的无人机边缘节点部署[J]. 计算机仿真，2022，39（7）：616-619，188.

[5]　Yang H L，Zhau J，Xiong Z H，et al. Privacy-preserving federated learning for UAV-enabled networks：Learning-based joint scheduling and resource management[J]. IEEE Journal on Selected Areas in Communications，2021，39（10）：3144-3159.

[6]　Sun X，Ansari N，Fierro R. Jointly optimized 3D drone mounted base station deployment and user association in drone assisted mobile access networks[J]. IEEE Transactions on Vehicular Technology，2020，69（2）：2195-2203.